基于地域文化的新农村景观规划与设计

◎王 忞 马翠霞 著

电子科技大学出版社
University of Electronic Science and Technology of China Press
·成都·

图书在版编目（CIP）数据

基于地域文化的新农村景观规划与设计 / 王忞，马翠霞著. -- 成都：电子科技大学出版社，2019.5
ISBN 978-7-5647-6981-9

Ⅰ. ①基… Ⅱ. ①王… ②马… Ⅲ. ①农村－景观设计－研究－中国 Ⅳ. ①TU986.2

中国版本图书馆CIP数据核字(2019)第091721号

基于地域文化的新农村景观规划与设计

王 忞 马翠霞 著

策划编辑 杜 倩 李述娜

责任编辑 刘 凡

出版发行 电子科技大学出版社

成都市一环路东一段159号电子信息产业大厦九楼 邮编 610051

主 页 www.uestcp.com.cn

服务电话 028-83203399

邮购电话 028-83201495

印 刷 定州启航印刷有限公司

成品尺寸 170mm × 240mm

印 张 16.25

字 数 345千字

版 次 2019年5月第一版

印 次 2019年5月第一次印刷

书 号 ISBN 978-7-5647-6981-9

定 价 76.00元

前 言

随着新农村建设的快速发展，到农村去体验乡土旅游渐渐地成为人们出行的热点。农村景观区别于人们日常生活中每天都可以见到的城市景观，也区别于森林、海边等纯自然元素组成的景观。新农村景观既有人工景观也有优美的自然风光，更有当地独特的历史内涵与人文民俗，随着具有地域人文特色的旅游景观逐渐增多，农村旅游已成为发展新农村经济的有效手段，不仅增加了当地农民的收入，而且打破了当地传统的经济结构模式，村民致富有了更多的选择。

我国的农村规划还处于发展阶段，地域文化的理念还未被人们普遍接受。不同地区的新农村建设在具体操作过程中仍存在很多问题。一是自然的比例正在不断缩减，也在不断异化，我们对地域性的自然接触将越来越难。二是全国范围内的城市改造运动和地产圈地运动正在将城市和乡村的记忆之根斩断，留存下来的各个时期对地域性的理解也所剩无几。三是新农村标准化的模块不断地被复制采用，地区特色和文化问题无暇顾及，功能主义和标准化的规划设计方法造成呆板乏味的乡村空间，速成的新村大多是无特征的，更无地域性可言，甚至导致“千村一面”的状况出现。

目前，许多农村将城市的发展规划作为新农村建设的规划方案，大肆开发工业生产，导致农村受到了严重的工业污染，农村由原有的美景变得脏、乱、差，严重影响了“人文景区”以及“景观规划”的需求，有的甚至丧失了原有的美景。如何处理好新农村的规划问题，如何处理好工业生产与农村原生态之间的矛盾，是本书研究的重点，对新农村景观规划构想具有一定的指导意义。

本书的写作任务分配详情：第二章至第六章由王忞老师负责撰写，共计约17.4万字；第一章、第七章和第八章由马翠霞老师负责撰写，共计约17.1万字。由于作者水平有限，书中的疏漏之处在所难免，希望广大专家学者和读者朋友批评指正！

作者

2019年1月

目　录

第一章　地域文化与新农村规划建设

第一节　地域文化的概念与特征

一、地域文化的概念

“地域”一词主要来自地理学中，它的含义是在一定范围的空间之中，所有的自然因素和人文因素相互反应而形成的一种综合体的存在。通常“地域”有下列内涵特征：① 它是具有确定的空间范围的；② 在其包含范围内的自然因素和人文因素表现出相似性，而在范围之间则显示出了各自的差异；③ 每一个地域都有自己独特的“气质”，以及在某一方面相对于其他地域的优势；④ 地域之间犹如人与人之间一样是相互联系、相互沟通的。

那么，什么又称之为地域文化呢？我国的学术界给出了这样的定义：在一个范围内诞生和发展，因其独特的地理环境而独具特色，同时一直发挥着自己的作用，形成文化积淀，是一定范围内自然环境、民俗习惯、历史文化的体现。地域文化的诞生和发展是在其特定的范围之中进行的，这个范围没有局限，可大可小，如美国文化、美国北方文化、美国北方旅游文化等。当然，地域文化代表的也可以是某一种文化，如地方穿着文化、地方农业文化、地方宗教文化等，也可以代表多种文化，这里不做过多讨论。

二、地域文化的特征与实质

（一）地域文化的特征

地域文化是一个地域“精”“气”“神”的体现，是一个地方的“魂”。它有着自己独一无二的“气质”、强大的生命力以及不可阻断的传承性。它包含着这块地域上的方方面面，这块地域上的山山水水、一草一木和地方特有的民俗习惯与历史文化积淀。

笔者在看过众多新农村建设案例后认为，新农村规划建设不仅是让农民们住上新房，体验现代的居住环境，还要传承当地的人文内涵。我们在新农村规划建

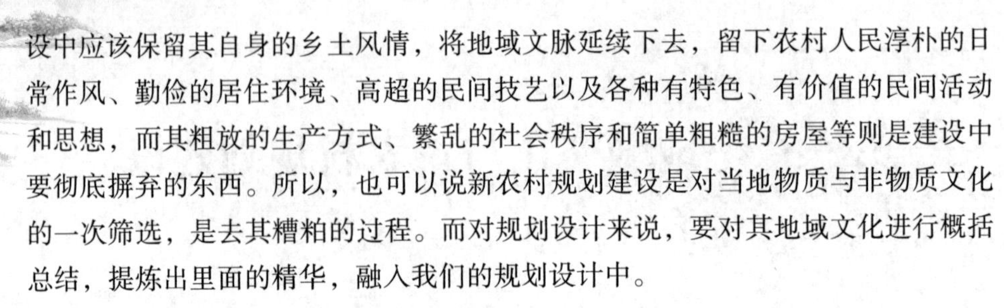

设中应该保留其自身的乡土风情，将地域文脉延续下去，留下农村人民淳朴的日常作风、勤俭的居住环境、高超的民间技艺以及各种有特色、有价值的民间活动和思想，而其粗放的生产方式、繁乱的社会秩序和简单粗糙的房屋等则是建设中要彻底摒弃的东西。所以，也可以说新农村规划建设是对当地物质与非物质文化的一次筛选，是去其糟粕的过程。而对规划设计来说，要对其地域文化进行概括总结，提炼出里面的精华，融入我们的规划设计中。

（二）地域文化的实质

地域文化是自然山水、环境资源与人文内涵综合之后的历史底蕴。它彰显着一个地域的文化气场、鲜明形象与特有的民俗习惯以及和这些相互辉映的生活环境与地形地貌。

地域文化是一个地方“气质”物质化之后的产物。也可以说地域文化是一个地方的“气质”在地方物化形式上的体现。一个地区的文化气质是当地各种条件所孕育出来的，中国古语有云：“一方水土养一方人。”所以一方的人民群众创造出来的也是独有的文化气质。在新农村规划建设中，合理地运用地域文化，将其作为一个设计思路，再去定位所做项目的主题，在这些思路和主题的引领下，进行项目形象的营造以及项目中各个节点的规划设计。然后在此基础上，进行功能分区、旅游市场分析、游览路线的规划等，这些都是新农村项目的规划设计能否成为一个优秀规划设计的必要条件。

第二节　地域文化在新农村建设中的重要意义

一、新农村建设的趋势

党的十六届五中全会提出了“生产发展，生活富裕，乡风文明，村容整洁，管理民主”的新农村建设总体目标。那么什么是“生产发展”？那就是要推动现代化农业的发展，把我们的传统农业逐渐地转化为现代农业，大力发展第二、第三产业，让农民的经济来源结构发生转变。“生活富裕”的意思是提高农民的收入，改善农民的生活条件和环境，使农民都过上富裕的生活。所谓“乡风文明”，就是要大力发展农村教育事业，普遍提高农民思想道德素质，倡导健康文明的社会风气。“村容整洁”的意思是改善农民的居住条件，让农民的居住区得到良好的规划，各种基础设施都建设周全，让新农村的整体面貌焕然一新。对于“管理民主”，笔者认为就是让农民享受到各种各样的基本权利，保障广大农民的民主权利。

目前，随着新农村建设如火如荼地开展，在大量村庄整改新建的同时，也出现了以下一系列问题。首先，自然的比例不仅在不断缩减，也在不断异化，我们对地域性的自然接触越来越难了。其次，全国范围内的城市改造运动和地产圈地运动正在将城市和乡村的记忆之根斩断，留存下来的各个时期对地域性的理解也所剩无几。为了对新农村快速设计和建设，标准化的模块不断地被复制采用，对地区特色和文化问题无暇顾及，功能主义和标准化的规划设计方法造成呆板乏味的乡村空间。速成的新农村大多是无特征的，更无地域性可言，甚至导致“千村一面”的状况出现。再次，部分新农村设计规划简单地认为将有地域特征的符号加以提炼或是简单地采用地方材料就是保留地域性。这种思路忽略了地域性的社会和文化属性，也忽略了地域性背后的成因。失去地域性存在的整体环境和内在文化，任何符号都只是没有灵魂的躯壳。这不仅使新农村景观规划在形式上表现为拼凑造作，还在文化内涵上显得简单且扁平，离地域性的本质自然也越来越远。最后，当旅游成为新农村的主导产业时，游客将地域性视为一种商品，当地域性急功近利地变为包装买卖时，表面上旅游行业没有破坏当地的景观和文化，而实际上地域性在商业包装下被扭曲了。往好了说，是被艺术浓缩了；悲观地讲，这种产业模式造成了旅游行为主客双方的缺失。地域性被“策划”以及如同流水线一样被包装，像复印机一般一味地模仿成功的案例。游客在这些包装纸上看不到地域文化本来应有的样子。这些一模一样的包装不但遮住了地域该有的特点，还一点一滴地侵蚀着地域文化的本体，最后让各地都失去了自己的那份独特。

综上所述，笔者认为一个成功的农村规划建设，不是如同印模板般地生搬硬套一些毫无自身特点的规划方案。相反，我们不仅要考虑当地的旅游经济收入问题、交通问题、产业规划等，而且必须要综合考虑该村所在地的民俗习惯、历史文化厚度、自然环境资源等，景观上体现地域文化，让游客加深对场地的记忆。另外，新农村农业产业开发亦是重中之重，在项目初期，由于基础设施和旅游项目开发需要一定的时间来完成，农民不能因为开发建设这段时间而没有了经济收入，所以通过互补式开发，让富有地方特色的农业产业反哺休闲旅游观光产业。到了项目的中后期，随着基础设施建设日益完善，旅游项目逐渐丰富，游客不断增多，从而使休闲旅游观光产业成为主导，带动农业产业的发展。

二、新农村规划建设的类型

现代新农村规划分类的方法有很多种，如可按经济类型、示范内容、经营方式、功能等诸多因素分类。在我国现有的新农村规划中，即使属于同一类型，名

称也不尽相同。为了更好地区分我国新农村规划的类型，笔者认为形式上大约有以下几种类型：农业高新技术产业、生态农业、农业旅游观光、农产品物流。我们从它们的名称中便可以很容易地看出一些概况。

农业高新技术产业园区：这种类型的新农村包括农业示范园、高新农业技术示范园、农业实验基地等。它是将先进的科学技术融入农村的建设之中，在管理上实行企业化，有别于以生产为主的农场和以科研为主的农业科学研究机构。功能是进行生产、经营、科研、实验、示范、培训和推广等多种经济、社会、科学实验活动的新型农业综合实验园区。该类型的新农村不仅进行农业生产，也进行研究与发展工作，以寻求用最低成本来达成高价值、高质量的生产方式。同时，也可作为旅游点和教育中心，向参观者展示热带农作物及生产方式的现代化。外国的案例中如迪拜从20世纪70年代开始，将科研与实践相结合，立足于阿联酋自身的自然环境条件，开发了沙漠农业与节水型农业两种类型的实验基地，并用相当丰厚的基金来推动和支持。我国山西的临县农业高新技术产业园，被称为农业三合一的现代化新农村，它包含了农业的科学研究、示范以及教育传播，是一个十分典型的高新技术产业园。

生态农业园区：生态农业园是将新农村的项目区域分成各种园区，依据功能加以整合。用先进的科学技术，让资源得到充分利用，生态环境得到改善，另外还将景观及休闲等功能融入其中。其功能是农业生产、景观、休闲、农业教育。这种类型的新农村主要利用当地的自然环境风貌与资源，结合种植产业，根据城市的经济带动和整个旅游市场的需求，打造融休闲、生态及农业产业为一体的现代化体系。青岛恒生源生态农业园，建设面积4 000余亩，三面环山一面临海，科学规划建设有十大工程，形成了“田有粮油菜，沟有鱼虾蟹，坝有林果带”的立体生态农业格局。园区设置了精养、粗养、海淡混养的千亩鱼虾池供人垂钓，还有现代化的大型养猪场、农副产品加工生产线、生物秸秆饲料厂、生物有机复合肥厂及生物实验中心等生态设施。

农业旅游观光园区：这种类型的园区，主要以功能来划分分区，融多种功能于一体，包括观光、休闲、采摘、民俗观光、康体养身等。它主要有生态环保、经济带动、科普、娱乐休闲、社会文化等功能。该类型新农村的建设主要是以自身的农业、自然、文化资源为基础，打造以农村特色与自然风光相结合为亮点的新农村。该类农村可吸引附近城市的居民前来旅游，亲身体验农家生活，靠旅游业带动其发展，提高了农民的收入。成都市龙泉驿区的桃花故里，地理位置优越，位于成都东部、简阳西部。春天可供游客欣赏漫山遍野的桃花，到了桃子成熟的时节，游客可以体验采摘。园区的开发成本较为低廉，在原有农园基础上开发，尺度较小，一般以乡村或家庭为单位自行开发建设。农民们在种植农产品的基础上增加了旅游的收入，提高了经济效益。

农产品物流园区：这种类型的新农村产业园显得别具一格，它主要是靠物流和产品的外销。将本村作为一种农业产物的生产基地，在销路上做文章，用最便捷、最安全、最实惠的运输手段去满足各种各样的人群。通过消费者的反馈信息来调整自身的农业产业种植结构，让农民种植有了方向性，从而增加了全村的经济收入，改善了村民的生活。它主要是从销路出发，用信息化的手段服务于整个农村，从生产到包装到运输，最后再到顾客反馈意见。收集这些信息进行分析，得到有用的信息。它拥有完善的物流设施、先进的物流技术以及良好的生态环境。云南国际水果产品物流园坐落于西双版纳，西双版纳得天独厚的自然资源和与之相对应的气候条件，造就了西双版纳“中国水果王国”的美誉。西双版纳每年的水果产量都相当惊人，通过这个水果产品物流园的建成，解决了过多水果囤积的难题，扩大了水果的销路，增加了特色水果的销量，促进了当地人民致富。

三、地域文化在新农村建设中的重要意义

随着经济全球化进程的不断推进，城市文化同质化已经成为事实，乡村地区成为地域文化最后的庇护所。新农村建设工作在全国范围内的开展，是对乡村地域文化保护与传承的一次挑战，也是其发展和发扬的一次良机。反过来，加强对地域文化的保护和传承，对新农村建设本身也有着深刻的意义。

（一）促进新农村面貌多样化蓬勃发展

“十里不同风，百里不同俗”，这句谚语生动说明了地域文化的差异性和多样性。每一个村庄，基于其地理环境的绝对差异，其文化发展的脉络有着天然的区别。比如，村庄的公共活动场地，有的村庄围绕村中古树、古建筑等标志物来组织，有的在田间、路口等约定俗成的开阔地展开，也有的村庄没有明确的公共活动场地而具有随意性，其公共活动的内容和氛围也由于活动场所的不同而大相径庭。将这种文化上或显著或细微的差别发掘出来，就能造就新农村规划设计上许多细节上的差异，甚至成为某个层面上的设计主题。因此可以说，地域文化是抵抗城乡风貌趋同化、保持新农村风貌各具特色的源泉。

（二）有利于维持新农村的社会安定和谐

我国传统农村的社会结构往往是由血缘关系来维持的，这种社会结构关系到新农村居民们的归属感和社会稳定问题。在由多村合并的新农村中，这一点显得尤为明显。大多村民在村庄迁移中失去了熟悉的地域环境，在新环境中由于家族文化、生活习惯的不同，人与人之间的摩擦不可避免。因此在新农村规划设计

中，一定要注意延续这种社会伦理结构和长期形成的民风民俗，将其反映到新农村的规划结构中。正如天津市规划设计研究院在《江苏省徐州市潘塘中心村详细规划》中的做法，该中心村由自然村迁并而成，贯彻遵循原有的原则和思路，新社区的结构模式与原有的村落结构相似，周遭环境与人员结构也保持相似性，让人们的生活都有熟悉的感觉，这样既满足了村民的需求，也保持了新农村的稳定。

（三）有助于乡村旅游业的发展

随着旅游业的发展，乡村旅游也日益受到关注，得益于其距离近、周期短的优势，成为越来越多人的热门选择。人们之所以出门旅游，注重的是一种体验，体验与日常生活不同的元素与文化。乡村有属于自己的特点，有自己的民俗习惯，有自己独特的自然环境资源，这些都是能够吸引游客的点。因此，我们在新农村建设中应该是基于地域文化开展的。这样才能保持乡村自身的独特性，从而提升对旅游人群的吸引力，保持在旅游市场上的活力。

第三节　地域文化在新农村景观规划中的影响因素

影响地域文化在新农村建设规划中的表达的因素包括：民俗文化、自然景观、宗教文化、人工景观、人文景观。

一、民俗文化

民俗文化是人类文明经过一段时间发展后所凝聚而成的成果，是指当地的人民群众在其日常行为过程中一步一步形成的风俗文化的统称，也泛指在一定地域上人类集聚产生的具有分享性和延续性的生活习俗。它是相对于官方而讲的普通人民群众的一种生活产物，包括一整套的物质层面的现象和精神文化层面的现象。民俗文化具有普遍性、延续性和变异性等特点。

在民俗文化的形成过程中，有些是被书写记载，有些则是被人们口口相传，还有的则是在不知不觉之中融入了当地人民世世代代的生活之中，一直延续至今成为历史悠久的宝贵财富和文化遗产。因此，我们说各地的民俗文化都有着当地的地域特色，各个地方的地域文明都塑造了各地不同的人民，这样就造就了各不相同的地域民俗文化。在古籍中早就有所记载，“十里不同风，百里不同俗”，生动而形象地描绘出了民俗文化风情的特点。在中国古代书籍中十分出名的“四书五经”中的《诗经》是一本记载古代诗歌的总集，包含了《风》《雅》《颂》。其中的《风》是专门记载各个民族、各个地域形成、流传下来的民歌。古代人民群众的民俗民风就是借助于民歌的形式传承下来的。

中国是一个有着56个民族且地大物博的大国，有着形形色色的民俗文化。我们可以将其中具有开发价值和鲜明特色的民俗文化运用到风景园林规划设计中，如泼水节、火龙节等。借助这些渊远流长的民俗文化，我们就能创造出生动形象且具有本土地域文化特色的景观。

二、宗教文化

宗教文化是一种以信仰为凝聚点的文化，是一种在整个人类历史进程中十分特殊的文化现象。宗教文化渗入民众的日常生活中，对人民的日常行为方式、思想精神层面产生着深远的影响，从而对人类历史进程的发展具有深远的影响，同时它也是人类社会文化中不可缺失的一部分。

我国的宗教文化发展历史悠久，且一直以来发展良好。它给予人们精神上的力量，同时也对他们的生活产生不可替代的作用。良好的宗教文化对整个人类的进步以及我国的社会主义精神文明建设起着良好的推动作用。

宗教文化也属于地域文化的一部分。在进行新农村规划设计时，对于拥有鲜明特色宗教文化的地域，宗教文化运用得是否合理将对整个方案的品质产生巨大影响。而且，宗教文化作为文化现象的一种，其与观光业也有着密切的关系，它本身就是一种特点鲜明的旅游观光资源。在不同的地域和不同的教派之间当然也有着不同特征的宗教文化景观。

三、自然景观

自然景观，是指由具有一定的科学美学价值，而且能够吸引游客，具有旅游资源属性和游览观赏价值的自然资源所构成的自然风光景象，指完全未受到直接的人类活动影响或受这种影响程度很小的自然体。与文化景观相对，自然景观主要是指天然形成的地形、地貌和地物，如平原、山区、草原、森林、大海、沼泽、瀑布等景物。自然景观在有大量人类活动的场所中基本是没有的。因为在这些场所中，真正没有受人类影响的景观是十分有限的。所以相对于城市的规划建设，在新农村的建设过程之中，对于自然景观资源，新农村建设有着先天性的资源优势，同时也是规划设计时要重点把握的一环。

新农村建设的规划设计中，若是没有了清新的自然景观，那就很难说是一个出彩的方案，因为它舍弃了最基本的东西。所以说对于自然景观应用的成功与否成为新农村景观规划设计品质的影响因素。我们应该在规划设计时，首先保护场地本身丰富的自然景观资源，再着手利用，创造出有地域特色的自然景观空间。

人工景观，顾名思义，是通过人类的加工、建设而呈现的一种景观。人工景观是人民群众对景观匠心独具的体现，是人类发展过程中为了满足日常活动的功能方面的需求，符合人类审美特质和审美价值的产物，人工景观主要包括建筑、桥、道路、广场、小品等。

人工景观是我们在日常生活中接触最多的，也是参与度最高的一种景观。它在某些方面也体现着一个地方的文化内涵，设计者通过融入不同的文化内涵，使其表象也各种各样。一个人工景观塑造的成功与否直接关系到景观中地域文化的表达。

四、人文景观

人文景观是为了满足人们日常生活中物质和精神等方面的需要，将文化元素融入自然景观或者人工景观中，从而创造出来的景观类型。人文景观主要包括各种历史人文景观和各种民俗活动。人文景观在民俗活动的体现如端午节的赛龙舟、正月的祭祀活动等。人文景观也可以通过服饰、建筑、音乐等方面得到体现。人文景观，顾名思义具有文化特性。人文景观的布局是否合理、种类是否多样、类型是否丰富将直接影响整个空间环境的地域文化体现。

第四节　地域文化在规划设计中的应用方法

一、收集素材——挖掘民俗文化

在规划设计时首先应该对设计所需要的各种素材进行分析、整理，最终归纳成详细的资料，而后进行信息的研究和选择，将可用的信息消化吸收，形成基础的设计素材积累，对于无用的信息则进行剔除。通过这一系列的工作可以使设计师的创作思路更加清晰、设计语言更加丰富，在进行设计的时候事半功倍。

对于规划设计，我们可以挖掘的地域文化素材很多，如当地的民间素材（包括民间传说、故事、谚语、习俗等），还有历史素材（包括历史事件、名人、考古发现以及古老的店名、地名、街道名等）。这些素材可以在各地现有的资料库中进行查找，如各地方的地方志。我国县级以上的城市都设有专门机构，由专人负责地方志的编撰和更新工作。目前，部分城镇也开始重视本地域文化的保护和传承，准备进行镇志的撰写。一直以来，国家投入了不少资金支持各地方重视对本地文化的保护，但是真正将地方志运用到城市建设当中的并不多见。地方志里所记载的内容都和本地域息息相关，具有特定性。这种性质在解决现在新农村建设的模仿度高、没有自己的特色这一问题上可以发挥不可替代的作用。然后，规划设计者们可以融入农村当地的生活中，去亲身体验、挖掘当地的民俗习惯、自然环境资源、宗教信仰、历史文化等独有的内涵，将其总结归纳，加以概括提炼。这些元素充满了各个不同地域自己独特的气质，在人类文明飞速进步的当下显得格外地不容易。除此之外，作为一名规划设计者，我们不能只去了解现在的风土人情、地理文脉，更应该去了解一些现阶段的先进概念，取长补短，融会贯通，从各方面丰富自己的知识体系。

二、整理素材——归纳设计元素

通过现场调研、文献查询等方法，对项目区域的民俗民风、历史文化有了比较全方位的把控之后，我们才能对其进行总结、融会以及加以提炼，得到能为我所用的设计元素，然后根据实际情况的需要以及契合度，运用不同的手法和角度将其融入我们的项目规划设计之中。

在对项目的地域文化特色有了一个初步的全方位把控之后，我们应该做的则是对罗列出的概况进行更加深层次的分析。将前期调查所得到的地域文化资料进行文字化的处理，得到相应的材料。这些文字化后的材料对于项目的规划设计来说具有抽象性。我们要向将这些抽象的材料具体且形象地展现在设计之中，还要对材料进行二次处理——图片化。例如，从文字材料中提炼出主要的故事和主角，将这些元素作为地域文化的代表还原于设计的场景之中。规划设计者应该在彰显当地地域文化气质的前提下，对之前得到的设计元素进行筛选。元素可以来源于当地生活的方方面面，也可以来源于当地流传的习俗及历史故事，但必须具有当地的特点。

三、转换元素——创造设计思路

把之前得到的地域文化元素结合新农村规划设计项目，通过符号学的方法符号化，这是尤为重要的一个环节。在历史元素的体现方面，我们不仅要尊重悠久的历史，更要结合现代的先进理论进行创新。这样历史元素才会与时俱进，具有活力，方能适应社会的不断进步。在这个大前提下，平衡好创新与传统的度，这是实际规划设计项目中的一个亮点，也是一个难点。

（一）借代

“借代”这一手法不仅出现在文学作品的创作之中，在我们进行景观设计时

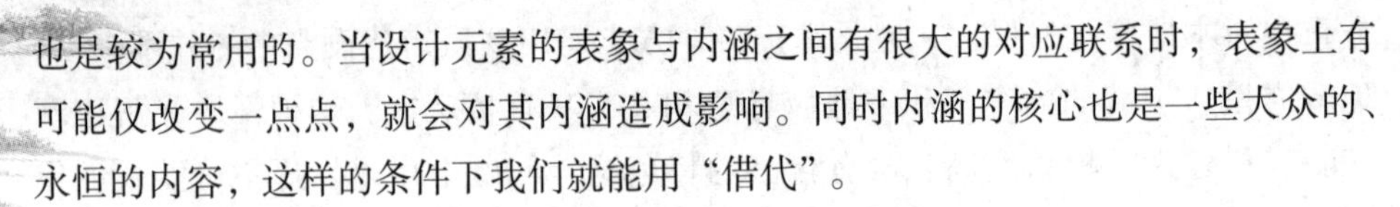

也是较为常用的。当设计元素的表象与内涵之间有很大的对应联系时，表象上有可能仅改变一点点，就会对其内涵造成影响。同时内涵的核心也是一些大众的、永恒的内容，这样的条件下我们就能用“借代”。

1. 整体借代

一般来说，运用“整体借代”的方式于设计时构成元素，大多数能代表一个群体文明，抑或代表一个民族。例如，雄鹰的形象，从草原游牧民族出现在中华大地上，出现在我们的视野中，在辽阔的草原上，在任何地域与时间，它都是一种象征与传承。因为，在我们所有人的观念之中，它就是草原游牧民族的图腾，它象征着草原游牧民族的文化与历史。又比如说中国古典园林元素的节点——亭、台、楼、阁、水榭、舫、廊、塔等都是对中古古典园林文化的一种表现。像这种类型的元素，单就其本身而言，可能并不具有很强的代表性，可是因为它是一种明显的古典园林形式，所以成为人们对中国古典园林文化缅怀的一种替代。比如很多地方园区的景观设计中，都运用了古典园林中亭和台的元素，营造中国古典园林气氛。

2. 局部借代

“局部借代”手法的意思是将我们设计元素的部分进行借代。例如，某一个点或是某一个组成细胞表达整个个体。一般来说，用作代替整体的某个点要十分具有代表性，使处于景观场景中的人很容易就能通过局部联想到整个元素。

地域文化元素作为一个真实存在的物体时，在形态上会有具有鲜明特点的点，抑或是人们经常可以看到的一个点，那么规划设计师就能用这一个点来代表整个物体。

或者是选取元素中的一到两个点，这一到两个点是整个元素的感官核心或者结构核心，在游客的心中能发挥“局部借代”的功能。例如，我们可以设计一个水车来代表古代沿河渔村的水景观，或者我们可以运用一个汽车上的轮胎来代表整个汽车。

在“借代”手法中，我们运用的元素符号是有一个共同特点或是标准的。它是人们所普遍认同的，或者是在某个特定的区域内经过长期实践而达成共识的。所以这是能最直观地体现当地地域文化的一种手法。但是这种“借代”手法也有自己不足的地方，它的表达会显得有些单一。因此，在目前的新农村规划设计中，应该在传承传统的前提下，结合现代规划设计的先进理论知识，在从材质、视觉效果上取得突破，做出属于我们时代的借代。

（二）抽象

随着时代的发展、社会文明的进步，越来越多的新鲜事物出现在我们的生活之中，在规划设计上也面临相同的局面。所以我们不但要对历史传承下来的元素予以保留，更应该在其基础上进行属于我们时代的改造。各个地域由于长久以来的民俗文化、宗教信仰、社会情况的差异，各自形成一些独特的点与点的组合。可以从中选取出能够与我们现代相融合的组合方式，用新的理念来填充它，从而彰显地域文化。对地域文化的表现不同于之前的“借代”，而是通过抽象的重新排列组合式的改造手段来进行表达。

我们不需要将设计元素细致、具象地展现在项目中，当只需要一个有象征性的、单一的概念时，应该对元素进行“瘦身”与抽象。去掉它臃肿的肉身，留下其躯干与思想。用到这种元素可能只是需要它的思想或是思想的发散，也有可能单纯是“躯干”样式的视觉效果。

（三）简化

我们留下地域文化元素的大体框架，去掉它多余的外衣，使它整体结构简单明了，让地域文化元素展现出它干练的一面。这样又能在某种意义上彰显出地域文化的结构特点，这种改造的手法称为简化。例如，在上海金茂大厦的设计案例之中，设计者把中国古建筑的元素进行简化，塔的形态比例舒缓，使整个案例看上去有一种中国古建筑的味道。

（四）夸张

夸张也是非常常见的艺术手法，它是将选中的设计元素符号进行扩大，直至夸张，以求达到一种让人眼前一亮的效果。在景观规划设计时，夸张的手法大多用于一些地标性建筑或标志性景观的设计之中。例如，泉州市的闽台缘博物馆的规划设计之中，设计师在整个园区的入口标识系统的设计上运用了夸张的设计技巧，将居民建筑构件进行夸大处理，然后将之作为入口标识。这样既体现了当地鲜明的地域文化，又使园区入口的标识给人以震撼力。

（五）重组

将设计元素中的不同类别、不同时期和区域的一些元素，按照我们所设计、构想的新方式进行排列组合，得到一个新的组合体，使其诞生了新的含义，这就是重组。比如同类型元素的对比，在同一个场景我们运用不同年代、不同地区人民类似的元素，表现它们之间表象与内涵的区别等。又如，不同类型的元素之间的组合，在同一个场景下运用不同地区、不同人民、不同年代的元素或元素的一部分来构成整个景观空间。

（六）创新

我们在对设计元素的把控上，不仅需要对已有元素灵活运用，还应进行更深层次的挖掘，从地域文化的各个层面中，提取出新的有价值的东西，进而创造

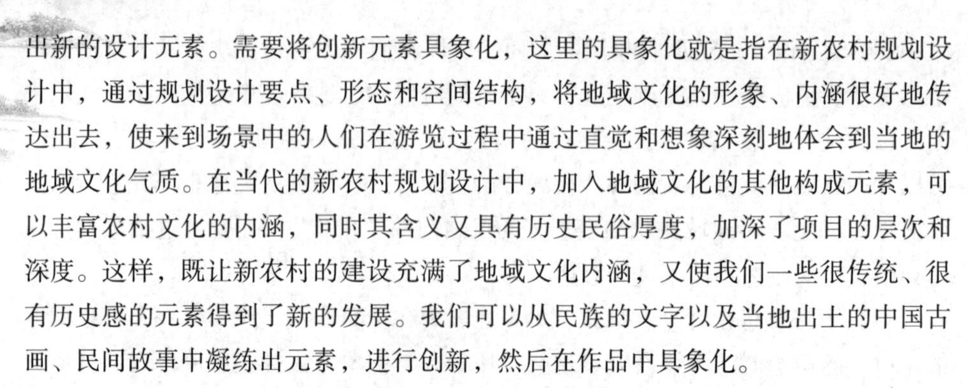

出新的设计元素。需要将创新元素具象化，这里的具象化就是指在新农村规划设计中，通过规划设计要点、形态和空间结构，将地域文化的形象、内涵很好地传达出去，使来到场景中的人们在游览过程中通过直觉和想象深刻地体会到当地的地域文化气质。在当代的新农村规划设计中，加入地域文化的其他构成元素，可以丰富农村文化的内涵，同时其含义又具有历史民俗厚度，加深了项目的层次和深度。这样，既让新农村的建设充满了地域文化内涵，又使我们一些很传统、很有历史感的元素得到了新的发展。我们可以从民族的文字以及当地出土的中国古画、民间故事中凝练出元素，进行创新，然后在作品中具象化。

1. 汉字

我国的汉字就是一个活生生的民族元素符号，文字本就是社会中人们之间相互交流的一种符号，有自己独特的意义。所以我们将文字进行元素提炼、排练组合之后，运用到创作之中就是一种创新的手段。在我们的日常生活中，经常可见文字符号构成的铺装、小品、雕塑等。

2. 图案雕塑化

中国古代的画作、民间的图案都是地域文化的一部分。通过栩栩如生的画面，表达作者的情怀，表达了当地人民的人文思想。我们可以将这些画面应用到规划设计中，可以做成雕塑抑或是铺装，让场景再现。

3. 典故场景化

为了表达对历史典故的追忆，对逝去岁月的不舍与缅怀，我们可以将某个典故的一些片段通过场景重新打造，运用到真实的景观设计表达中来。当我们把历史典故中的某一景点桥段物化到景观中时，它会使人们想起那个年代的社会，想起当时那个地区的一些特点，使人们对地域文化的概念更加丰满和感性。我们可以通过景墙、小品、景观节点等达到这一目的。

第二章　新农村景观规划的概念与发展现状

第一节　新农村景观规划的有关概念

新农村景观规划是一个新兴的研究领域，加之景观含义的丰富性以及专业学科研究的角度不同，目前有关乡村景观还没有统一的定义。对新农村景观规划有关概念的阐述，目的不仅是对“乡村景观规划”概念做出合理的界定，更重要的是理解其深刻的内涵，以及与之相关的问题。

一、农村与乡村

（一）农村的含义

“农村”和“乡村”都是相对于城市而言的。对于一般人来说，“农村”与“乡村”是同义词，可以相互通用，没有什么差别。在日常生活中人们往往更偏爱用“农村”一词，这主要是因为传统意义上的农村是与农业产业紧密联系在一起的，是以农业生产为主体的地域，从事农业生产的人就是农民。长期以来，农村生产力水平较为低下，经济不发达，产业结构以农业为中心，其他行业或部门都直接或间接地为农业服务或与农业生产有关，故认为农村就是从事农业生产和农民聚居的地方，把乡村经济和农业相等同。《现代汉语词典》中也是这么定义的：“农村是指以从事农业生产为主的劳动人民聚居的地方。”这一定义的出发点是把农业产业作为农村赖以存在、发展的前提。没有农业的存在，农村就不成其为农村，农民就不成其为农民。从界定农村的角度分析，这一定义的内涵和外延都缺乏严密性。20 世纪 80 年代以来，随着社会生产力的发展，城市化水平不断提高，传统农村特征逐渐转化，农村产业结构已发生深刻变化。表现在经济上从农业向非农业转型，作为农业生产主体的农民，农业已经不再是他们生存的唯一选择，有一部分人并不一定从事农业生产而是从事非农事活动，农村往往是农事活动和非农事活动并存。随着村镇工业的发展以及乡村旅游业等第三产业的出现，在一些经济发达的农村，农业产业和从事农业的人口所占的比重越来越小，原先以农业为主的产业结构和经济格局被打破。因此，再用“农村”来界定已具有一定的难度和

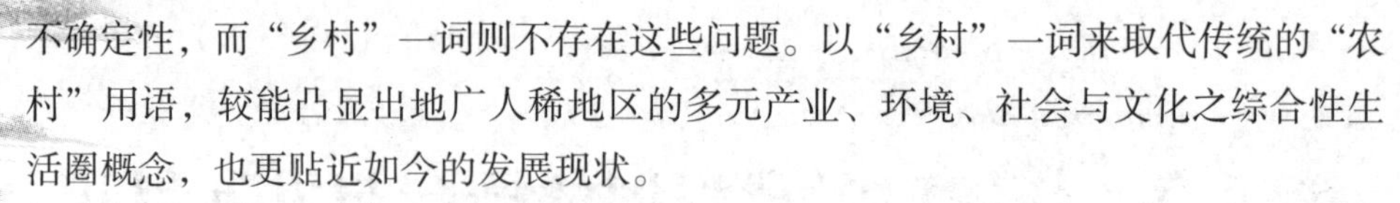

不确定性，而“乡村”一词则不存在这些问题。以“乡村”一词来取代传统的“农村”用语，较能凸显出地广人稀地区的多元产业、环境、社会与文化之综合性生活圈概念，也更贴近如今的发展现状。

（二）乡村概念的界定

“乡村”从字面上看是由“乡”和“村”组成。从社会学的角度看，“乡”是中国最低一级政权单位；“村”是中国农村中的居民点，多由一个家族聚居而自然形成，居民在当地从事农林牧渔业或手工业生产。往往由一个或几个村构成“乡”。“乡”和“村”不仅体现了行政管辖和隶属关系，而且反映了社会结构的基本单元，但是“乡村”的概念绝不是“乡”和“村”概念的简单合并。

不同的学科对“乡村”概念的理解和划分标准不尽相同。乡村地理学家主要从乡村土地利用方式的角度来定义乡村，如维伯利（G.P.Wibberley）认为，乡村指的是一个国家的那些地区，它们显示出目前或最近的过去中为土地的粗放利用所支配的清楚迹象。有的没有给出明确的定义，但认为乡村应具备以下三个特点：① 乡村土地利用是粗放的，农业和林业等土地利用特征明显；② 小和低层次的聚落深刻揭示出建筑物与周围环境所具有的广阔景观相一致的重要关系；③ 乡村生活的环境与行为质量是广阔景观的有机构成，是特有的乡村生活方式。而乡村社会学家从综合的角度研究乡村社会的社会结构、社会关系及社会生活的各个方面，揭示其相互关系、社会功能和变迁的规律，并从与城市社会的对比中阐明它们的特点。由于乡村整体发展的动态性演变、乡村各组成要素的不整合性、乡村与城市之间的相对性，乡村的界定具有一定的难度。自 20 世纪 90 年代起，“乡村性”成为研究的重点。“乡村性”概念主要建立在城市和乡村关系的社会学理论体系之上，“乡村—城市连续统一体模型”是社会学对乡村性解释的重要理论模型，它描述了乡村景观向城市景观演替的渐变过程。换句话说，就是在一定地域内考察乡村性质的强弱（从对立面来看，就是城市性的弱强）。

尽管不同的学科对“乡村”概念理解的角度、深度和广度不一样，但有一点是一致的，那就是通过乡村与城市的相对性去正确地理解与把握乡村的本质。这反映了乡村是与城市相比较而存在的。正因如此，这就涉及城市与乡村之间的划分。长期以来，城乡划分没有统一的标准，行政区划、城乡建设规划、城乡人口管理和城乡统计的口径各不相同，缺乏统一的协调和规范。这个问题一直困扰着不同部门之间的工作协调。

乡村景观作为景观科学的一门分支学科，“乡村”是乡村景观研究对象的空间地域范畴和载体，也是相对于城市空间地域而存在的。从规划的编制与实施管理的角度明确城乡之间的地域划分，规划才有明确的地域范围，才具有可操作性。

划分的标准基本上是以建制城镇的建成区为依据，适当考虑与周边镇（乡）的关系。然而，由于目前城市建设的飞速发展，在新一轮的城市或建制镇总体规划编制或修编中，规划区都大于建成区。对于规划区内的乡村地区该如何对待？《村庄和集镇规划建设管理条例》（1993）第一章总则第二条规定："在城市规划区内的村庄、集镇规划的制定和实施，依照城市规划及其实施条例执行。"这使城市规划区内的乡村地区有了明确的规划方向，这种规定也符合城市发展的要求，避免了重复建设和资源浪费。

因此，"乡村"是相对于城市化地区而言的，严格来讲是指城镇（包括直辖市、建制市和建制镇）规划区以外的地区，是一个空间地域和社会的综合体。"乡村"有广义和狭义之分，广义的"乡村"是指除城镇规划区以外的一切地域；狭义的"乡村"是指城镇规划区以外的人类聚居的地区，不包括没有人类活动或人类活动较少的荒野和无人区。乡村景观规划中的"乡村"就是狭义的"乡村"概念，这与乡村居民的生产环境、生活环境以及生态环境密切相关。

乡村是一个历史的、动态的概念。从目前来看，随着中国城市化水平不断提高，"乡村"地域空间范围呈现缩小的趋势。英国文化研究学者雷蒙德·威廉姆斯（Raymond Williams）在《乡村与城市》一书中曾提出了这样一个看法："很明显的，一般将乡村视为一个过去的意象，而将城市普遍看成是一个未来的意象……于是，如果我们将它们区隔开来，剩下一个未被识别的现在。"从这段话中，可以看出不论是乡村或城市的定义都是与时俱进的。随着社会的进步与发展，乡村和城市的定义也需要不断地修正。这里对乡村概念进行界定，并不意味着把乡村和城市完全割裂开来，只是使乡村景观规划有明确的地域空间范围。因为，无论社会如何发展，无论城市如何扩张，乡村都将在一定的地域范围内存在。正是这个与城市地域空间相对的乡村地区的存在，乡村景观规划才具有其自身的价值。

二、景观与乡村景观

（一）关于"景观"

"景观"一词自出现以来，人们就没有停止过对其概念的争论。《辞海》（1995）对于景观就有三种解释。① 一般的概念：泛指地表自然景色；② 特定区域的概念：专指自然地理区划中起始的或基本的区域单位，是发生上相对一致和形态结构同一的区域，即自然地理区；③ 类型的概念：类型单位的通称，指相互隔离的地段按其外部特征的相似性，归为同一类单位，如草原景观、森林景观等。在景观学中主要指特定区域的概念。景观的概念不仅在不同的学科中有很大

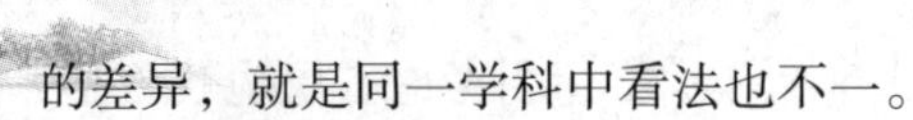

的差异，就是同一学科中看法也不一。

1. 景观的原义

"景观"一词最早出现于欧洲，最初的含义是指一片或一块乡村土地。在希伯来文本的《圣经》旧约全书中，景观被用来描写所罗门皇城（耶路撒冷）的瑰丽景色。16世纪末，"景观"主要被用作绘画艺术的一个专门术语，泛指陆地上的自然景色。17世纪以后到18世纪，"景观"一词开始被园林设计师们所采用。他们基于对美学艺术效果的追求，对人为建筑与自然环境所构成的整体景象——景观进行设计、建造和评价。这时的景观成为描述自然、人文以及它们共同构成的整体景象的总称，包括自然和人为作用下的任何地表形态，常用风景、风光、景色、景象等术语描述。这种基于视觉美学意义上的理解，主要突出的是一种综合的、直观的视觉感受，这种概念至今还在沿用。

2. 地理学界的景观概念

19世纪初，近代地理学的创始人洪堡德（Humboldt）将景观概念作为一个科学术语引入地理学，认为景观应作为地理学的中心问题，探讨由原始的自然景观变成文化景观的过程。他认为景观的地理学含义是"一个地理区域的总体特征"。正如约翰·R. 斯蒂尔格（John R.Stilgoe）在其经典著作 *Common Landscape of America*（1982）中指出的，"景观"是指"有形的、为人类长久所占有而调整的土地"，显示了"一种自然力和人力之间的脆弱平衡，在这种脆弱的平衡中，地形和植被是被塑造的，而不是被支配的"。景观概念在地理学中不断地深化，地理学界主要有以下几种对景观的理解。① 某一区域的综合特征，包括自然、经济、人文诸方面；② 一般自然综合体，如气候、地貌、土壤、植被等；③ 区域单位，相当于综合自然区划等级系统中最小一级的自然区；④ 任何区域分类单位，地理学将景观概念进行了拓展，在强调景观地域整体性的同时，更注重景观的综合性以及关注景观的要素（气候、地貌、土壤、植被等）特征和景观形成过程。前两种理解形成了没有空间尺度限制的类型学派，后两种理解代表产生了最具一致性的某个地域（或地段）的区域学派。

3. 生物学对景观的定义

生物学中的定义生态学中，对景观的定义可概括为狭义和广义两种。狭义景观是指几十公里至几百公里范围内，由不同生态系统类型所组成的异质性地理单元。而反映气候、地理、生物、经济、社会和文化综合特征的景观复合体称为区域。狭义景观和区域可统称为宏观景观。广义景观则指从微观到宏观不同尺度上的，具有异质性或缀块性的空间单元。显然，广义景观概念强调空间异质性，其空间尺度则随研究对象、方法和目的而变化，而且它突出了生态学系统中多尺度和等级结构的特征。这一概念越来越广泛地为生态学家所关注和采用。

4. 景观生态学中的景观概念

景观生态学的创始人C. 特洛尔（Carl.Troll）认为景观代表生态系统之上的一种景观生态学中的概念尺度单元，并表示一个区域整体。此后，随着景观生态学研究的不断深入，对“景观”概念的理解也不尽相同。比如，美国学者理查德T·T·福曼（Richard T.Forman）和米歇尔·戈登（M.Godron）在*Landscape Ecology*（1986）一书中将景观定义为由相互作用的镶嵌体（生态系统）构成，并以类似形式重复出现，具有高度空间异质性的区域。后来，福曼在*Land Mosaics：The Ecology of Landscape and Regions*一书中进一步将景观定义为空间上镶嵌出现和紧密联系的生态系统的组合，在更大尺度的区域中，景观是互不重复出现且对比性强的结构单元。另外，美国景观生态学家约翰·奥古斯·韦恩（John A.Wiens）认为，景观是由不同数量和质量特征的要素在特定空间上的镶嵌体。丹麦的安托罗普（Antrop）认为，景观是人类可感知的环境和共有的文化用品。由此可见，景观生态学又将景观概念进一步拓展，视景观为地域（Local）尺度上，具有空间可量测性的异质空间单元，同时也接受地理学中景观的类型含义（如城镇景观、农业景观）。

值得注意的是，无论是地理学还是景观生态学，都在深化景观概念的同时，逐渐忽视了景观原义中的景观的视觉特性。不过，近年来，鉴于景观生态学在景观规划和城市绿地规划与设计领域发展的需要，这一点已得到重视。比如，莫斯（Moss）把现代景观生态学中的景观概念概括为六个方面，其中之一为一种风景，具有由文化决定的美学价值。我国景观生态学家肖笃宁在综合诸家所长的基础上，认为景观是由不同土地单元镶嵌组成，具有明显视觉特征的地理实体，它是处于生态系统之上、大地理区域之下的中间尺度，兼具经济、生态和美学价值。

5. 欧洲景观协议中的景观定义

欧洲景观协议（GR-C）（2000）是一份非政府组织间的公约，概括了欧洲各国有关机构和组织的共识。该协议对景观的定义是被当地居民和参观者所感知的一个区域，其外在特征由自然与人文因素所形成。该定义反映出景观是一个地理实体，它通过时间的演化最终形成自然面貌与人类活动影响的有机合成，是一个统一的整体，而非各独立要素的简单拼合。这个定义强调了景观为人类所感知的特性，从而突出了以人类为中心的评价标准，包容了景观的视觉特征与生态特征，可以说综合了景观地理学与景观生态学中对景观的解释，是一个言简意赅、内涵丰富的概括，具有很强的实用性。

6. 景观的含义

景观概念在不同的历史时期有不同内涵，不同学科对景观的研究角度也各不相同。由于对景观认识和理解的程度不同，景观的价值判断就不同，景观的应用范围和方式也就不同，这就决定了景观的复杂性，从而也决定了景观研究的多元化以及广泛的应用基础。

总之，景观的含义是相当宽泛的，它是复杂的自然过程和人类活动在大地上的烙印，是多种功能（过程）的载体，因而可被理解和表现为几方面。① 风景：视觉审美过程的对象；② 栖居地：人类生活其中的空间和环境；③ 生态系统：一个具有结构和功能、具有内在和外在联系的有机系统；④ 符号：一种记载人类过去、表达希望与理想，赖以认同和寄托的语言和精神空间。

（二）乡村景观

尽管乡村景观伴随着农耕文明早已出现，但是把乡村景观作为研究对象则是始于近代。最初，地理学家从研究文化景观入手对乡村景观展开了系统研究。美国地理学家索尔（C.O.Sauer）认为，文化景观是“附加在自然景观上的人类活动形态”。文化景观随原始农业而出现，人类社会农业最早发展的地区即成为文化源地，也称农业文化景观。以后，西欧地理学家把乡村文化景观扩展到乡村景观，包括文化、经济、社会、人口、自然等诸因素在乡村地区的反映。1974 年，联邦德国地理学家博尔恩在《德国乡村景观的发展》报告中，阐述了乡村景观的内涵，并根据聚落形式的不同，划分出乡村景观发展的不同阶段，着重研究了乡村发展与环境、人口密度与土地利用的关系。他认为，构成乡村景观的主要内容是经济结构。20 世纪 60 年代以来，联邦德国乡村环境发生了深刻变化，引起农业地理学家的兴趣。I960—1971 年在奥特伦巴（E.O.Otrenba）的倡议和领导下，出版了《德国乡村景观图集》，土地利用图和农业结构图是其主要组成部分。索尔认为“乡村景观是指乡村范围内相互依赖的人文、社会、经济现象的地域单元”，或者是“在一个乡村地域内相互关联的社会、人文、经济现象的总体”。社会地理学家着重研究社会变化对乡村景观的影响，把乡村社会集团作为影响乡村景观变化的活动因素。

如今，对乡村景观的研究已经不局限于地理学界，而是拓展到不同的学科和领域。对于乡村景观，不同的学科和领域有不同的内涵界定。

从地理学的角度出发，乡村景观是指具有特定景观行为、形态和内涵的景观。景观类型，是聚落形态由分散的农舍到能够提供生产和生活服务功能的集镇所代表的地区，是土地利用粗放、人口密度较小、具有明显田园特征的地区。乡村景观表现为一种格局，是历史进程中不同文化时期人类对自然环境的干扰。它主要表现在以下几个方面。① 从地域范围来看，乡村景观是泛指城市景观以外的，具有人类聚居及其相关行为的景观空间；② 从景观构成来看，乡村景观是由聚居景观、经济景观、文化景观和自然景观构成的景观环境综合体；③ 从景观特征来看，乡村景观是人文景观与自然景观的复合体，人类的干扰强度较低，景观的自然属性较强，自然环境在景观中占主体地位，景观具有深远性和宽广性；④ 景观规划区别于其他景观的关键，在于乡村以农业为主的生产景观和粗放的土地利用景观，以及乡村特有的田园文化和田园生活。

从景观生态学的角度出发，乡村景观是指乡村地域范围内不同土地单元镶嵌而成的复合镶嵌体，它既受自然环境条件的制约，又受人类经营活动和经营策略的影响。嵌块体的大小、形状在配置上具有较大的异质性，兼具经济价值、社会价值、生态价值和美学价值。景观生态学把乡村景观看作一个由村落、林草、农田、畜牧等组成的自然—经济—社会复合生态系统。认为乡村景观的一个主要特点是大小不一的居民住宅和农田混杂分布；既有居民点、商业中心，又有农田、果园和自然风光。

从环境资源学的角度出发，乡村景观是指可以开发利用的综合资源，具有效用、功能、美学、娱乐和生态五大价值属性的景观综合体。

从乡村旅游学（Rural Tourism）的角度出发，乡村景观是指一个完整的空间结构体系，包括乡村聚落空间、经济空间、社会空间和文化空间。它们既相互联系、相互渗透，又相互区别，表现出不同的旅游价值。

在乡村景观概念的阐述上，也有不少是通过与城市景观相比较来说明的。例如，乡村景观是世界范围内最早出现并且分布最广的一种类型，在结构上与城市景观的最大区别是人工建筑物空间分布密度的减少以及自然景观成分的增多。乡村景观与城市景观有所不同，乡村的自然因素和人文因素与城市不同，所以形成的景观也不一样。城市根据不同功能进行分区，如行政区、商业区、文教区、居住区、工业区等，各区活动内容不同，建设也不一样，形成的景观也不同。

乡村属于半自然状态，开发强度和密度较低，有良好的生态循环系统，而在土地利用方面许多是用来从事农业生产。从景观构成来看，城市景观是人工景观多于自然景观，而乡村景观则是自然景观多于人工景观。

由此可见，不同学科和领域研究的角度不同，决定了乡村景观概念的多元化。从景观规划专业的角度，乡村景观是相对于城市景观而言的，两者的区别在于地域划分和景观主体的不同。从城市规划专业的角度，乡村是相对于城市化地区而言的，是指城镇（包括直辖市、建制市和建制镇）规划区以外的人类聚居地区（不包括没有人类活动或人类活动较少的荒野和无人区）。乡村景观是乡村地

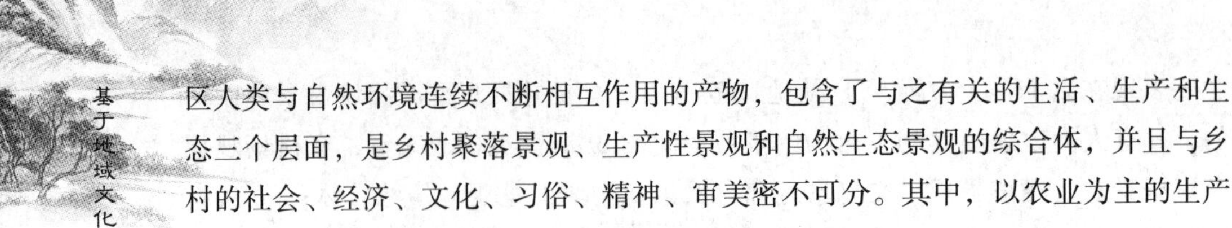

区人类与自然环境连续不断相互作用的产物，包含了与之有关的生活、生产和生态三个层面，是乡村聚落景观、生产性景观和自然生态景观的综合体，并且与乡村的社会、经济、文化、习俗、精神、审美密不可分。其中，以农业为主的生产性景观是乡村景观的主体。

三、乡村景观规划及其内涵

（一）乡村景观规划

乡村景观的发展通常分为三个阶段：即原始乡村景观、传统乡村景观和现代乡村景观。从根本上讲，原始乡村、传统乡村是一个自给自足、自我维持的内稳定系统，人地矛盾尚不突出，乡村景观是人类与自然环境相互作用自然形成的，还谈不上规划。目前，中国正处于由传统乡村景观向现代乡村景观的转变过程中，人地矛盾突出，需要通过合理的规划进行有效的资源配置。

欧美一些发达国家，经济发达，农业现代化水平高，自然资源条件也相对优越，其乡村景观规划较注重生态保护及美学价值。美国学者福曼基于生态空间理论提出一种最佳生态土地组合的乡村景观规划模型，包括以下七种景观生态属性——大型自然植被斑块、粒度、风险扩散、基因多样性、交错带、小型自然植被斑块与廊道。通过集中使用土地以确保大型植被斑块的完整，充分发挥其生态功能；引导和设计自然斑块以廊道或碎部形式分散渗入人为活动控制的建筑地段或农耕地段；沿自然植被斑块和农田斑块的边缘，按距离建筑区的远近布设若干分散的居住处所；在大型自然植被斑块和建筑斑块之间可增加一些农业小斑块。显然，这种规划原则的出发点是管理景观中存在着多种组分，包含较大比重的自然植被斑块。可以通过景观空间结构的调整，使各类斑块大集中、小分散，确立景观的异质性来实现生态保护，以达到生物多样性保持和视觉多样性的扩展。这种景观模式是根据欧美乡村的实际情况，融合生态价值与文化背景的一种创新。

但是中国的国情不同，由于巨大的人口压力，长期以来人地矛盾突出，乡村景观中自然植被斑块所剩无几，生态环境恶化，乡村经济落后，乡村景观面貌混乱……景观规划所要解决的首要问题是如何既要保证人口承载力又要维护生存环境，其次是如何有效利用乡村景观资源发展经济，再次是保护乡村景观的完整性和地方特色，营造良好的乡村人居环境。

因此，乡村景观规划是应用多学科的理论。应该对乡村各种景观要素进行整体规划与设计，保护乡村景观的完整性和文化特色，营造良好的乡村人居环境，挖掘乡村景观的经济价值，保护乡村的生态环境，实现乡村生产、生活和生态三位一体的发展目标，即促进乡村的社会、经济和环境持续协调发展的一种综合规划。

（二）乡村景观规划内涵

根据乡村景观规划的发展目标，乡村景观规划的核心包括以农业为主体的生产性景观规划、以聚居环境为核心的乡村聚落景观规划和以自然生态为目标的乡村生态景观规划。由此可见，乡村景观规划的基本内涵包含以下三个层面。

1. 生产层面

乡村景观规划的生产层面，即经济层面。以农业为主体的生产性景观是乡村景观规划和乡村经济规划的重要组成部分。农业景观不仅是乡村景观的主体，而且是乡村居民的主要经济来源，这关系到国家的经济发展和社会稳定。乡村景观规划，一方面对生产性景观资源进行合理的规划，保护基本农田，既要满足人类生存的基本需求，又要维持最基本的乡村景观；另一方面就是充分利用乡村景观资源，调整乡村产业结构，发展多种形式的乡村经济，有效提高乡村居民的收入。

2. 生活层面

乡村景观规划的生活层面，即社会层面。这包含了物质形态和精神文化两个方面。乡村社会物质形态是针对乡村景观的视觉感受而言的，就是通过乡村景观规划完善乡村聚落的基础设施，改善乡村聚落整体景观风貌，保护乡村景观的完整性，提高乡村的生活环境品质，营造良好的乡村人居环境。而精神文化是针对乡村居民的行为、活动以及与之相关的历史文化而言的，就是通过乡村景观规划丰富乡村居民的生活内容，展现与他们精神生活息息相关的乡土文化、风土民情、宗教信仰等。

3. 生态层面

乡村景观规划的生态层面，即环境层面。乡村景观规划在开发利用乡村景观资源的同时，必须保持乡村景观的稳定性和维持乡村生态环境的平衡，为社会创造一个可持续发展的整体乡村生态系统。乡村生态环境的保护必须结合经济开发来进行，通过人类生产活动有目的地进行生态建设，如土壤培肥工程、防护林营造、产业结构调整等。

第二节　新农村景观规划的理论建构

乡村景观规划看似狭窄，其实是一门学科交叉性强、辐射面广、发展前景广阔的学科。它涉及景观规划、城市规划、建筑学、旅游学、农学、生态学、地理学、社会学、美学、史学等众多学科和领域。从理论指导作用上讲，乡村景观规

划理论不仅包括景观规划设计的基本理论，还包括区域景观规划、人类聚居环境学、景观生态学、景观美学、乡村旅游学等基本理论。本节将从乡村景观规划的理论框架出发，分别论述它们的理论基础及其对乡村景观规划的指导作用。

一、区域景观规划

（一）基本概念

1. 区域

区域（Region）是一个非常广泛的概念，不同学科对“区域”的概念有不同的界定。政治学认为区域是国家管理的行政单元；社会学则将区域看作是具有相同语言、相同信仰和民族特征的人类社会聚落；而经济学视区域为由人的经济活动所造成的，具有特定地域特征的经济社会综合体；地理学把区域定义为地球表壳的地域单元，认为整个地球是由无数区域组成的。美国地理学家惠特尔西对区域做了比较全面和本质化的界定，认为“地球表面的任何部分，如果它在某种指标的地区分类中是均质的话，即为一个区域”，也就是具有特定共性、同质性、内聚力的区域。

区域的基本特征和属性包括：① 区域的客观性和物质性，即区域是客观实在的特征和属性，即一种物质实体；② 区域的地域性和可度量性，即区域具有一定的面积，有明确的范围和边界，是可以度量的；③ 区域的层次性和系统性，即区域是有系统的，是可以划分层次的；④ 区域的开放性和耗散性，即区域是一个开放的、耗散的系统；⑤ 区域的不重复性和不遗漏性，即按同一原则、同一指标划分的区域体系，同一层次的区域不应该重复，也不应该遗漏。

2. 区域景观规划

区域景观规划是指在区域的范围内进行的景观规划，是从区域的角度、区域的基本特征和属性出发，基于规划地域的整体性、系统性和连续性，区域景观规划着眼于在更大范围内，从普遍联系的自然、社会、经济条件出发，研究某一点与周围环境的关系，以及周围环境条件对其的影响，从而更加科学、严谨、系统地规划区域景观。

区域景观规划概念的提出，应该说是对区域规划和景观规划内容的有力补充，区域景观规划是区域规划的重要组成部分，而且区域景观规划是更大范围和尺度的景观规划，有价值的区域规划应该从人类的需求和对景观的理解开始。因此区域规划、区域景观规划、景观规划是对土地利用和景观的不同层次上的规划。现阶段，区域景观规划的重要性还没有引起足够的重视和关注，对大的尺度、自然地理特征、气候区域差异、地理区域差异等因素造成的区域景观特

化配置，各地开展的拆村并点工作，使聚居规模进一步扩大。一般来说，由于资源因素，北方的聚居规模较南方大，平原的聚居规模较山区大。

物种多样性：随着乡村不断发展，地域不断扩大，大量自然林地被开垦为农田，人类不断地向土地索取生存空间，使自然环境受到很大程度的影响，天然的生物链被打断，许多生物被迫远离人类聚居地，乡村的生物种类数量总体呈下降趋势。

资源消耗：人口不断增多加大了对粮食等物资和能源的消耗。而生产力不断提高，加大了人类对自然资源开发的力度，资源消耗不断增大。资源过度消耗，使人类开始更加注重资源的节约和再利用，并研究开发环保型能源。

环境破坏污染：从人类历史发展来看，乡村环境总体趋势是破坏逐渐加剧，主要表现为毁林造田、水土流失、沙漠化和水资源短缺等。而工业时代化肥、农药以及农用地膜的使用，造成地力下降、盐渍化和生物多样性降低等破坏，乡镇工业环境污染逐年增加。

2. 乡村聚居活动变迁与问题

（1）居住活动。原始农业时期，人类以满足基本生存需要为主要活动内容，生存成为第一要素，对生活质量要求不高。居住地主要功能基于保护和防御，以群居为主。传统农业时期，人类开始追求独立生存空间，以血缘家族为基本居住单位。日出而作、日落而息、男耕女织是乡村典型的生活方式。产业以传统的农业和手工业劳动为主。现代农业时期，农业机械化和产业结构多元化，改变了传统的生活方式，居住活动也呈现多元化趋势。

（2）聚集活动。原始农业时期，迷信色彩浓厚，以宗族祭祀和求神祭拜为主。传统农业时期，宗教迷信活动依然在乡村聚集活动中占有很大比重，同时娱乐性活动也逐渐增多。在乡村的公共活动空间经常可以看到各种各样的活动场景，唱戏、说书、杂耍等各种民间艺术活动十分兴盛。现代农业时期，宗族关系趋于弱化，价值取向都有了更高的追求和目标，开始渴望多元化的娱乐休闲活动方式。

3. 乡村聚居建设变迁与问题

（1）居住环境建设。原始农业时期，居住环境只能满足基本的生存条件，居住条件和设施十分简陋，居住环境都以自然材料建造。传统农业时期，居住环境与农业生产紧密结合，反映小农经济的特点，木结构成为主要的建筑形式，建筑以自然材料为主，人工材料为辅。现代农业时期，居住环境逐渐更新，居住功能和生活设施得到改善，建筑材料多元化，乡村居住建筑风格城市化现象明显。

（2）聚居环境建设。原始农业时期，以氏族为单位，出现生活、生产较为简单的功能分区，与自然环境和谐共存；传统农业时期，以血缘宗族为单位，讲究

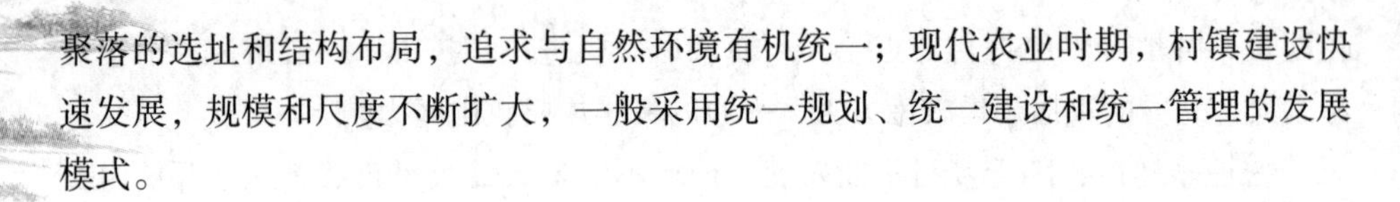

聚落的选址和结构布局，追求与自然环境有机统一；现代农业时期，村镇建设快速发展，规模和尺度不断扩大，一般采用统一规划、统一建设和统一管理的发展模式。

三、景观生态学

（一）综述

景观生态学在欧洲有着较为悠久的历史，是地理学与生态学之间的一门交叉学科。一般认为，它的发展经历了三个阶段：酝酿阶段（20 世纪 40 年代前）、形成阶段（20 世纪 40—80 年代初）和发展阶段（20 世纪 80 年代以后）。

1. 酝酿阶段

德国著名地理学家 E. 纳夫（Neef）在《景观生态学发展阶段》一文中把 20 世纪 50 年代前的景观生态学发展阶段称为“史前阶段”。这一阶段的一个显著特点是：地理学的景观思想和生物学的生态学思想是各自独立发展的。从方法论来看，地理学通常采用“水平”方法来研究异质景观生态系统单元之间的空间联系；而生态学则采用“垂直”的研究方法，即从垂直方向上来研究景观单元的内在功能。地理学和生物学从各自不同的角度和独立发展的道路，都得到一个共同的认识——自然现象是综合的。这为景观生态学的诞生奠定了基础。

1938 年，德国的植物学家 C. 特罗尔（Care Troll）在利用航空照片研究东非土地利用问题时，首次提出了“景观生态学”一词，并在 1939 年发表的有关该研究的论文中正式提出。从一开始，C. 特罗尔就认为：“景观生态学的概念，是由两种科学观点结合产生的，一种是地理学的（景观），另一种是生物学（生态学）的，表示支配一个区域不同地域单位的自然——生物综合体的相互关系的分析。”1968 年，C. 特罗尔对前述概念又做了进一步完善，认为“景观生态学表示景观某一地段上生物群落与环境间主要的、综合的和其因果关系的研究，这些研究可以通过明确的分布组合（景观镶嵌、景观组合）和各种大小不同等级的自然区划表示出来”。

景观生态学概念的提出，其意义不仅在于它将地理学在研究景观现象空间作用的“水平”方法，同生态学在研究景观功能上的“垂直”方法结合起来，还使其在继承了地理学和生态学长处的同时，又克服了它们各自所无法克服的不足，并使研究的综合性方面更深入了。同时，对景观生态系统内部各规律的认识和利用也更加全面了。“它吸取了地理学研究中的整体性思想及对自然现象空间相互作用的空间分析方法，又综合了生态学中的生态系统理论、系统分析和系统综合方法”，更重要的是与当时德国及其他国家地理学界景观研究的观点和目的存在较大分歧，景观生态学概念无疑为它们找到了共同的理论基础和研究平台。

2. 形成阶段

景观生态学的真正兴起是在第二次世界大战后。景观生态学快速发展的原因在于集中了地理学和生态学的精华，克服了两者的局限，把地理学研究空间相互作用的水平方法与生态学研究功能相互作用的垂直方法结合起来，探讨空间异质性的发展和动态，空间异质性对生物和非生物过程的影响，对空间异质性的管理。这一阶段，中欧成为景观生态学研究的主要地区，其中德国、荷兰和捷克斯洛伐克又是研究的中心。战后人口快速增长、粮食需求增加和环境恶化等问题出现，这些问题集中地体现在对土地的压力上。为解决这些问题，中东欧一些国家，如德国、捷克斯洛伐克和荷兰等国开展了土地资源的调查、研究、开发与利用，出现了以土地为主要研究对象的景观生态学研究热潮。进入20世纪70年代，由于生态学中的系统思想和地理学中的地理信息系统的引入，形成了以系统论、生物控制论和生态系统论为基础的景观生态学的概念和理论框架。同时由于遥感和计算机技术的快速发展，景观生态学在进行区域景观规划、评价和变化预测研究中，显示出独特的作用。正是由于新技术和新方法的不断引入，景观生态学得到快速发展。

3. 发展阶段

20世纪80年代以后，景观生态学研究得到了长足的发展，历届"国际景观生态学大会"为其发展的一个主线。以1982年大会和1995年大会为标志，可将其发展过程分为两个阶段，即20世纪80年代景观生态学的基础理论研究逐步深入阶段；20世纪90年代后积极采用新技术与新方法进行景观生态学的应用研究阶段。

（1）理论研究阶段。1982年，在捷克斯洛伐克召开的"第六次景观生态学国际学术研讨会"上正式成立了"国际景观生态学会"（International Association for Landscape Ecology，IALE），标志着景观生态学进入一个新的发展阶段。IALE的成立有力地促进了景观生态学的发展，不仅吸引了众多学科和人员参与，而且相关的研究论文和著作也大量涌现。其中代表性著作有：纳韦（Z.Naveh）和利伯曼（Lieberman）合著的*Landscape Ecology—Theory and Application*（1984），该书是景观生态学领域的第一部教科书。纳韦等人在书中指出："景观生态学是研究人类社会与其生存空间——开放与组合的景观相互作用关系的交叉学科。"并认为景观生态学以普通系统论、自然等级组织和整体性原理以及生物系统和人类系统共生原理等为基本原理或基本理论。福曼和戈登合著的*Landscape Ecology*（1986），作为教科书，对于景观生态学理论研究与景观生态学知识的普及做出了极大的贡献，同时也集中体现了当时北美景观学派

的研究成果。福曼等人认为，“景观生态学探讨生态系统——如林地、草地、灌丛、走廊和村庄——异质性组合的结构、功能和变化”。作者运用生态学的原理和方法，系统研究了景观的空间结构、景观动力学和景观的异质性原理。祖奈维德（I.S.Zonneveld）和福曼共同主编的 *Changing Landscape : An Ecological Perspective*（1989）是 20 世纪 80 年代末期世界上几位主要景观生态学家的集体著作，反映了景观生态学研究的最新水平。另外，特纳（Turner）和加德纳（Gardner）主编的 *Quantitative Methods in Landscape Ecology*（1990）集中介绍了景观生态学的定量化研究成果，对景观生态学研究的进一步定量化起了很大的促进作用。福曼的 *Land Mosaics : The Ecology of Landscape and Regions*（1995）在总结了现代景观生态学最新研究进展的基础上，系统地论述了景观生态学在土地规划与管理方面的应用。

（2）应用研究阶段。20 世纪 90 年代以来，国际景观生态学发展的重点和主要进展，体现在以下三个方面。① 生态空间理论与景观异质性研究。生态空间理论包括尺度、空间格局与镶嵌动态等方面的内容，对于生态系统空间关系定量化的研究是一个富有吸引力和挑战性的问题。景观异质性研究一直是景观生态学的基本问题之一。② 景观变化模型与未来景观的规划。对于景观变化在计算机上进行模拟研究已成为国外研究者争相采用的方法，除常见的转移概率模型外，渗透模型也被一些研究者引入景观动态的研究中，利用二维渗透网络模拟景观格局，研究火、病虫害和物种的传播。③ 景观系统分析与 GIS 应用。景观系统分析常常需要运用各种定量化的指标来进行景观评价、景观分类以及构建有关模型，随着新的方法和技术手段的不断涌现，这方面的研究也不断深入。当前，遥感和 GIS 的应用成为景观分析的基本手段，如何与地质统计的方法紧密结合以提供能充分反映景观特征的更好的空间模型，将成为以后研究的热点。

（二）景观生态学一般原理

福曼和戈登在《景观生态学》一书中，提出七条景观生态学的一般原理，简单概括如下。① 景观结构和功能原理：景观均是异质性的，在不同的斑块、廊道和基质的景观生态学原理和景观结构单元之间，物种、能量和物质的分配不同，相互作用（即表现出的景观功能）也不同。该原理为多种学科对景观的理解提供了共同语言和框架。② 生物多样性原理：景观异质性减少了稀有内部种类的多维度，增加了边缘种，同时增强了潜在的总物种的共存性。③ 物种流动原理：在景观单元中物种的扩张和收缩，既对景观异质性有重要影响，又受景观异质性的控制。④ 营养再分配原理：由于风、水或动物的作用，矿物营养可流入或流出某一景观，或者在某一景观中不同生态系统之间再分配。矿质养分在景观单元间的再分配比例随景观单元中干扰强度的增加而增加。⑤ 能量流动原理：在景观内，随着空间异质性增加，会有更多能量流过一个景观中各景观单元的边界。⑥ 景观变化原理：景观的水平结构把物种、能量和物质同镶嵌体、廊道及基质的范围、形状、数目、类型和结构联系起来。景观水平结构趋向于均质性；适度干扰迅速增加景观异质性；强烈干扰可增加异质性，也可减少异质性。⑦ 景观稳定性原理：稳定性是指景观对干扰的抗性和干扰后复原的能力。每个景观单元有它自己的稳定度，因而景观总的稳定性反映景观单元中每一种类型的比例。从景观要素来说，可分为三种情况：当某一种景观要素基本上不存在生物量时，则该系统的物理特性很容易变化，趋向于物理系统稳定性，而谈不上生物学的稳定性；当某一景观要素生物量小时，该系统对干扰有较小的抗性，但有对干扰迅速复原的能力；当某一景观要素生物量高时，则对干扰有高的抗性，但复原缓慢。

上述七条原理中，第①②条属于景观结构方面，第③④⑤条属于景观功能方面，第⑥⑦条属于景观变化方面。

（三）“斑块——廊道——基质”模式

景观结构的基本模式斑块、廊道和基质是景观生态学用来解释景观结构的基本模式，普遍适用于各种景观，包括乡村景观。这一模式为比较和判别景观结构，分析结构与功能的关系和改变景观提供了一种通俗、简明和可操作的语言。

1. 斑块的基本原理

（1）斑块尺度原理。大型的自然植被斑块能够涵养水源，连接河流水系并维持其中物种的安全和健康，庇护大型动物并使之保持一定的种群数量，并允许自然干扰（如火灾）的交替发生。因此，大型斑块可以比小型斑块承载更多的物种，更有能力持续和保存基因的多样性。小型斑块虽然不利于物种多样性的保护，不能维持大型动物的延续，但是可能成为某些物种逃避天敌的避难所。同时，小斑块占地小，可以出现在农田或建成区景观中，具有跳板的作用。

（2）斑块数目原理。减少一个自然斑块，就意味着抹去一个栖息地，从而减少景观和物种的多样性和某一物种的种群数量。增加一个自然斑块，则意味着增加一个可替代的避难所，增加一份保险。一般而言，两个大型的自然斑块是保护某一物种所必需的最低斑块数目，4~5 个同类型斑块则对维护物种的长期健康与安全较为理想。

（3）斑块形状原理。一个能满足多种生态功能需要的斑块，其理想形状应该包含一个较大的核心区和一些有导流作用并能与外界发生相互作用的边缘触须和触角。规整的斑块可以最大限度地减少边缘圈的面积，并最大限度地提高核心区

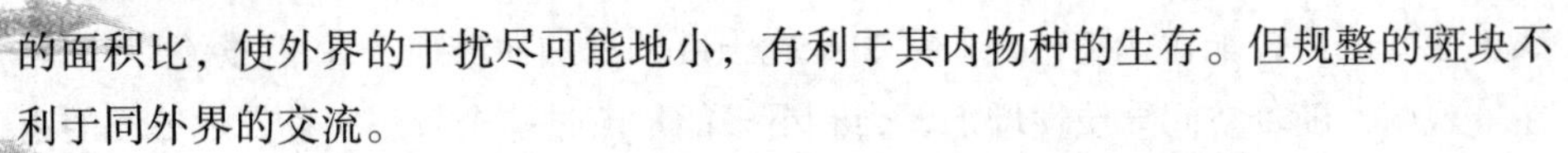

的面积比，使外界的干扰尽可能地小，有利于其内物种的生存。但规整的斑块不利于同外界的交流。

（4）斑块位置原理。一个孤立的斑块内物种消亡的可能性远比一个与种源相邻或相连的斑块大得多。与种源相邻的斑块，当其中的物种灭绝之后，更有可能被来自相邻斑块同种个体所占领，从而使物种整体上得以延续。

选择某一斑块作为保护对象时，一方面要考察斑块本身的属性，包括物种丰富性和稀有性；另一方面也要考察其在整体景观格局中的位置和作用。景观中有某些关键性的位置，对它们的占领和改变，可以对控制生态过程产生异常重要的作用。

2. 廊道的基本原理

（1）连续性原理。廊道是联系相对孤立的景观元素之间的线性结构，有利于物种的空间运动和原本孤立的斑块内物种的生存和延续。如今自然景观因人类的活动干扰而四分五裂，加强斑块之间以及斑块与种源之间的联系尤为重要。从这个意义上讲，廊道必须是连续的。廊道本身的构成不同，其作用也不一样。比如，高速公路和高压线路对人类生产和生活来说是重要的运输通道，但对生物来说则是危险的障碍。在各国，公路是野生动物最大的杀手。因此，公路建设应考虑动物的生态廊道。

（2）廊道数目原理。对于有益于物种空间运动和维持的廊道，数目越多越有利于物种避免被截流和分割的风险。

（3）廊道构成原理。联系保护区斑块的廊道应由乡土植物成分组成，并尽量靠近作为保护对象的斑块。

（4）廊道宽度原理。一般来说，廊道越宽越好。廊道如果达不到一定的宽度，不但起不到保护对象的作用，反而为外来物种的入侵创造了条件。对廊道的宽度，目前尚没有一个量的标准。对一般动物的运动而言，1 ~ 2 千米宽是比较合适的，但对大型动物则需要十到几十公里宽。

3. 景观镶嵌体的基本原理

（1）景观阻力原理。

景观阻力是指景观对生态流速率的影响。景观元素在空间的分布，特别是某些障碍性或导流性结构的存在和分布与景观的异质性将决定景观对物种的运动，物质、能量的流动与干扰的扩散的阻力。阻力随着跨越各种景观边界的频数的增加而加大。不同性质的景观元素产生不同的景观阻力，如对动物空间运动来说，森林或草地比建成区的阻力要小。一般而言，景观镶嵌体的异质性越大，阻力也越大。

（2）质地的粗细原理。

一个理想的景观质地应该是粗纹理中间杂一些细纹理的景观局部。景观既有大的斑块，又有小的斑块，两者在功能上有互补的效应。质地的粗细是用景观中所有斑块的平均直径来衡量的。在一个粗质地景观中，虽然有涵养水源和保护其内物种所必需的大型自然植被镶嵌，或集约化的大型工业、农业生产区和建成斑块，但粗质地景观的多样性还嫌不够，不利于某些需要两个以上生境的物种的生存。相反，细质地景观不可能有其内物种所必需的核心区，在尺度上可以与邻近景观局部构成对比而增强多样性，但在整体景观尺度上则缺乏多样性，而使景观趋于单调。

（四）景观生态规划总体格局

福曼等人提出了两种景观生态规划总体格局模型。

1. 不可替代格局

景观规划中作为第一优先考虑保护或建成的格局是：几个大型的自然植被斑块作为水源涵养所必需的自然地；有足够的廊道用于保护水系和满足物种空间运动的需要；在开发区或建成区里有一些小的自然斑块和廊道，用于保证景观的异质性。这种不可替代格局是任何景观规划的一个基础格局，同样适用于乡村景观规划。在这一基础格局上，又发展出了最优景观格局。

2. 最优景观格局

福曼（1995）提出了一种基于生态空间理论的景观规划原则，可称之为集中与分散相结合的模型，被认为是生态学意义上最优的景观格局。它包括七种景观生态属性——大型自然植被斑块、粒度、风险扩散、基因多样性、交错带、小型自然植被斑块和廊道。这种模型主要是通过集中使用土地，确保大型自然植被斑块的完整，以充分发挥其在景观中的生态功能；引导和设计自然斑块以廊道或碎部形式分散渗入人为活动控制的建筑地段或农业耕作地段；沿自然植被斑块和农田斑块的边缘，按距离建筑区的远近布设若干分散的居住处所，愈远愈分散，在大型自然植被斑块和建筑斑块之间也可增加些农业小斑块。显然，该模型的核心是保护和增加景观中的天然植被斑块，通过景观空间结构的调整，使耕作斑块、居住斑块和自然斑块大集中、小分散，确立景观的异质性来实现生态保护，以保持生物多样性和高度的视觉多样性。

这一模式强调规划应将土地分类集聚，并在开发区和建成区内保留小的自然斑块，同时沿主要的自然边界分布一些人类活动的“飞地”。集中与分散相结合模型的景观格局有许多生态优越性，同时能满足人类活动的需要。包括边界地带的“飞地”可为城市居民提供游憩度假和隐居机会；细质地的景观局部是就业、

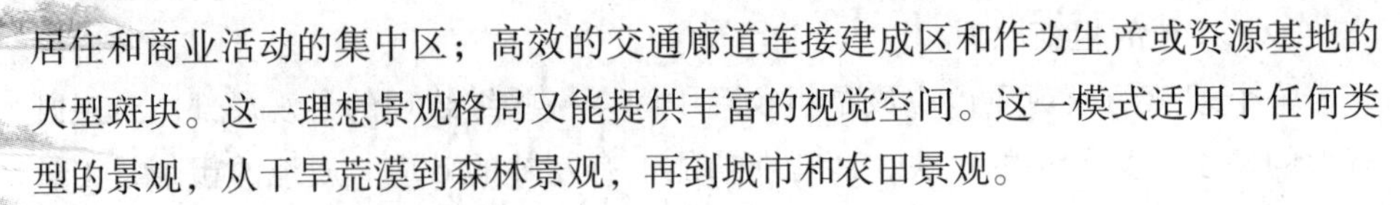

居住和商业活动的集中区；高效的交通廊道连接建成区和作为生产或资源基地的大型斑块。这一理想景观格局又能提供丰富的视觉空间。这一模式适用于任何类型的景观，从干旱荒漠到森林景观，再到城市和农田景观。

（五）景观生态规划

景观生态规划模式是继伊恩·麦克哈格（Ian McHarg）的“设计结合自然”之后，又一次使城乡规划方法论在生态规划方向上发生质的飞跃的模式。景观生态规划是应用景观生态学原理及其相关学科的知识，通过研究景观格局与生态过程以及人类活动与景观的相互作用，在景观生态分析、综合及评价的基础上，提出景观最优化方案、对策及建议。景观生态规划强调景观空间格局对过程的控制和影响，并试图通过格局的改变来维持景观功能流的健康与安全，尤其强调景观格局与水平运动和流的关系。

（六）景观生态学在乡村景观规划中的应用

乡村景观是世界范围内最早出现并分布最广的一种类型，不同国家对乡村景观规划的侧重也有所不同。比如，欧美一些发达国家，其乡村景观生态规划较为注重生态保护及美学观光价值，对应于旅游的需求，乡村景观规划中常设计一些富有特色的观光农业模式。前面提到的福曼基于生态空间理论的集中与分散相结合的最优景观生态规划模型，也是他根据美国和欧洲农村的情况，融合生态知识与文化背景的一种创新。

与欧美国家相比，中国有其特殊的国情，如中国人口众多，在长期高强度的土地乡村景观生态规划和利用之下，乡村景观中自然植被斑块所剩无几，人地矛盾突出。景观规划所要解决的生态建设模式首要问题是如何既能提高人口承载力又能维护生存环境。生态保护必须结合经济开发来进行，通过人类生产活动有目的地进行生态建设，如土壤培肥工程、防护林营造和农业生产结构调整等。肖笃宁从空间布局的角度，运用景观生态学理论，提出了乡村景观生态规划的原则。① 建设高效人工生态系统，实行土地集约经营，保护集中的农田斑块；② 控制建筑斑块盲目扩张，建设具有宜人景观的人居环境；③ 重建植被斑块，因地制宜地增加绿色廊道和分散的自然斑块，补偿和恢复景观的生态功能；④ 在工程建设区要节约工程用地，重新塑造环境优美、与自然系统相协调的景观。另外，肖笃宁还总结了中国长期以来比较适宜乡村地区可持续发展的景观生态建设模式：① 湿地基塘体系景观模式，如珠江三角洲的基塘体系；② 沙地田、草、林体系景观模式，如中国东北平原；③ 平原区农田防护林网络体系景观模式，如位于黑龙江省的松嫩平原有中国最大规模的农田防护体系；④ 南方丘陵区多水塘系统景观模式，如中国南方丘陵区以水稻田为基质的农业景观；⑤ 黄土高原农、草、林立体镶嵌景观模式，如黄土高原的梯田（或坡耕地）—草地—林地类型具有较好的土壤养分保持能力和水土保持效果。这对于指导乡村景观规划具有重要的意义。

目前，随着人口数量的不断增长，在许多乡村景观地区，由于人类活动的过度干扰，如在农田中过度使用化肥和农药，常常忽略了系统中有效养分的循环利用，其结果是导致大量污染物的出现，严重影响了物质和能量的循环过程。为了避免乡村景观生态功能的降低，梁文举等提出生态村、庭院生态系统的建设，均是为了提高乡村景观系统的物质和能量的良性循环，将污染物的排放控制在最低限度。

四、乡村旅游学

（一）综述

1. 产生与发展

正如德国学者霍恩霍尔兹（Jurgen H.Hohnholz）所说的，乡村旅游这个名词是新创的，它只是旧的旅游形式的一个部分。其实，乡村旅游在中国有着非常悠久的历史。早在春秋战国时期，中国就有到郊野“春游”（即踏青）的风俗。根据《管子·小问》记载：“桓公放春三月观于野。”这是中国春游一词的最早出处。春游踏青的风俗一直延续至今，“春游”可以说是中国乡村旅游最早的雏形。

对于乡村旅游，一般认为起源于19世纪中期的欧洲。1865年，意大利“农业与旅游全国协会”的成立标志着该类旅游的诞生。由于铁路等交通工具和设施的发展，大大改善了乡村地区的通达性，欧洲阿尔卑斯山区和美国、加拿大落基山区成为世界上早期的乡村旅游地区。目前，在德国、奥地利、英国、法国和西班牙等欧洲国家，乡村旅游已具有相当规模，走上了规范发展的轨道。20世纪70年代后，乡村旅游在美国和加拿大也得到了蓬勃发展，显示出极强的生命力和越来越大的发展潜力。

中国的现代乡村旅游则起步较晚，20世纪50年代，由于当时外事接待的需要，在山东省石家庄村率先开展了乡村旅游活动。国内乡村旅游的真正发展在20世纪90年代，究其原因，主要有两个方面。一方面是来自国际的影响，表现为：① 乡村旅游在欧美国家已经发展得相当成熟，其成功的实践为中国乡村旅游的发展提供了良好的经验借鉴；② 国际乡村旅游学术活动的广泛开展，如1994年西班牙的“旅游在农村的可持续发展地区间研讨会”，1998年西班牙埃斯特城举办的首届“国际乡村旅游研讨会”，为中国乡村旅游的发展指明了方向。另一方面是来自国内发展的需要，表现为：① 国家政策。国家旅游扶贫政策和

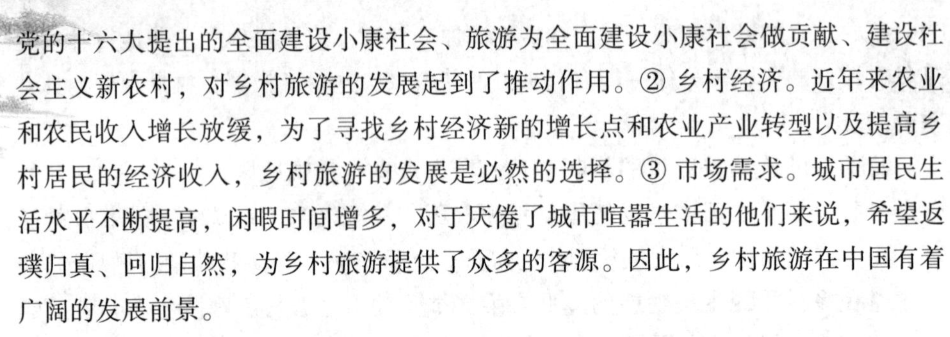

党的十六大提出的全面建设小康社会、旅游为全面建设小康社会做贡献、建设社会主义新农村，对乡村旅游的发展起到了推动作用。② 乡村经济。近年来农业和农民收入增长放缓，为了寻找乡村经济新的增长点和农业产业转型以及提高乡村居民的经济收入，乡村旅游的发展是必然的选择。③ 市场需求。城市居民生活水平不断提高，闲暇时间增多，对于厌倦了城市喧嚣生活的他们来说，希望返璞归真、回归自然，为乡村旅游提供了众多的客源。因此，乡村旅游在中国有着广阔的发展前景。

2. 乡村旅游的概念

关于乡村旅游的概念，国内外都有不同的解释，至今仍没有一个统一的定论。欧洲联盟（EU）和世界经济合作与发展组织（OECD，1994）将乡村旅游定义为发生在乡村的旅游活动，并进一步认为"乡村性是乡村旅游整体推销的核心和独特卖点"。因此，认为乡村旅游应该是发生于乡村地区，建立在乡村世界的特殊面貌、经营规模小、空间开阔和可持续发展的基础之上的旅游类型。

世界旅游组织旅游规划顾问、旅游开发规划师爱德华·因斯格普（Edward In skeep）认为乡村旅游是一种与传统的乡村有关的旅游形式。参加这种旅游的游客能学到有关乡村的生活方式和传统知识，村民可以从这种旅游中直接受益。该定义把乡村旅游局限在传统意义上的乡村层面，不利于乡村旅游的全面发展。

吉尔伯（Gilber）等（1990）认为，乡村旅游是农户为旅游者提供食宿等条件，使其在农场、牧场等典型乡村环境中从事各种休闲活动的一种旅游。吉尔伯把乡村旅游的对象仅局限于农场、牧场，其实质是把乡村旅游与乡村旅游的分支——农业旅游等同。

乡村旅游是以乡野农村的风光和活动为吸引物、以都市居民为目标市场、以满足旅游者娱乐、求知和回归自然等方面需求为目的的一种旅游方式。国内有学者将农业旅游（观光农业）、森林旅游、文化旅游、探险旅游和民俗旅游等全部纳入乡村旅游的范围，这似乎过分夸大了乡村旅游的外延，致使在此基础上形成的乡村旅游的定义缺乏科学性。该概念只指出了乡村旅游资源有形的一面，没有将乡村文化等无形的旅游资源包括进去。

肖佑兴认为，乡村旅游是指以乡村空间环境为依托，以乡村独特的生产形态、民俗风情、生活形式、乡村风光、乡村居所和乡村文化等为对象，利用城乡差异来规划设计和组合产品，融观光、游览、娱乐、休闲、度假和购物于一体的一种旅游形式。它具有乡土性、知识性、娱乐性、参与性、高效益性、低风险性以及能满足游客回归自然的需求性等特点。

3. 乡村旅游的类型

对乡村旅游概念的不同理解，导致对乡村旅游分类方法也不尽相同。欧美发达国家的旅游者最喜欢的旅游方式就是度假，在乡村旅游中有明显体现。国外乡村旅游类型主要有两种，一种是休闲观光度假型，另一种是参与各种农业劳动的度假型，称为“务农旅游”。

从旅游项目和活动类型看，主要有三种类型。① 观光型：主要是以观赏农村自然田园风光、现代“三高”农业园区、传统民居和民俗节庆活动为主题；② 参与型：主要是采摘旅游、购物旅游和务农旅游，尤其是秋季采摘旅游在都市郊区最盛行，参加人数最多，影响力最大，影响面最广；③ 度假型：主要是观光农园或农家，“住农家房，吃农家饭，干农家活，享农家乐”的休闲度假娱乐旅游。

（二）乡村旅游的经济学分析

一部电影《芙蓉镇》使拍摄地湘西永顺县王村镇由默默无闻变得远近闻名。文学巨匠沈从文的文学作品使湘西凤凰古城翩然而出，飞向世界，闻名海内外，吸引了众多游客。据凤凰县旅游局统计，前来凤凰城观光的海内外游客不断增长，当地旅游年收入在1998年为2 000万元，2002年突破了1亿元，2002年仅“五一”黄金周的门票收入就超过2001年全年收入的总和。像这样的例子在中国还有许多。其实，在中国广阔的乡村地区，尤其是在一些偏远贫穷的山区，蕴藏着丰富的旅游景观资源，其经济价值和社会价值是巨大的。

1. 乡村旅游的乘数效应

旅游投资的乘数效应是以投资乘数为理论基础的。投资乘数论认为，在形成一定消费倾向的情况下，总投资量增加时，可以引起若干倍于投资增量总收入的增加。增加一笔投资最终引起的总收入的增加额，不仅包括因增加这笔投资而直接增加的收入，而且包括因间接消费需求的增加而增加的收入。这样得到的总收入增量和投资增量之比，即称为投资乘数。各种投资乘数效应的大小与其行业的关联程度有关。行业关联程度有“前向联系”与“后向联系”之分。某一投资所形成的产品引起其他部门或行业的需求叫“前向联系”；某一投资所引起的对其他行业或部门的需求叫“后向联系”。行业关联程度还有“直接联系”与“间接联系”之分。直接联系是因为某一投资而带来的直接需求的行业，照此推理，间接联系则是因为某一投资而带来间接需求的行业。各种投资乘数效应大小的分析既要考察其“前”“后”向联系，还要考察其“直接”“间接”联系。各种投资乘数效应大小与边际消费倾向也有关系。边际消费倾向是消费增量与收入增量之比。边际消费倾向越大，则投资乘数效应越大。

2. 乡村旅游与农村剩余劳动力

旅游业是劳动密集型行业，旅游投资对其他行业有着极强的带动作用，能吸收较多的劳动力就业。世界旅游组织测算，直接投入旅游消费部门的有行、游、食、住、购、娱等六大类部门，间接涉及旅游消费部门的有金融、保险、农业、印刷、医疗、通信等58类部门。墨西哥旅游局曾做过这样的统计：1969年投资于旅游业8万美元，能创造41个就业岗位，而投资于石油工业只能提供16个就业机会，五金行业为15个，电气工业为8个。泰国的情况是平均9个就业人员中就有一个属于旅游业。世界旅游组织认为，旅游业每增加一个直接就业人员，能为社会创造5个以上的就业机会，产生极大的乘数效应。

旅游业是综合性的服务行业，它要满足旅游者的食、住、行、游、娱、购等多方面的需求。所以，乡村旅游势必带动与旅游业有直接或间接关系的各行各业的发展。这将提供大量的就业机会，能够吸收大量的农村剩余劳动力。例如，安徽省舒城县龙河镇白鹿村洪山村民组有38户人家。自1995年实施万佛湖旅游开发后，该村民组就有60人一直从事旅游开发基础设施建设，7户购置了游艇，5户购置了交通车辆，2户从事餐饮业，5户从事旅游农副土特产品加工销售，从事旅游及相关产业的人数达87人，基本解决了剩余劳动力的就业问题。据统计，到2001年上半年，湖南全省经营“农家乐”旅游的农户已达1 500多家，拥有床位一万多张，直接从业人员2万多人，接待国内外游客275万人次。中国许多乡村地区发展乡村旅游的实践也证明了这点：旅游业能为农民提供比其他行业更广泛的就业机会。

3. 乡村旅游与农民收入

乡村旅游是增加农民收入的有效途径，国内外许多案例都能说明这一点。在法国，每年大约有2/3的人选择国内度假，其中有33%的游客选择乡村度假，仅次于海滨度假44%的比例。近年来，法国有1.6万个农庄推出了乡村旅游活动，每年接待国内外游客约200万人次，其中1/4是外国游客，乡村旅游收入约占旅游总收入的1/4。

中国乡村的特点就是人多地少，即使农业生产可能有很高的回报率，由于规模上不去，农民收入也难以有较多增加。乡村旅游业的发展不仅为当地的农村剩余劳动力提供了就业机会，甚至能使一些农民走上脱贫致富之路。例如，陕西省南郑县水井乡在20世纪70年代从事藤编工艺的人家寥寥无几，且品种单调，只有三四种，90年代随着旅游业的发展，水井乡成为民俗工艺旅游村。现有藤编户178家，360人；草编户21家，37人；竹编户9家，12人；棕编户20家，30多人。藤编花色品种达20多个，产品除供给旅游者购买外，还远销西班牙、日本、东南亚等国。黄山脚下唐模村1998年5月在安徽省旅游发展资金的扶持下，正式作为旅游点对外开放，当年即见成效。该村人均收入由1997年的1 420元一跃达到2 800元，获得“致富奔小康先进村”称号。又如，黟县西递村，1998年农民人均收入达4 900多元，农民从第三产业中获取的收入占总收入的70%以上。

4. 乡村旅游与生态环境

毋庸置疑，不合理的旅游开发会给当地的生态环境造成一定的污染和破坏，但是从经济学角度讲，放弃乡村旅游开发以保护环境的思想是消极的。目前淮河流域污染严重，根据调查，其污染源基本上来自沿河两岸的乡镇工业。与乡镇工业相比，乡村旅游业属于“绿色产业”，对乡村生态环境的破坏程度要小得多。这并不是说乡村旅游对生态环境没有破坏作用，而是同其他方式相比，旅游经济同乡村地区生态脆弱的现实矛盾最小，是推动乡村经济可持续发展有效的催化剂。

在进行乡村旅游规划时，应将人类活动对环境的影响控制在一定程度内，实现对乡村旅游景观资源的充分利用，并对乡村生态环境可持续发展提供长期投入加以维护。乡村旅游对乡村生态环境的保护还在于其具有教育功能。对当地居民来说，在他们认识到乡村旅游带来经济效益的同时，也会意识到乡村生态环境的重要性，促使他们更自觉地保护乡村生态环境。对游客来说，在领略乡村田园风光的同时，也会激发他们保护乡村生态环境的热情。

（三）旅游扶贫与乡村旅游

1. 旅游扶贫

PPT（Pro-Poor Tourism）意为有利于贫困人口发展的旅游。这一概念最先由英国国际发展局提出，旨在探讨旅游发展对贫困地区消除贫困的作用。PPT战略，是以贫困地区特有的旅游资源为基础，以市场为导向，在政府和社会力量的扶持下，通过发展旅游业，使贫困地区的经济走上可持续发展的良性发展道路，实现贫困人口脱贫致富的宏观发展计划和措施。正因为旅游业对贫困地区发展所发挥的特殊作用，许多国家在制订社会发展计划时都做了特别规定。比如，1963年日本政府公布的《旅游基本法》中确定了八大政策，其第六项即为“在低开发区进行旅游开发”。法国在领土整治中明确提出，对山林和沿海地区，把治理环境和旅游地建设结合起来。意大利自20世纪80年代以来大力推动“乡村旅游”，认为“旅游有助于开发落后地区”。国家文化和旅游部和国务院扶贫办曾联合在张家界召开了全国旅游开发扶贫座谈会，根据当时统计，全国已有10 000多个村庄的300万农村人口成为发展旅游业、脱贫致富的典范。

国务院9号文件明确提出要规划建设一批旅游扶贫试验区，将旅游资源优势转变为旅游经济优势，为当地群众的脱贫致富发挥作用。2000年8月，在国务院扶贫办的大力支持下，国家文化和旅游部正式批准设立了第一个国家级旅游扶贫试验区——六盘山旅游扶贫试验区，并由中央财政安排专款2 000万元用于景区景点宣传建设。这一政策为当地群众脱贫解困发挥了重要作用，获得了丰厚的经济效益和社会效益。

2. 旅游扶贫不能简单等同于乡村旅游

旅游扶贫是国家为帮助贫困地区脱贫致富而制定的一项发展战略决策。虽然旅游扶贫与乡村旅游的目标都在于通过旅游开发增加当地的发展机会，并实现农民利益最大化，但是两者还存在诸多的差异，不能简单等同。① 对象不同。旅游扶贫是针对有旅游开发条件的贫困地区而言的，并非所有的贫困地区都可以走旅游扶贫、旅游脱贫的道路。而乡村旅游则是针对有旅游开发条件的整个乡村地区，其覆盖的范围远远大于旅游扶贫涉及的范围。② 主体不同。旅游扶贫是一种政府行为，政府在旅游扶贫开发中起着主导作用。启动旅游扶贫开发，规范旅游开发与管理，扶持当地居民参与旅游经营活动，落实旅游扶贫目标的实现。而乡村旅游则主要是一种自发行为，当地居民根据自身的资源条件，结合市场需求，自主发展。如果旅游扶贫能在正确的引导下走上正轨，则发展成为乡村旅游。

（四）乡村旅游与三农问题

乡村旅游的开发能够改善我国的“三农”现状，提高农民生活质量，促进农业稳定发展乡村旅游的作用，为农村剩余劳动力提供广泛的就业机会。由于乡村旅游发展的需要，农村通信、卫生、交通等基础设施以及生产设备和生活条件得到改善，从而改善乡村居民的生活环境。乡村旅游的发展有利于农村富余劳动力的分流，部分投入农业生产，部分从事第三产业，同时也能使农村富余资金和高科技力量得到充分利用，维护农村正常的生产生活秩序和良好的社会风气，实现农业的持续发展。

乡村旅游是解决农民增收问题的一种选择，这种选择需要依据一定的条件。① 发展乡村旅游的条件当地拥有丰富或有特色的乡村景观资源，具有可观赏性和可展示性；② 基础设施条件良好，其中交通便利是最重要的一项条件；③ 与风景名胜区毗邻的乡村地区具有开发旅游的优越条件，风景名胜区则能为乡村旅游景点带来进行附带性游览的客源；④ 旅游是一种较高层次的消费，通常要求国际标准恩格尔系数在50%以下才能具备国内旅游条件。乡村旅游的客源主要来自附近城镇的居民，周边城市的居民应具有较高的收入水平才能有旅游需求。

乡村旅游是改善中国“三农”现状的一种有效途径，但绝不是唯一途径。各地要根据自身乡村景观资源的条件，有选择地开发乡村旅游。目前，有些乡村地区并不具备开发旅游的条件，也在盲目开发旅游以提高地方经济。然而，由于景观资源缺乏特色，其结果只会适得其反。

五、景观美学

美学一直是人文社会科学研究的对象。自古以来，关于美学的根本问题“美是什么”，可谓仁者见仁，智者见智，答案数以百计。诸如，美是“理式”（柏拉图）、美是“秩序、匀称和明确”（亚里士多德）、美是“理念的感性显现”（黑格尔）、“美是典型”（蔡仪）、“美是主客观的统一”（朱光潜）、“美是自由的形式”（李泽厚）等都是为人们所熟知的定义。随着不同学科发展的需要，出现了许多与美学交叉的学科分支，景观美学就是其中之一。

（一）景观美学综述

1.发展的必然

早在东晋时期，中国诗歌发展史上第一次出现了纯粹意义上的山水诗歌，代表人物是山水诗的开创者谢灵运。山水诗歌大多从美学的角度去发现和描绘大自然的美丽风光。与山水诗歌同期出现的还有中国的山水画。有山水画祖之称的顾恺之使山水画从人物画的背景中脱颖而出，发展成为独立的绘画门类。例如，顾恺之的《雪霁望五老峰图》被誉为山水画开端的名作。山水画讲究细看、粗看、近观、远观、仰视和俯察等表现手法。虽然山水画不在写实而在写意，可以把不同空间、不同时间的景色集于一卷，但它所表现的素材体现了作者的审美趣味和理想。中国山水诗歌和绘画的出现，为中国园林的发展奠定了基础。而作为一种文化信息载体，中国园林从兴起开始，便不仅是物质感官层次的休憩娱乐场所，更包含了精神上和心灵上深层次的文体审美信息。园林文化与中国诗画文化一样，重写意、表现和创造意境，是一种立体的、可视的需加以体味的空间意境，是三维的中国画，具体化的山水诗。沈复在《浮生六记》中说：“大中见小，小中见大，虚中有实，实中有虚，或藏或露，或浅或深，不仅在周回曲折四字也。”这就是中国园林美学的最大特点。由此可见，中国早期的景观美学主要体现在山水诗歌、绘画以及园林造园艺术上。只不过当时古代文人墨客所理解的景观，也主要是视觉美学意义上的景观，也即风景。

16 世纪末，“景观”一词作为绘画艺术的一个专门术语而出现，也泛指陆地上的自然景色。17—18 世纪，景观一词开始被园林设计师们所采用，他们基于对美学艺术效果的追求，对人为建筑与自然环境所构成的整体景象景观进行设计、建造和评价。1858 年，美国景观建筑师奥姆斯特德（R·L.Olmsted）提出了“景观建筑师”这一名称。1899 年，美国景观建筑师学会（American Society of

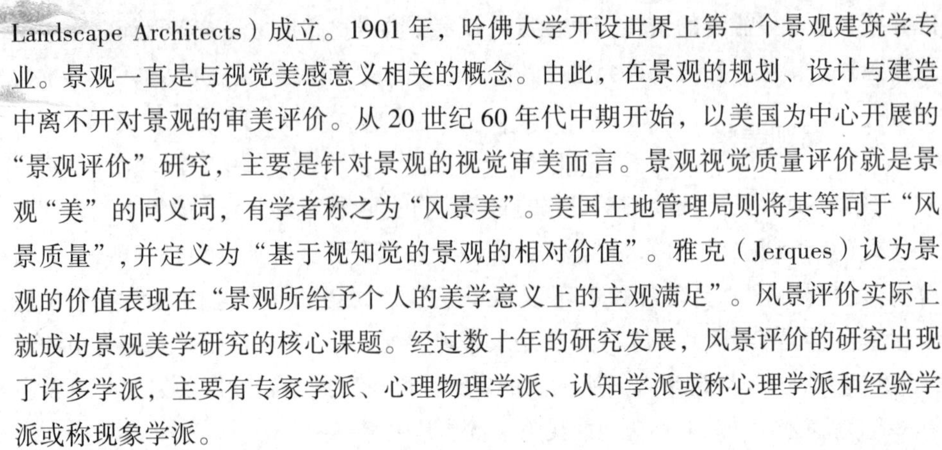

Landscape Architects）成立。1901年，哈佛大学开设世界上第一个景观建筑学专业。景观一直是与视觉美感意义相关的概念。由此，在景观的规划、设计与建造中离不开对景观的审美评价。从20世纪60年代中期开始，以美国为中心开展的“景观评价”研究，主要是针对景观的视觉审美而言。景观视觉质量评价就是景观“美”的同义词，有学者称之为“风景美”。美国土地管理局则将其等同于“风景质量”，并定义为“基于视知觉的景观的相对价值”。雅克（Jerques）认为景观的价值表现在“景观所给予个人的美学意义上的主观满足”。风景评价实际上就成为景观美学研究的核心课题。经过数十年的研究发展，风景评价的研究出现了许多学派，主要有专家学派、心理物理学派、认知学派或称心理学派和经验学派或称现象学派。

景观美学研究。随着景观生态学理论和应用研究的不断深入，景观概念的内涵和外延也不断地深入和扩大，景观生态学发展的趋势是落实到景观生态建设。而在美学界，对于景观的理解也在转变。近代美学研究，一般都把景观限于自然风光的范围；而当代美学研究，已经在景观范围内加入和突出了人文内容，往往把景观划分为自然景观、人工景观和人文景观三大类型。因此，风景美学、园林美学等相关的景观美学研究已经不能满足景观日益发展的需要。在此基础上，俞孔坚和吴家骅等人提出了景观美学研究。1999年，吴家骅出版了《景观形态学》，该书是景观美学比较研究的一本专著。作者认为景观美学是景观设计的理论与实践之间的纽带，景观设计被看作参与景观最积极的方式之一，是对景观美学思想的集中体现。2002年，王长俊出版了《景观美学》一书，将景观美学的设想付诸实践，提出了一个较为完整的景观美学体系。作者从美的景观实际出发，一方面从美的景观中探讨“美是什么”的问题，另一方面又从景观美的实际中总结出构造景观美的客观规律，用以指导构造景观美的系统工程，从而使对美学的研究和对景观美的创造有机地结合起来。由此可见，景观美学的观赏和审视景观的首要任务是为了规划、设计和建造，或者说是为了规划、设计和建造美的景观而研究景观审美。景观美学的出现是发展的必然，其学科逻辑关系十分明确，即从风景、景观、景观建筑学和景观生态学进入景观美学。

2. 相关研究的片面性

对于景观美学的研究，前后也多有论及，但人们都是从不同的侧面涉及景观的审美问题，多为局部或个案研究，缺乏系统或体系。诸如风景美学、环境美学、建筑美学、园林美学和旅游美学等，这些只是停留在某些侧面，缺乏对景观美学的综合研究。最突出的是几乎都没有论及观赏者与景观之间的审美关系。风景美学研究的中心是风景（景观）评价，指导风景资源的开发与管理；环境美学是环境科学的一个组成部分，研究对象是自然环境与社会环境交织而成的人类生存环境，主要是研究人类创造优美环境的原则和形式及其美学功能。建筑美学涉及的是建筑的艺术处理，研究以建筑与环境美的本质规律，分析建筑相关要素之间的审美关系，研究建筑审美经验为中心内容，并且探索建筑艺术实践方法的学科；园林美学重点探讨园林美、园林美感和园林艺术，进而揭示园林创作和欣赏过程中的审美规律和特点，实际上是用美学观点分析园林的建造和欣赏；园艺美学研究花木栽培及其观赏配置；旅游美学研究的是旅游者的审美活动和审美关系，核心问题在于主体游览观赏中的美感冲动和情感创造，尽管也包含了景观资源的开发（规划、设计和建设），但不是其研究的重点。

由此可见，它们都有各自的研究对象和范围，景观审美关系的研究并不是它们的注重点。

3. 理论与应用的结合

美学研究一般分为两类：一类是理论美学研究，表现在哲学、社会学、心理学、理论美学与应用美学、生理学和史学等方面：另一类是应用美学研究，表现在环境、建筑、园林、艺术和技术等方面。景观美学是理论和应用两者相兼顾的。美学理论的研究是景观美学研究的前提和基础，最终是为景观的建设与保护、利用和观赏、管理和发展服务的。

对于景观美学这样应用美学来说，主体动态审美是其整个理论构建的前提和主体动态审美基础。问题在于这些应用美学关注审美的目的是什么。

（三）乡村景观的美学原则

林学家徐化成（1996）认为景观生态学的研究内容除了景观结构、景观功能和景观变化外，还应包括景观规划与管理，即根据景观结构、功能和动态及其相互制约和影响机制，制订景观恢复、保护、建设和管理的计划和规划，确定相应的目标、措施和对策。

乡村景观的开发与保护、利用与观赏、管理与发展，涉及自然科学、社会科学、技术科学、管理科学、应用技术、法律法规等各个方面。景观美学所要研究的不是这些方面本身的具体问题，而是贯穿于这些方面的美学问题和美学原则。乡村景观除了要遵循一般的美学基本原则，如统一、均衡、韵律、比例、尺度等方面的原则外，还有其特有的美学原则。

1. 整体性原则

就是从整体性上去构建乡村景观。由于地理环境、文化背景、风俗习惯、宗教信仰等方面的差异，决定了乡村景观具有景观美的多样性、社会性、时空性、综合性等特征。乡村中的任一景观都不是孤立存在的，而是与乡村整体环境相协

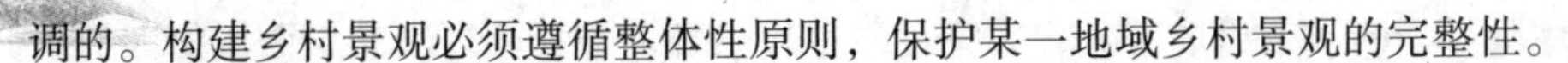

调的。构建乡村景观必须遵循整体性原则，保护某一地域乡村景观的完整性。

2. 一致性原则

就是从景观的主体性与客体性的一致性上去构造乡村景观。这对于乡村景观的建设尤为重要。

3. 时代性原则

就是从时代性上去建构乡村景观。美是有时代性的，每一个时代的审美标准都有所差异，任何时代出现的新景观，都是特定时代的产物，因此，设计、建造出符合时代审美需要的景观是景观美学研究的首要目标。传统的乡村景观正在向现代乡村景观转变，这种变化必然通过乡村景观更新表现出来。

4. 共同性原则

就是从美的共同性上去建构乡村景观。虽然美具有时代性，是随着时代的发展而发展的，不存在固定的、一成不变的美，但是美同时又具有极大的共同性。一个民族有一个民族的共同美，一个时代又有一个时代的共同美。民族的共同美，是由一个民族在长期的共同的社会生活中形成的民族心理、习惯和爱好决定的；时代的共同美，是由该时代人们共同的人性决定的。因此，乡村景观在兼顾时代性原则的同时，也要遵循共同性原则。

5. 功利性原则

就是从美的功利性上去建构乡村景观。在审美天性和审美能力的基础上，人类美感的发生也是在进化的功利活动中逐渐形成的。美的认识和发现，从一开始即和功利联系在一起。乡村景观规划不是仅仅为了保护乡村景观的田园风貌，而是实现乡村景观资源的社会、经济和生态效益的最大化。

第三节　新农村景观规划的相关问题

一、城市化、乡村城市化与乡村现代化

（一）城市化与乡村景观

城市化是社会生产力发展到一定阶段的产物，是当今世界一种重要的社会、经济现象。根据《城市规划基本术语标准》（GB/T 50280–1998）中的定义，城市化是指人类生产和生活方式由乡村型向城市型转化的历史过程，表现为乡村人口向城市人口转化以及城市不断发展和完善的过程，又称城镇化、都市化。虽然农村人口向城市人口转变只是城市化过程中的一种主要现象，但是这一过程也包含

了社会、经济、人口、空间等多方面转换的内容，而且以城市地区人口占全地区总人口的百分比这一指标衡量城市化水平，简单易行，有一定的可比性。因此，人口向城市集中的过程即为城市化，这一城市化定义被城市规划、社会学、人口学、地理学和经济学界普遍接受。

美国区域规划学家约翰·弗里德曼（J.Friedmann）将城市化过程区分为城市化Ⅰ和城市化Ⅱ。前者包括人口和非农业活动在规模不同的城市环境中的地域集中过程、非城市型景观转化为城市型景观的地域推进过程；后者包括城市文化、城市生活方式和价值观在农村的地域扩散过程。因此，城市化Ⅰ是可见的物化了的或实体性的过程，而城市化Ⅱ则是抽象的、精神上的过程。具体地说，城市化Ⅰ是有形的城市化，即物质上和形态上的城市化，具体反映在：① 人口的集中，包括人口总量的集中，即城市人口比重的增大；城镇点增加，城镇密度加大；每个集中点——城镇规模的扩大。② 空间形态的改变。城市建设用地增加，城市用地功能分化，土地景观变化（大量建筑物、构筑物的出现）。③ 社会经济结构的变化。产业结构的变化，由第一产业向第二、三产业转变；社会组织结构的变化，由分散的家庭到集体的街道，从个体的、自给经营到各种经济文化组织和集团。

城市化Ⅱ是无形的城市化，即精神上的、意识上的城市化，生活方式的城市化，具体也包括三个方面。① 城市生活方式的扩散；② 农村意识、行动方式、生活方式转为城市意识、方式、行动的过程；③ 城市市民脱离固有的乡土式生活态度、方式，采取城市生活态度、方式的过程。

城市化过程对于乡村景观也产生了深远的影响，与之相对，也分为有形和无形两个方面。

1. 有形的影响

主要是指城市化过程直接对乡村景观空间形态的影响，表现为点、线、面三个形态层面的影响，构成了一张城市化对乡村景观影响的有形网络。

（1）面。乡村空间地域景观实体的动态变化，即随着城市建设用地的不断增加，乡村地域的不断缩小，表现为城市景观实体逐渐向乡村地区推进或局部乡村景观向城市景观的转变。

城市建设统计数据显示，中国城市化水平已从1993年的28%提高到2004年的41.7%。近几年来，中国城市化水平保持年均近2个百分点的速度增长。中国内地城市、建制镇的数量增长迅速，而且在面积上向乡村地区扩张明显。

（2）线。城市化水平的提高加速了经济增长，使整个社会的生产流通容量加大，市场交换的频率加快。这需要城市与城市、城市与乡村之间要有便捷的交通运输。贯穿于城乡之间的各种等级公路在加速社会经济发展的同时，对乡村景观

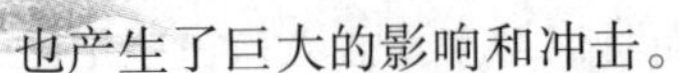
也产生了巨大的影响和冲击。

（3）点。城市化推动了各地的村镇规划建设，拆村并点可以使有限的资源得到优化配置，促进乡村经济的发展，进一步提高城市化水平，有利于乡村现代化建设。村镇的合并促使了一些传统村落的消失和新建村庄的出现，这些都对乡村景观格局和面貌产生了很大的影响。

2. 无形的影响

这主要是指城市化过程中城市文化对乡村居民传统的观念意识产生了巨大的冲击，使他们固有的传统价值观开始动摇，促进了他们生活方式和生活环境的改变。例如，城市形态层面的影响使乡村居民对聚居环境大多有求新求变的心理；乡镇企业改变了他们日出而作、日落而息的生活方式等，从而间接地影响着乡村景观的物质形态和精神形态。虽然在表现上没有前者（有形的影响）来得直接，但是这种无形的影响所具有的冲击力是巨大的，其产生的后果将远远大于前者，这在于它可能导致地域文化和特色的消失。正如前面谈到的目前乡村景观规划建设中存在着观念意识上的偏差，盲目向城市看齐，把城市的一切看成现代文明的标志，严重误导乡村景观的发展。

历史上，徽州地区由于“地狭人众，力耕所出，不足以给”，所以仰给四方，也出现了类似今天乡村剩余劳动力的现象。唐宋时徽州人开始对外输茶、贩木，明代中期开始大量外出经商，因此有“无徽不成镇”之谚。徽商在受到外来文化影响的同时，并没有摈弃自己的地域文化，相反却将之保存与发扬光大，形成了独具特色的新安文化。

这主要是受宗族思想和乡土观念的影响，在外的徽商具有强烈的家园认同感和归属感。徽派建筑和徽州园林水平之高、乡村文化之发达，成为同期的佼佼者。徽州人的这种做法非常值得我们借鉴。

（二）乡村城市化还是乡村现代化

尽管不同学科对城市化理解的角度和深度不一样，但是城市化作为一个专业术语，早已得到了世界学术界的广泛认同。在中国，“城市化”仅作为专业术语显然还不够，包括学术界在内，习惯在城市化前加上一个限定词“乡村”或“农村”，城市化也就成了“乡村城市化”或“农村城市化”，以此更加生动形象地表达城市化进程中乡村向城市转变这一特有的现象。这种做法显然有点多余。首先，城市化本身已经包含乡村向城市有形或无形转变的全部内容。其次，城市化的深刻内涵并不仅指乡村向城市的转变，还包含了城市本身内部的一种转化。美国的哈里斯（C.D.Harris）、亚历山大（J.W.Alexander）以及法国的查博特（G.Chabot）等认为，城市内部的地域级差变化完全是城市化中的一种现象，它从属于从农村地域向城市地域转化的总过程。他们认为，城市性地域与农村性地域在时间与空间上都是衔接的、渐变的、连续的。即使进入城市性状态，“质”与“量”上的转化也仍在进行。中国学术界也基本倾向于这一观点，这是因为它比较符合中国目前的发展水平。中国许多中小城市由于经济发展水平低，至今大多数的城市基础设施还不完善，特别是在一些城市的旧城区，还存在下水道、煤气等基础设施缺乏等问题，城市现代化程度不高。因此，加强中国城市基础设施建设，实现城市现代化，也属于城市化这一总进程。再次，乡村城市化或农村城市化的提法，容易使人误解为把乡村都转变成城市。无论是乡村的地域面积，还是村庄数量所占的比重，都远远超过城市。随着中国城市化水平的不断提高，虽然居住在城市里的人会随着经济社会的发展越来越多，但仍会有相当一部分人居住在乡村。在城市化进程中，国际上已达成“紧凑城市”的共识，从现状和发展前景来看，只有极少数面积很小的国家除外，每个国家内都存在着城市与乡村，如欧洲是纯为保护与储备土地资源、改善环境质量以及营造自然景观的农业发展和保护乡村景观的模式。这就是说，居住在多大的居民点并不是很重要，居民生产和生活的现代化才是最重要的。

由此可见，城市化并不意味着把所有的乡村都变成城市，它本身已经包含了丰富的外延和内涵，城市化就是城市化，而不是什么乡村城市化。乡村应该现代化，现代化是乡村经济发展和乡村社会进步的必由之路。

现代化（Modernization）的词根是从拉丁文“modo”来的，意思是“现在”，它的含义相当广泛。传统观点认为，现代化是指人类社会从传统的农业社会向现代工业社会转变的历史过程。换句话说，现代化的实质就是工业化，是经济落后国家或地区在一定历史条件下实现工业化的过程。因此，工业化水平成为早先衡量现代化的重要指标。随着经济的发展和社会的进步，人们对现代化概念的理解也在不断地深入。概括地说，现代化包括了工业化、城市化、信息化、世俗化、理性化、结构分化和整合、大众民主参与等进步性历史变迁。现代化本身还包含了一种价值观、生活态度和社会行为方式的改变过程。

乡村现代化，就是指乡村经济、社会及生活方式的现代发展的历史过程。它不仅由科学、技术和生产力的发展水平等条件所决定，而且受自然地理、生态环境、历史、文化、民族、社会经济制度的制约。由于长期以来中国乡村生产力水平低下，发展速度缓慢，要想实现乡村现代化，首先是要发展。发展不仅意味着经济增长，而且主要是指在实现经济增长的基础上所出现的社会结构变迁过程。它强调以人的全面发展为中心，着眼于满足人的基本需求和提高生活质量，遵循可持续发展原则，追求经济、政治、科学文化以及人口、资源、环境的协调发展和社会的全面进步。

在乡村发展中，乡镇企业对乡村经济的振兴与乡村社会结构的变迁起到了决定性作用。邓小平曾经说过，中国农村改革的伟大成就之一就是乡镇企业的异军突起。改革开放后乡镇企业的迅速崛起，标志着富有中国特色的乡村工业化真正得到长足的发展。它不仅构成了中国农村经济快速增长的主体，而且也构成了中国农村制度、社会、文化变迁的主动力。更为重要的在于它是对中国乡村发展、乡村居民的价值观和社会心理转型影响最为深刻的现代性因素。

乡村现代化对乡村的社会、经济、政治、文化等各方面产生了巨大影响，同时，也在潜移默化地改变着乡村景观的面貌。① 乡镇企业的出现打破了长期以来传统农业的景观格局，为乡村注入了新的生机和活力，同时也为乡村景观注入了新的元素。② 乡镇企业在促进乡村经济快速增长的同时，也破坏了乡村固有的生态环境，环境污染成为乡村日益严重的问题。③ 由于生物科技的发展与应用，农业正向生态农业、工厂化农业、精细农业、基因农业等方向发展，极大丰富了乡村农业景观。④ 农业机械化改变了传统手工方式的耕作景观，规模化、集约化的农业生产景观格局开始出现。⑤ 乡村基础设施的改善，使乡村呈现出崭新的景观面貌。⑥ 乡村现代化打破了禁锢中国农民几千年的传统生活方式，对居住的形式、功能、环境都有新的要求，促进了乡村聚落和建筑景观的改变。⑦ 现代化使一些地区的乡村居民的观念发生转变，意识有所提高。他们已经认识到乡镇工业不能实现乡村的可持续发展，选择开发乡村生态旅游的发展道路，既发展了乡村经济，又保护了乡村自然生态景观。

总之，城市化与现代化存在着必然的联系。城市是工业化的基地、现代文明的象征。从某种意义上说，现代化过程包含了城市化进程，但是城市化进程却不能完全包含现代化过程。这在于，从空间上看，城市化是城市向乡村推进的过程，是一个渐进的过程，涉及的区域有限，而现代化过程几乎包括了世界所有国家和人类聚居地区；从时间上看，城市化从城市出现以后就已经开始，而现代化则几乎涵盖了整个世界的近代和现代。不论城市化还是现代化，对传统乡村景观都产生了巨大影响。城市化是外因，而现代化是内因。城市化主要对乡村的整体景观格局产生影响，而现代化则影响到乡村景观的方方面面。

二、“三农”问题与乡村景观规划

（一）关于“三农”问题

21 世纪以来，“三农”问题一直是困扰中国发展的一个重要的社会问题。究其原因不仅在于中国是一个农业大国，也不仅在于中国的农民人口众多，人地矛盾突出，还在于中国源远流长的农耕文明。

“三农”是指农村、农业和农民，如果把三者联系在一起的话，就是“在农村从事农业的农民”。① 对于农村问题，其核心是城乡差别。究其原因，城乡发展不平衡造成乡村地区发展落后，缺乏吸引力。② 对于农业问题，其核心是生产力水平较低。从产业部门之间的比较上看，农业相对于其他产业是落后的，农业生产力水平低下及产业结构单一造成乡村经济发展缓慢。③ 对于农民问题，其核心是收入低、增收难。这在于农民是弱势群体，他们的权利和利益常常得不到保障。

（二）乡村景观规划中的“三农”问题

乡村景观规划与“三农”问题有什么样的关系？其实，前面关于乡村景观规划的内涵，虽然不是从“三农”问题的角度出发，但是也能体现出与“三农”问题的本质有必然的联系。

1. 对于农村问题

农村是乡村景观研究对象的地域和空间载体，是乡村社会、经济、文化和生态的集中体现。作为乡村景观规划研究的大背景，农村特殊的地域和空间属性，赋予了乡村景观特定的内涵。乡村景观规划的目的就是保护乡村景观的完整性，发展乡村经济，改善和恢复乡村自然的生态环境，增强乡村地域的吸引力，缩小城乡差别。

2. 对于农业问题

首先，农业是乡村景观研究的对象之一。无论在乡村产业结构上还是在土地利用的比重上，农业（包括农、林、牧、副、渔）在乡村仍然占有很大的比重，农业景观成为乡村景观的主体。因此，农业格局、农业生产方式以及农业种植种类等都对乡村景观产生直接的影响。例如，家庭制小农经济发展模式和国有（集体）农场、国家专业化种植基地、农业经营公司、种植专业户等以市场为导向的农业经济（大农经济）发展模式，两者所呈现的农业景观格局是不一样的。手工作业、机械化作业以及科技含量高的种植方式，这些不同的农业生产方式呈现的景观也是不同的。另外，不同季节、不同地域由于种植的农作物的不同所呈现的景观同样也是不同的。其次，农业问题是一个经济问题，单一的农业经济，无法保证乡村的持续发展。乡村景观规划在保证农业生产满足人类生存需求的前提下，发掘乡村景观资源的经济价值，促进乡村产业结构的调整和转型，发展乡村多种经济形式，提升乡村的生命力。

3. 对于农民问题

农民是乡村景观直接的创造者和体现者。乡村景观与他们的生活息息相关，

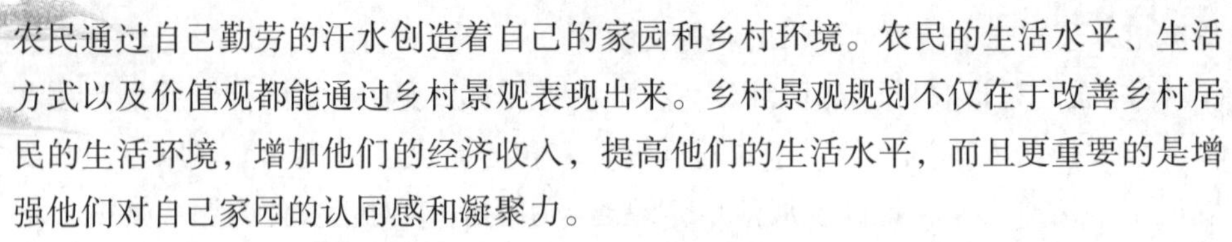

农民通过自己勤劳的汗水创造着自己的家园和乡村环境。农民的生活水平、生活方式以及价值观都能通过乡村景观表现出来。乡村景观规划不仅在于改善乡村居民的生活环境，增加他们的经济收入，提高他们的生活水平，而且更重要的是增强他们对自己家园的认同感和凝聚力。

尽管乡村景观规划所涉及的"三农"问题与中国现实存在的"三农"问题有一定的差异，但是"三农"问题仍是乡村景观规划中必须面对的问题，是一个无法回避的社会问题。乡村景观规划的确不是什么"灵丹妙药"，不能解决"三农"的一切问题，这需要全社会共同努力才能解决。但是乡村景观规划在改善乡村景观面貌的同时，从景观规划学科的角度出发，为全面建设社会主义新农村、为解决"三农"问题提供了一种新的思路或途径，无疑也是一种有益的补充。

三、乡村景观规划与村镇规划

（一）关于村镇规划与《村镇规划标准》

自 1990 年《中华人民共和国城市规划法》（1990）颁布实施以来，政府先后颁布了一系列有关村镇规划的法规和技术标准。例如，1993 年，国务院发布了《村庄和集镇规划建设管理条例》（1993）。1994 年，原建设部与国家质量技术监督局共同颁布了《村镇规划标准》（GB 50188–1993）；1995 年，原建设部发布了《建制镇规划建设管理办法》（1995）；2000 年，建设部发布了《村镇规划编制办法（试行）》（2000）。这些村镇规划法规和技术标准，初步建立了我国村镇规划的技术标准体系。各级地方政府根据工作需要和当地情况制定了一批行政法规和技术标准，对我国村镇的规划编制和建设发挥了巨大作用，使村镇规划建设逐步走上了依法办事的轨道。截至 2001 年年末，全国累计编制镇（乡）域总体规划 36 663 个，占镇（乡）总数的 88.14%。全国 89.64% 的建制镇、71.60% 的集镇已调整完善建设规划，63.46% 的村庄编制了建设规划。2001 年，全国村镇建设投资总额达到 3 119.7 亿元，比 1989 年增长 295.9%；人均住宅建筑面积 24.59 平方米，比 1989 年增长 25.5%。经过多年的村镇规划实践检验，在充分肯定其积极作用的同时也发现了许多问题。为此，2003 年，原建设部标准定额司对列入《工程建设标准体系（城乡规划、城镇建设、房屋建筑部分）》的 14 项村镇规划、建设的标准规范，全面启动村镇建设标准规范的编制工作。这是对村镇规划技术标准体系的深入和完善。

现行的《村镇规划标准》存在的问题主要是，城市规划和村镇规划两大技术标准体系没有充分衔接，尤其是村镇规划标准在规划依据、适用范围、用地分类、规划阶段等方面的规定不尽合理。其中，适用范围和规划阶段直接关系到乡村景观在规划编制和实施中与《村镇规划标准》的衔接所带来的一系列问题。

1. 适用范围重叠

适用范围重叠主要体现在对建制镇的划分上。《村镇规划标准》中对其适用范围的规定是“本标准适用于全国的村庄和集镇的规划，县城以外的建制镇的规划也按本标准执行”；第 2.1.2 条在村镇层次划分上将集镇分为中心镇和一般镇；《村镇规划标准条文说明》中对“村镇”和“集镇”的解释是“本标准使用村镇一词时包括村庄、集镇和县城以外的建制镇”，并进一步说明“本标准使用集镇一词，其后未出现县城以外建制镇时，其含义均包括县城以外的建制镇”。原建设部《城市规划编制办法》（1991）根据《城市规划法》（1989）对城市的定义是“国家按行政建制设立的直辖市、市、镇”，在第二条中对《城市规划编制办法》适用范围的规定是“按国家行政建制设立的直辖市、市、镇编制城市规划，必须遵守本办法”；国务院《村庄和集镇规划建设管理条例》（1993）第二条“本条例所称集镇，是指乡、民族乡人民政府所在地和经县级人民政府确认由集市发展而成的作为农村一定区域经济、文化和生活服务中心的非建制镇”，可见《村镇规划标准》将“县城以外的建制镇”纳入村镇的范畴明显有悖于《城市规划法》和先期颁布的有关法规和规章。

根据《城市规划法》，城市人口从建制镇算起。建制镇是农村城市化进程中吸纳农村剩余人口、实现农业现代化的重要载体，发展小城镇是中国城市化道路的重要组成部分，建制镇发展的速度和质量极大地关系到我国城市化进程的速度和质量。因此，将“县城以外的建制镇”纳入“城市”的范畴，更有利于推进城市化的进程，控制和提升城市化的质量。此外，《村庄和集镇规划建设管理条例》（1993）第一章第二条规定：“在城市规划区内的村庄、集镇规划的制定和实施，依照城市规划及其实施条例执行。”这有利于整个城市的资源优化配置，避免重复建设。

2. 规划阶段

城市规划分为总体规划和详细规划两个阶段。城市总体规划阶段是城市各项事业的总体部署，其主要任务是确定城市性质、规模和发展方向，进行城市用地和行政区内各级城镇及其基础设施、服务设施的合理布局；详细规划是对近期建设的项目进行具体的安排和详细的设计。《村庄和集镇规划建设管理条例》（1993）第二章第十一、十二、十三条规定：“编制村镇规划一般分为村镇总体规划和村镇建设规划两个阶段。”“村庄、集镇总体规划是乡级行政区域内村庄和集镇布点规划及相应的各项建设的整体部署”，主要内容是“乡级行政区域的村庄、集镇布点，村庄和集镇的位置、性质、规模和发展方向，村庄和集镇的交通、供

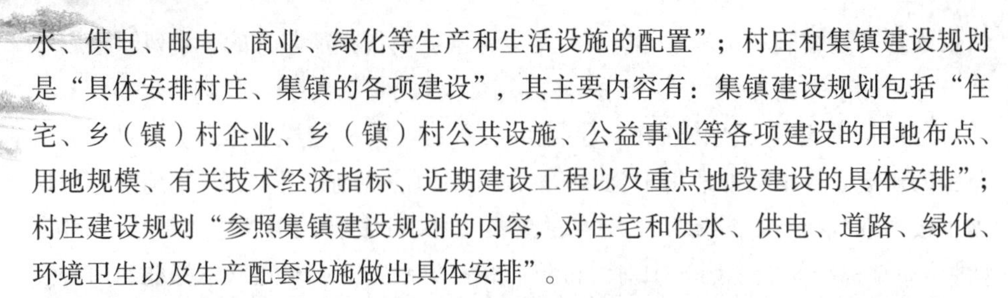

水、供电、邮电、商业、绿化等生产和生活设施的配置"；村庄和集镇建设规划是"具体安排村庄、集镇的各项建设"，其主要内容有：集镇建设规划包括"住宅、乡（镇）村企业、乡（镇）村公共设施、公益事业等各项建设的用地布点、用地规模、有关技术经济指标、近期建设工程以及重点地段建设的具体安排"；村庄建设规划"参照集镇建设规划的内容，对住宅和供水、供电、道路、绿化、环境卫生以及生产配套设施做出具体安排"。

从字面和内容上分析，总体规划解决的是宏观、长远、原则性的问题；详细规划解决的是微观、近期、具体的问题；建设规划就其名称来说较难理解是属于哪个层面的规划。从两个阶段村镇规划的内容来看，村庄、集镇总体规划的内容和集镇建设规划的大部分内容属于总体规划范畴，村庄建设规划和集镇建设规划的部分内容属于详细规划范畴。因此，从分类的科学性、逻辑的严密性来说，分为总体规划和详细规划比较合理。否则，很难解释"集镇非重点地段建设具体安排"和"行政村区域内村庄布点规划及相应的各项建设的整体部署"是属于村镇总体规划还是建设规划。原建设部《建制镇规划建设管理办法》在规定建制镇规划审批权限时也明确"建制镇的总体规划报县级人民政府审批，详细规划报建制镇人民政府审批"。在实际操作中，建制镇、乡集镇参照城市规划的标准编制规划将会收到较好的效果：建制镇、乡集镇总体规划由乡（镇）域村镇体系规划和镇区总体规划两部分组成，建制镇、乡集镇近期开发的地块、街道规划按照详细规划的要求编制；村庄规划比较单纯，将行政村村域规划和村域中心村、基层村详细规划合在一起编制。

（二）乡村景观规划与村镇规划的关系

乡村景观规划与村镇规划之间应该是什么关系，应该如何衔接，这直接关系到乡村景观规划的编制与管理。

1. 相互关系

乡村景观规划是一个新兴的规划领域，它不可能孤立地出现和存在，必须与现行的村镇规划一系列法规和技术标准体系相衔接，才能更快地开展起来，才更具有可操作性。

根据《村镇规划标准》（1993）、《村镇规划编制办法（试行）》（2000）以及《村庄和集镇规划建设管理条例》（1993），无论村镇总体规划阶段还是村镇建设规划阶段涉及乡村景观层面的内容都很少，对景观规划都没有明确体现。只是两个阶段在用地布局上提出要对绿化用地进行合理的划分，甚至连绿地专项规划也没有做出明确规定。不过，从一些地方已经编制好的村庄规划来看，基本上都具备了绿化规划或绿化景观规划。这从一个侧面也说明了现行的有关村镇规划的法规、标准已经不能满足规划的需要，亟待修订。目前国家住建部正在组织编制中的 14 项村镇建设标准规范，明显加大了景观规划的比重，如《村镇绿地分类标准》《村镇绿地规划规范》，这是对现行村镇规划不足之处的很好补充，但是这显然还是不够的。

村镇规划包含了乡村景观规划的部分内容，乡村景观规划同样也包含了村镇规划的部分内容，两者你中有我，我中有你，密不可分。因此，乡村景观规划与村镇规划之间不是从属关系，而应该是平等关系，同等重要。鉴于目前乡村景观规划在中国还处于起步阶段，相应的规范、法规、管理机制还不健全，乡村景观规划的地位还无法凸显出来，但是乡村景观规划的重要性却是不言而喻的。从发展的观点来看，两套独立的规划体系不利于规划的实施，而且无论乡村景观规划还是村镇规划都不是哪一个部门所能完全解决的，尤其是乡村地区涉及更多的利益部门。因此，最终乡村景观规划与村镇规划将合二为一，这样不仅使规划具有完整性和可持续性，而且也有利于规划的实施。

2. 如何衔接

目前，乡村景观规划编制与实施必须充分考虑与现有村镇规划之间的衔接，才能使乡村景观规划尽快开展起来。因此，两者必须在规划依据、适用范围以及规划阶段几个方面相一致。

（1）规划依据。《村镇规划标准》（1993）对村镇规划编制的依据未做明确的规定，《村庄和集镇规划建设管理条例》规定编制村镇规划“应当以县域规划、农业区划、土地利用总体规划为依据，并同有关专业规划相协调”。

对于乡村景观规划，理论上应以规划地所处的区域景观规划作为编制依据，但是目前景观规划领域缺乏像城乡规划那样具备完整配套的规划体系和技术标准体系。因此，在实际的规划实践中没有直接的规划依据。在这种情况下，可以参照县域城镇体系规划、农业区划、土地利用总体规划以及与之相关的专业规划作为乡村景观规划的编制依据。因此，在规划依据上，乡村景观规划与村镇规划是可以统一的。

（2）适用范围。村镇规划适用的范围应包括所有村庄和集镇，不包括县城以外的建制镇以及在城市规划区内的村庄和集镇。

而乡村景观规划适用的范围是以“乡村”概念界定为依据的，是指非城市化地区，即城镇（包括直辖市、建制市和建制镇）规划区以外的人类聚居的地区，不包括没有人类活动或人类活动较少的荒野和无人区，同样也不包含城市规划区内的村庄、集镇。因此，从范围上两者基本是一致的。

（3）规划阶段。根据《村镇规划标准》应与《城市规划法》连贯、协调、统一的原则，村镇规划分为总体规划和详细规划（建设规划）两个阶段。村镇总体规划是“乡级行政区域内村庄和集镇布点规划及相应的各项建设的整体部署”，主要内容是“乡级行政区域的村庄、集镇布点，村庄和集镇的位置、性质、规模和发展方向，村庄和集镇之间的交通、供水、供电、邮电、商业、绿化等生产和生活设施的配置”。村镇详细规划是单个村庄、集镇的用地布局，以及各自的交通、绿化、供水、供电、邮电、防洪等专项规划。

乡村景观规划分为总体规划和详细规划两个阶段三个层次：区域乡村景观规划、乡村景观总体规划和乡村景观详细规划。区域乡村景观规划是与县域城镇体系规划相衔接，是连接和协调城镇体系规划与村镇规划的纽带。乡村景观总体规划与村镇总体规划相衔接，是规划区域内景观格局的整体部署，主要内容是规划区域内的景观廊道、斑块和基质的整体合理布局。乡村景观详细规划是与村镇详细规划（建设规划）相衔接，是对村庄、集镇的具体景观规划设计，包括聚落、农田、绿化、道路、水系等景观规划设计。

由此可见，乡村景观规划与村镇规划在规划依据、适用范围以及规划阶段上是一致的，这为乡村景观规划的编制和实施提供了切实可行的操作平台。

四、建设社会主义新农村

（一）发展历程

早在20世纪50年代，《1956-1967全国农业发展纲要》中就明确提出了“建设社会主义新农村”的要求，但这个“新农村”是相对于旧中国的“旧农村”而言的。改革开放以后，在1984年中央1号文件、1987年中央5号文件和1991年中央21号文件即十三届八中全会《决定》中出现过这一提法，但这个“新农村”相对的是改革开放前的农村。十六届五中全会通过的《中共中央关于制定国民经济和社会发展第十一个五年规划的建议》（简称《建议》）再次提出了“建设社会主义新农村”。这不是简单的重复，而是新形势下促进农村社会、经济、环境全面发展的重大战略部署，是改变我国农村落后面貌的根本途径，是系统解决“三农”问题的综合性措施。

（二）深刻内涵

“社会主义新农村”是指在社会主义制度下，反映一定时期农村社会以经济发展为基础，以社会全面进步为标志的社会状态。《建议》提出按照“生产发展、生活宽裕、乡风文明、村容整洁、管理民主”的要求建设社会主义新农村，赋予“社会主义新农村”崭新的内涵。其中，生产发展、生活宽裕主要是指物质层面；乡风文明、村容整洁是就精神文明而言；而管理民主则属于政治文明范畴。

生产发展是新农村的物质基础，也是建设新农村的首要任务。就是要优化生产布局，加快推进农业产业化经营，转变农业增长方式，提高农业综合生产力，使农村经济有较大的发展。只有生产发展了，才有可能为广大农村全面建设小康社会提供坚实的物质基础。

生活宽裕是新农村建设的核心目标，也是建设新农村的根本要求。就是通过开辟各种增收渠道，增加农民收入。使农民的生活水平和生活质量明显上升，生活更加富裕。

乡风文明是提高农民整体素质，也是建设新农村的精神支柱和灵魂。就是要加强农村精神文明建设，使农民的思想、文化、道德水平不断提高，形成崇尚文明、崇尚科学、健康向上的社会风气。

村容整洁是改善农民生存状态，也是建设新农村的重要条件，是展现农村人与环境和谐发展的窗口。就是要加强农村公路、电网、通信、广播电视、教育、医疗卫生和安全饮水等基础设施建设，使生态环境、人居环境明显改善。

管理民主是健全村民自治制度，也是建设新农村的政治保证。就是要加强农村基层组织的政治建设，健全党领导的村民自制机制，加强法制建设，教育引导农民依法行使民主权利，切实保障农民的合法权利。

（三）主导形式

目前，全国都在大力开展新农村建设，从各地的实践来看，新农村建设有两种主导形式。

1.民间主导

这是由一些民间组织推动的新农村建设，类似于日本的“一村一品”运动形式。例如，山西省永济市蒲洲镇农民协会，从组织农民开展文化娱乐活动着手到组织农民学知识、学文化、学技能，引导农民搞合作，利用当地资源共同求发展，激发农民建设家园的热情，改变乡村面貌。向人们展现了一幅中国农民从自发到自觉组织起来改造家园、共建家园的生动图景。

2.政府主导

这是各地政府正在开展的新农村建设，着眼于物质层面，主要内容是村庄整治，具体包括建设农村基础设施、改善农村住宅、改变农民生活方式、美化生活环境等。这一种形式目前正成为新农村建设的主流。

3.两种形式比较

政府主导的新农村建设，虽有资金和政策的优势，如果处理不好，也会出现各种问题：例如，大拆大建、大包大揽、贪大求洋等，导致新农村的畸形发展。虽然政府已成为当前新农村建设的投资主体，但是这一耗资巨大的工程如果完全

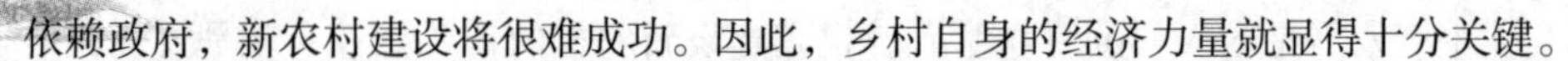

依赖政府，新农村建设将很难成功。因此，乡村自身的经济力量就显得十分关键。

由于中国农村缺少能够把分散的农民组织起来的各类非政府组织，所以民间主导形式在中国少之又少，农村社会缺乏凝聚力。民间主导的形成可能需要一个从自发到自觉的较长发展过程，但是一旦形成，能够极大激发当地村民奋发图强、勇于创新的精神。只有乡村自主发展的能力被激活，拥有坚实雄厚的自我发展力量时，新农村发展才是可持续的。

（四）新农村建设与乡村景观规划

1. 内涵

建设新农村的“生产发展、生活宽裕、乡风文明、村容整洁、管理民主”的二十字方针，其内涵与乡村景观规划的内涵基本是一致的。

2. 主导性

无论社会主义新农村建设还是乡村景观规划，其根本动力都在于广大农民自主性和积极性的激发。如果缺乏认同感和责任感，就不可能有农村真正的变革与发展。

3. 对于“三农”问题

建设社会主义新农村是运用科学发展观解决“三农”问题的重大战略举措，而乡村景观规划则为“三农”问题提供一种新的思路或途径，是一种有益的补充。

4. 对于出现的问题

对于新农村和乡村景观建设中出现的观念、意识、规划等问题，两者对于这些问题的态度是一致的。

因此，建设新农村和乡村景观规划有密切的联系，可以说，新农村建设包含了乡村景观规划，乡村景观规划是建设新农村的一种具体体现。

在有关概念上，首先，指出“乡村”比“农村”在用词上更具合理性，并对乡村概念进行界定，明确乡村景观研究的空间地域范围。其次，对乡村景观的概念进行界定，明确了乡村景观研究的对象。再次，阐述了乡村景观规划及其深刻内涵，指出乡村生活、生产和生态，即社会、经济和环境是乡村景观规划的三个有机组成部分。

在相关问题上：① 关于城市化、乡村城市化和乡村现代化，根据城市化过程的两层含义，提出城市化对乡村景观产生的具体影响，包括乡村景观空间形态和乡村居民观念意识两个方面。其中，后者虽然对乡村景观产生间接影响，但是它对乡村景观的影响更大，决定乡村景观的发展方向。目前中国乡村景观出现的混乱局面与人们观念意识的转变密不可分。城市化作为专业术语，已得到广泛的认同，乡村城市化或农村城市化的提法具有不合理性，现代化是乡村经济发展和乡村社会进步的必由之路，并提出现代化对乡村景观可能产生的影响。② 关于“三农”问题与乡村景观规划，明确指出乡村景观规划所涉及“三农”的问题，尽管这与中国现实存在的“三农”问题有一定的差异，但是乡村景观规划与“三农”问题存在本质的联系，是一个不可回避和必须面对的社会问题。③ 关于乡村景观规划与村镇规划，由于目前乡村景观规划在中国还处于起步阶段，相应的规范、法规、管理机制还不健全，所以乡村景观规划必须考虑与现行的村镇规划一系列法规和技术标准体系相衔接，才能更快地开展起来，才更具有可操作性。同时，现行《村镇规划标准》(1993)不仅存在一些问题，而且不能满足乡村景观发展的需要，两者衔接有利于规划体系的完善，并从规划依据、适用范围以及规划阶段探讨了两者衔接的可能性。④ 关于建设社会主义新农村，提出了新农村的发展历程、内涵、主导性以及新农村建设与乡村景观规划的关系。

第四节　中国乡村景观规划建设的发展

一、乡村景观规划建设的发展现状

目前，乡村景观的发展主要通过村镇规划与建设来体现。根据相关数据显示，截至2003年年底，全国共有小城镇42 620个，其中建制镇20 226个，集镇11 394个。全国累计有90%的乡镇完成了乡镇域规划，81%的小城镇和62%的村庄编制了建设规划，县域城镇体系规划编制工作基本完成。中国村镇建设成就主要集中在以下四个方面。① 村镇住宅建设稳定发展，村镇住宅建设已经从单纯追求数量增加，逐步转变到注重质量和提高功能上来；② 村镇基础设施、生产设施、公共设施建设力度加大，现代化水平有所提高，一大批科技、教育、文化、卫生、体育等设施相继建成，为农村精神文明建设创造了有利环境；③ 村镇人居环境意识逐步增强，村镇中各种与老百姓生产生活直接相关的基础设施发展速度进一步加快，村容镇貌明显改观，村镇环境质量不断改善；④ 村镇规划设计水平不断提高，调控和指导作用逐步增强。

这些对推动和促进乡村景观的规划与建设起到了重要作用，也为乡村景观的发展提供了良好的机遇。尤其在经济发达的乡村地区，已经开始兴起乡村景观建设的高潮。不过，重点仅集中在新建、改建村民住宅和公共绿地，以改善乡村居民的居住条件和居住环境。例如，浙江慈溪市宗汉镇庙山村投资1 500万元，建造占地10万平方米的庙山生态型公园。安徽颍上县谢桥镇小张庄投资兴建的张庄公园，始建于1978年，1995年进行扩建改造，占地面积为8 000平方米。

随着2005年建设社会主义新农村工作的启动和逐步开展，各省市通过不同的方式进行了试点工作，给乡村景观建设带来了难得的发展机遇。近几年，新农村建设的重点是稳步推进村容村貌整治，积极开展村庄整治试点工作。坚持因地制宜、量力而行，突出乡村特色、民族特色和地方特色，立足于村庄已有基础，以改善农民最急需的生产生活条件为目标，优先整治村内供水、道路、排水、垃圾、废弃宅基地、公共活动场所、住宅与畜禽圈舍混杂等项目，逐步改变农村落后面貌。新农村建设使乡村整体环境得到一定的改善，极大地促进了乡村景观的发展。

二、乡村景观规划的发展动因

长期以来，乡村一直在一些重要而迫切需要解决的难题下发展，往往忽略了乡村景观的重要性，乡村景观规划与建设的兴起无疑是值得高兴的。现代乡村景观的发展同样受到自然因素和社会因素两方面的影响，但是随着人类文明程度的不断提高，两者影响的程度发生了明显的变化。人类文明发展程度越高，自然因素影响的程度越低，社会因素所起的作用越大。通过对乡村经济发达地区的实地调查和了解，可以看出，促进现代乡村景观发展的因素主要体现在以下几个方面。

（一）国家政策

国家的各项政策是乡村景观发展的前提，起着重要的引导作用。这里所说的国家政策不仅是指与乡村建设直接有关的土地、规划、建设等方面的法规和政策，国家针对乡村经济发展制定的有关政策同样也影响到乡村景观的建设与发展。

自20世纪90年代以来，国家先后颁布了一系列村镇规划法规和技术标准。各地也根据当地的具体情况，在国家政策和法规的框架上，制定相应的管理条例和实施办法，切实有效地指导当地的村镇规划建设。例如，浙江省在国家颁布的法律法规的基础上，先后出台了《浙江省实施〈村镇规划标准〉的有关规定》《浙江省村庄和集镇规划建设管理实施办法》《村镇建设综合开发的若干规定》《浙江省村镇建设现代示范村建设指标体系和评分标准》；安徽省制定了《安徽省生态村建设管理办法》等。

根据近十几年村镇规划实践和经验总结，2018年原建设部标准定额司拟对列入《工程建设标准体系（城乡规划、城镇建设、房屋建筑部分）》的14项村镇规划、建设的标准规范进行修订或编制，全面启动并加快村镇建设标准规范的编制工作，这无疑对加快乡村景观的规划与建设是非常有益的。但是目前中国把重点放在小城镇的建设上，还来不及顾及乡村景观的规划建设问题。所以，到目前为止还没有出台有关乡村景观规划建设方面的政策和法规。因此，各级地方政府也没有太大的举措。一旦相关的政策出台，势必掀起乡村景观的规划建设高潮。

（二）规划水平

高起点、高标准、高质量的村镇规划是乡村景观建设的依据，乡村景观能否健康持续地发展直接取决于规划水平的高低。如何充分考虑和利用当地的自然景观和人文景观，创造出丰富多彩、具有地方特色的乡村景观是村庄规划一直探讨的问题。目前，各地都开展了“中心村”“文明村”“示范村”“生态村”的建设和试点，极大地推动了村庄规划的编制工作，以优化居住环境为原则，注重规划的科学性、超前性和可操作性，为村镇规划编制进行了积极探索，起到了示范指导作用。已经通过评审的村镇建设规划，如浙江绍兴县的柯桥镇新风村、马鞍镇国庆村、马山镇红江村、安昌镇小西庄村等都加强了景观规划建设的内容，力求在改造和完善乡村景观风貌的同时，突出各自的特色。

（三）领导意识

领导的决策直接影响整个村庄乃至乡村景观的规划与建设，这就要求他们具有超前的规划、生态、环保、可持续发展的意识。例如，具有“全球生态500佳”称号的浙江奉化腾头村，早在20世纪70年代，村领导就自力更生，着手规划村容村貌。超前规划意识，使村里的土地资源得到合理的开发和利用，提高了劳动生产率、土地产出率和投资回报率，而且创造了优美的生态环境。在持续的村庄建设中，村领导逐渐意识到，光靠乡村工业经济无法保持村庄的持续发展。因此，又根据当地资源、生态环境等优势，提出了“以商活村，以旅游促村”的发展之路，把发展花卉苗木、生态观光旅游、房地产等第三产业作为新的经济增长点来抓，先后建造了腾头公园、农家乐等乡村景观，作为生态旅游的一部分。正是因为村领导具有超前意识，村庄建设才能与经济发展、景观规划与生态保护有机地结合在一起，实现人与自然的协调发展。

（四）经济支撑

在国家政策、农村发展和农民自身需要的推动下，自1978年，尤其是在1984年之后，中国的乡镇企业异军突起，成为乡村景观建设与发展的经济保障。从对乡村经济发达地区的实地调查来看，村办企业一般都成为乡村经济的支柱。村办企业的发展为村里各项事业的发展提供了雄厚的经济基础，乡村居民的生活质量得到显著提高，村庄建设日渐完善。目前，许多村庄除了改善村民的居住条件外，还投资村里的公益事业，包括兴建集中公共绿地和各类活动中心，开展环境整治等。例如，1998年，浙江柯桥镇新风村投资350万元用于村里的公益事业，其中用270万元修建了具有江南园林风格的村老年活动中心，成为全村重要的休闲娱乐活动场所。另外，用80万元建造了占地660多平方米的新风

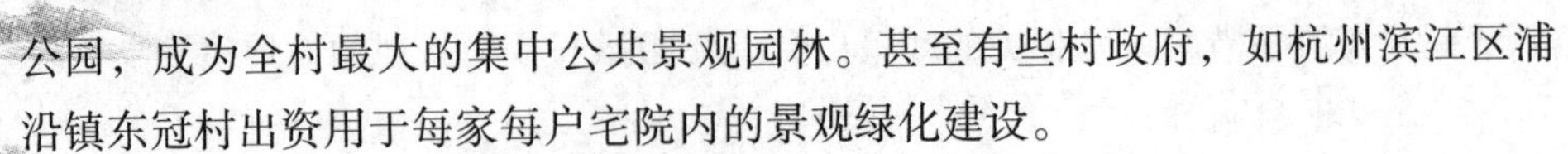

公园，成为全村最大的集中公共景观园林。甚至有些村政府，如杭州滨江区浦沿镇东冠村出资用于每家每户宅院内的景观绿化建设。

总之，如果没有国家的政策为引导，没有好的规划设计为依据，领导没有科学发展的意识，没有有力的乡村经济为保障，就没有目前乡村景观的快速兴起与发展。

三、乡村景观规划建设与管理

目前，在有条件的乡村地区，乡村景观的规划、建设与管理大多采用“统一规划、统一设计、统一建设、统一管理”的方式，这在很大程度上取决于当地经济的发展水平。在经济发达的乡村地区，村办企业成为乡村经济的主体，村民既是农民又是企业的职工，他们早、中、晚务农，平常和城里人一样按时上班。而村干部兼任企业的厂长或董事长，他们把村庄的规划建设当成是企业给职工的一种福利，组织和安排村里各项事业的发展，并提供雄厚的经济支持。

在管理上，有些地方还组织企业退休职工建立卫生队、绿化队，对乡村环境的美化、维护与管理起到了积极的作用。例如，浙江省奉化腾头村于20世纪90年代初专门成立了国内唯一的村级环保机构——腾头村环保委员会，运用多种宣传工具和教育形式，对村民进行环境法制教育，使其不断增强环保意识。

四、乡村景观规划建设中存在的问题

城市化和现代化促进了乡村经济的发展，也促使人们观念和认识上发生转变。村镇发展大大改善了中国乡村的面貌和乡村居民的生活质量，也为乡村景观的规划建设带来了前所未有的发展机遇。乡村景观规划与建设兴起的同时，调查中也发现目前乡村景观规划与建设还存在诸多问题，具有盲目性、自发性和无序性，这有其主客观的原因。

（一）建设滞后

目前，各省仍把重点放在小城镇建设上，尤其是中心镇的建设，目的是提高景观建设滞后的当地城市化水平。例如，1998年安徽省遭受了历史上罕见的特大洪水。此后，安徽省村镇建设的重点放在灾后移民建镇上。从江苏省来看，1995年村镇规划编制率达到了97.5%,2000年以来，主张大力加强中心村的建设，村庄拆并的幅度将近50%，然而村庄规划却没有及时跟上，关键在于：一方面重小城镇轻村镇，对村镇建设关注程度不够；另一方面，村庄拆并过程中出现了不少问题，大拆大建使农民的负担过重，村庄拆并进退两难。因此，更谈不上乡村景观的建设。

早在20世纪90年代中期，许多意识比较超前的村庄编制了村庄总体规划，但是到现在乡村景观建设还没有全面地展开。这是因为一方面，目前许多乡村发展都是基于解决自身面临的困难，如产业结构的调整、土地利用的调整、基础配套设施的完善、居住条件的改善等，往往忽略了乡村景观变化的负面影响及自然生态保育的重要性，造成乡村景观规划建设明显滞后；另一方面，乡村景观建设需要投入大量的资金，而村庄更新改建已经花费了大量的资金，资金不足也是制约一些地区乡村景观建设的一个因素。

（二）认识偏差

随着经济的发展和生活水平的提高，乡村居民对其居住环境有着求新求变的心理，但往往缺乏乡村景观及生态环境保育的正确观念的指导，并且受到当前城市居住标准、价值观以及建筑形式等影响，误导了乡村景观的健康发展。调查中发现，发展中的乡村大多向城市看齐，把城市的一切看成现代文明的标志，乡村呈现出城市景观。比如，有的村庄在规划建设时，提出了“建成城市风貌”的口号，“草坪热”“欧陆风”等一些在城市早已开始反思的做法却在乡村滋生、蔓延。殊不知，乡村居民在羡慕城市文明的同时，却往往忽视了自身有价值的东西，造成传统乡土文化的消失。

乡村居民还缺乏规范的规划设计观念，自行拆旧建新，大量缺乏设计的平顶式，甚至没有外墙装饰的建筑如雨后春笋般出现，造成乡村建筑布局与景观混乱的现象。对于乡村景观，居民把景观建设简单地理解为绿化种植。虽然一些地方有“见缝插绿，凡能绿化的地方都绿化”的意识，但不是通过规划设计，而是自作主张，完全随意行事。这些观念认识上的偏差都将导致乡村景观的低层次和畸形发展。

（三）规划水平

目前，全国规划水平较低。主要表现在：总体布局大多千篇一律，有的采用城市居住区的布局模式，缺乏乡村的环境特征；有的形式单一，布局采用大片的行列式排列，与兵营无异，虽提高了土地利用率，但缺乏乡村应有的自由、亲切的生活氛围和特色。建筑上盲目模仿城市类型的住宅或别墅，尤其是所谓的欧陆风格，更是造成建筑景观上的负面影响。乡村景观也一样，给人似曾相识的感觉，毫无乡村特色可言。

当前，中国广大村镇面临更新改建的局面，所编制的村镇规划往往跟不上发展形势，这些问题在于规划设计不切实际。虽然设计人员已经认识到乡村发展的迫切需要，但是他们往往忽略了乡村的环境特征，将只适用于城市环境的设计规范生搬硬套到乡村景观和乡村住宅设计中去。规划设计缺乏对乡村居民的心理、行为的充分研究，造成使用不便，缺乏吸引力。规划设计没有有效地保护和继承乡村景观的固有风貌，反而造成更多景观上的新问题，使得地方特色随着乡村的更新改造而逐渐褪色。

（四）生态退化

由于片面追求乡村经济的增长，造成对乡村资源的不合理开发与利用，使乡村生态环境遭到不同程度的破坏。例如，基本农田面积减少；自然斑块面积减少；化肥、农药、农用薄膜及除草剂的大量使用，使传统农业生态系统遭到破坏；乡镇企业的快速发展，对乡村生态环境造成了严重污染等。乡村的景观空间发生了根本性的变化，传统的乡村风貌与自然景观亦渐渐消失殆尽，对乡村景观和环境的发展极为不利。

大树、河（溪）流、池塘与自然植被等是任何一个乡村地区固有的特征。然而，乡村大规模的开发建设很少考虑这些乡村固有的自然元素。相反，原有浓荫的大树不见了，河边、池边的自然植物被毫无生气的混凝土驳岸所取代，还出现了大面积非生态硬质铺装的广场……这一切不但使乡村失去了田园景观特色，也造成了生态环境的破坏，有些破坏甚至是不可逆转的。只有与生态结合的乡村景观，才能保障生物的多样性，才能提供村民生活及休闲空间的深度。

（五）文化消失

乡土文化是构成村镇的基础。社会的进步和经济的发展为乡土文化注入了新的内容。没有发展就没有现代文化的产生和传统文化的延续，乡村的更新与发展既保证了乡土文化的延续，同时也为新的文化的注入提供了前提。因此，乡村的更新与发展不是将传统的生活形式完全排除，相反要将之纳入，使之与现代文化进行整合。

目前，许多地方的乡村景观都大同小异，缺乏特色，关键在于缺乏乡土文化。乡土文化的消失不是由于乡村更新造成的，而是对乡村历史发展、文化特性以及乡村一些不可改变的特征缺乏认识，甚至无知，如是才导致乡土文化的消失。由于以城市文明为特征的城市文化与乡土文化在乡村历史性变革中发生冲突，而乡村居民在现代和传统面前失去了判断力，加之认识上的偏差，才会盲目地追求城市文化，而忽视了自身的乡土文化。

因此，唯有了解乡村历史的人，才能判断哪些东西需要保留，哪些东西需要更新。这无疑需要对乡村居民进行正确的引导。

（六）管理欠缺

乡村景观建设中存在的问题与管理也有很大的关系。目前，乡村景观出现的一些丑陋现象，如建筑乱搭乱建、村民自行拆旧房建新房、垃圾随处可见……这都是管理力度不够造成的。例如，建筑布局问题，江苏省属平原地区，全境都适合建房，农民房要么遍地开花，要么在交通条件比较好的地方，受所谓公路经济的影响，沿交通线一字型排开，造成建筑布局无序的混乱现象，这明显是由于对乡村宅基地管理力度不够造成的。建筑风格问题，一些地方政府结合当地居民的生活习惯、风俗以及经济承受能力，出资为他们提供统一风格、不同户型、不同面积、不同档次的建筑方案，但是推广应用的效果并不理想。相反，村民自行拆旧建新，缺乏规划的“乡村”建筑充斥着乡村，造成建筑景观混乱的局面，这不仅需要有相关的政策引导，更需要行政主管部门的有效管理。环境脏乱差问题，传统乡村是一个自然生态平衡的环境，乡村居民产生的垃圾可以回归自然，但是现在已经不行了。垃圾在乡村随处可见，造成乡村生态环境的恶化。这不仅需要加强宣传教育，提高乡村居民的素质，而且需要加强管理处罚力度。

各国在发展过程中，同样面临着乡村景观保护与更新的问题。国外较早展开了乡村景观研究与规划实践，尽管在制度上，有的以官方为主导，有的以民间团体为主导，各国有所差异，但是它们有共同之处，就是都有比较完善的法律法规体系、景观保护意识和自主创新的精神。

近年来，国内从不同的学科领域展开了乡村景观的研究，大体上以基础理论研究为主，主要包括乡村人居环境、乡村景观分类、乡村景观评价、乡村聚落景观、农业景观、乡村景观园林、乡村景观旅游以及乡村景观规划等方面。目前，由于缺乏完善的乡村景观法律、法规体系，国内乡村景观规划实践主要通过村镇规划来体现。从目前国内乡村景观规划与建设现状来看，国家政策、规划水平、领导意识以及经济支撑是促进当前乡村景观发展的根本原因。同时，在乡村景观规划与建设中，存在建设滞后、认识偏差、规划较差、生态退化、文化消失、管理欠缺等诸多亟待解决的问题。这就迫切需要以正确的乡村景观规划理论做指导，以完善的法律、法规和政策体系做保障，才能确保乡村景观的正确发展。

第三章 基于地域文化的新农村景观的分类与结构

第一节 国内外景观的分类方法

景观分类是景观科学研究的基础，也是景观规划、管理等应用研究的前提条件。景观分类理论和方法论方面的进展，在很大程度上能够反映整个学科的发展水平。研究乡村景观分类方法的目的在于客观地揭示乡村景观的特征和结构，这是乡村景观规划理论研究的基础。因此，如何选择一种科学的乡村景观分类方法，建立全面的、客观的乡村景观分类系统，是开展乡村景观规划和管理的前提。

由于不同的学科对景观内涵理解不同，对景观的分类也不尽相同，至今尚未有统一的划分原则。不同的学科从各自研究的角度对景观进行分类，并根据研究目标和研究对象加以区别。

一、国外景观分类方法

（一）土地景观分类

土地景观分类是在景观生态学思想影响下发展起来的。20 世纪 30 年代，美国早期的分类方法人 J.O. 微奇（Veatch）、英国人 R. 波纳（Bourne）和 G. 米纳（Milne）等为早期的土地景观分类做出了重要的贡献。微奇提出了“自然土地类型”的概念，认为自然土地类型应由各种自然要素组成，如气候、地质构造形态、地文区域、地形、植被、动物和土壤。微奇把地形和土壤作为划分土地类型的主要根据，认为自然土地类型由土壤类型和地形特征（如丘陵、盆地、湖泊、沼泽及各种坡度的比例）的各种组合所构成。R. 波纳发展了不同登记土地单位的思想，提出了地文区、单元区和单元立地的三级分类系统。德国景观生态学先驱 S. 帕萨格（Passage）在《比较景观学》（1921）中把景观划分为大小不同的等级。最低一级称为景观要素（如斜坡、草地、谷地、池塘、沙丘等）；景观要素合并为小区（部分景观）；小区合并为景观；景观组成景观区域（如德国北部平原）；景观区域组成大区（如中欧森林）；大区组成景观带。

经过几十年的发展，土地分类内容不断扩展，方法层出不穷。20 世纪七八十年代，澳大利亚的土地调查和土地系统提出了土地系统、土地单元和土地立地的三级土地基本单位。英国的土地调查和土地分类，则以土地片（Land Facet）为重要的单位。土地片相当于澳大利亚的土地单元，由土地片组合成土地系统。美国土壤保护局（Soil Conservation Service，SCS）在 20 世纪 80 年代初指出，“土地形态并不能作为农业景观分类系统的基础，除非经过修正及评估”。他们提出了一个以土地使用 / 覆盖为基础，依照当地地点的从属关系加以调整的层级分类系统（见表 3–1）。

1978 年，C.W. 米彻尔（Mitcheu）提出了一个 8 级土地单位系统。在此基础上，1979 年，米彻尔又提出一个 10 级的土地等级系统，包括土地带、土地大区、土地省、土地区、土地系统、土地链、土地片、土地丛、土地亚片和土地要素。加拿大建立了一个 6 级生态土地分类系统，包括生态省（Ecopmvince）、生态区（Ecoregion）、生态县（Ecodistrict）、生态组（Ecosection）、生态立地（Ecosite）和生态要素。荷兰的土地调查，祖奈维德（Zormeveld）提出在区域自然单元下（共同的地质和地貌过程以及共同的区域气候），划分如下土地等级系统：土地系统组合（又称主景观）、土地系统、土地片和生态地境（Ecotope）。其中生态地境是最低同质单位，与英、澳国家的立地（Site）大体一致。另外，还有近几年西欧、北美等国开展的景观生态分类，尤其是联合国粮农组织（FAO）所进行的土地适宜性评价及其体系等都是富有成效和代表意义的土地分类工作。

表 3–1　乡村景观分类系统

第一级	第二级	第三级
耕地	排列的作物	作物类型
	直播作物	耕作方法
	作物栽培	栽培因素
果园	落叶	形式及间隔
	常绿	种类
	棕榈	当地 / 特殊栽培因素
放牧地	土地分类	草本
		灌木及矮灌木丛；混合
	牧草	天然的 改良的

（续 表）

第一级	第二级	第三级
放牧地	放牧林地	种的组成——变化度
		种的比例——密度 海拔变化
林地	落叶	覆盖
	常绿	种——变化度
	混合林	状态，如老的田野等
建设地	农庄，无酪农业者	家畜牧场
		混合作物农场；单一作物农物
	农庄，酪农业者	开放牧养型动物；圈养型动物、无牧场者
	圈养型动物生产	有顶盖结构物，如养鸡场
		无顶盖结构物，如牛栏；特殊设施，如水产养殖等
	城镇与村庄	20 000~50 000 人；15 000 ～ 20 000 人；5 000~15 000 人；少于 5 000 人
	分散发展者	十字路口的农业服务中心 住宅区、名胜及游憩区 工业区、商业区及远离城市地区
贫瘠地	自然地	盐田 海滨、沙丘 裸岩
	人为冲击	
综合景观		

（二）美国风景类型的分类

美国林务局的风景管理系统（Visual Management System，VMS）和美国土地管理局的风景资源管理系统（Visual Resources Management，VRM）主要适用于自然风景类型。

VMS 根据地形地貌、植被等特点，基本上按照自然地理区划的方法来划分风景类型，在每一风景类型下面，又可根据具体区域内的多样性，划分出亚型。在 VRM 系统中，虽然并不十分强调风景类型的划分，但在风景评价中也应用自然地理区划的成果。而美国土壤保护局的风景资源管理（Landscape Resources Management，LRM）系统则主要以乡村为对象。

（三）纳韦（Naveh）的景观分类

纳韦把能量、物质和信息作为景观系统分类的根据，更有可能把握景观分类的本质。他把能量划分为太阳能和化石能，把物质划分为自然有机物和人造事物，把信息分为生物—自然信息和自然控制与文化信息，以及人为控制信息。根据这些指标，纳韦把景观分为三大类，即开放景观（包括自然景观、半自然景观、半农业景观和农业景观）、建筑景观（包括乡村景观、城郊景观和城市工业景观）和文化景观（见图 3-1）。

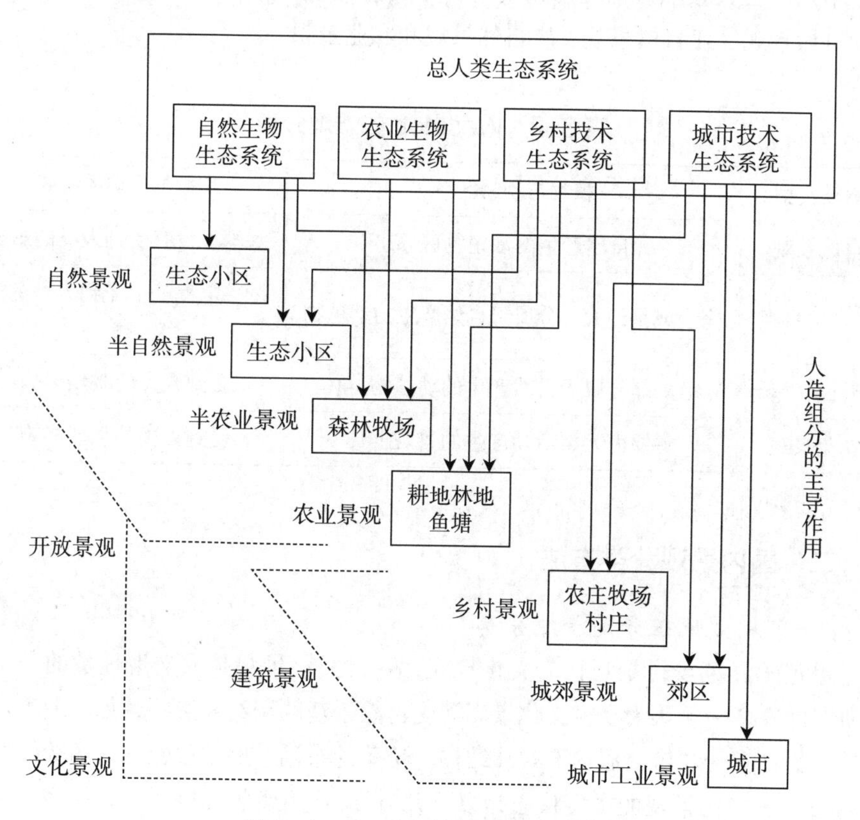

图 3-1 Naveh 的景观分类系统

（四）福曼（Forman）和戈登（Goldron）的景观分类

按人类对自然景观的干扰程度，福曼和戈登（1986）将景观分为五种类型：① 自然景观，指没有受到人类任何干扰的景观。这种自然景观只具有相对的意义，因为地球上完全不受人类干扰的景观已寥寥无几，只是人类的干扰并没有改变自然景观的性质。② 管理景观，指人类可以收获的林地与草地。③ 耕作景观，指种植的农田以及相伴的村庄、树篱、道路、水塘等形成的景观。该景观在人类的发展史中具有最为重要的意义。耕作景观与管理景观明显的区别在于景观格局的几何化，大量的直线形的边界取代了天然的曲线形边界，斑块的密度大幅度增加，优势度降低。种植的作物多为人工培育的品种，因而大幅度提高了景观的生产能力。④ 城郊景观，是人工建筑的城市景观与耕作景观（或管理景观）过渡的一种类型，因而具有两者的双重特征。⑤ 城市景观，指完全按人的意志建立起来的景观类型。

（五）韦斯特霍夫（Westhoff）的景观分类

韦斯特霍夫按照自然度对景观进行分类（见表 3–2）。他将主要景观类型划分为自然景观、亚自然景观、半自然景观和农业景观。

表 3–2　Westhoff 的景观分类

景观类型	植物与动物区系	植被与土壤的演变
自然景观	自然产生的动植物区系	基本上没有受到人类的影响
亚自然景观	完全或是绝大部分属于自然产生的动植物	在一定程度上受到人类的影响
半自然景观	绝大部分属于自然产生的动植物群体	受到人类的激烈影响
农业景观	主要由人类活动产生的景观群体	受到人类的强烈影响

二、国内景观分类方法

（一）人文地理学的景观分类

地理学界把乡村景观视为文化景观，乡村文化景观是人文地理学的一个重要研究内容之一。认为乡村文化景观深受自然景观的制约和影响，如农业生产方式、作物种类、农村民居的形式和结构、聚落的布局、庭院以及绿化树等。并认为划分乡村文化景观的主要核心是以下几方面。① 聚落，包括居民住宅，生活服务设施，街道，广场，二、三产业，交通与对外联系等以及聚落内部的空闲地、蔬菜地、果园、林地等构成部分。聚落是人类活动的中心。在乡村，它既是人们居住、生活、休息和进行各种社会活动的场所，也是人们进行劳动生产的场所，农村聚落规模的大小以及聚落的密度，反映了该地区人口的密度及其分布特征。各地区不同的文化特色，经济发展水平，各民族的生产、生活习惯，该地区的土地利用状况和农业生产结构等无不在农村聚落中体现。农村聚落景观是乡村最显而易见的文化景观。② 土地利用，包括种植业、林牧副渔业、乡镇工业等的土地利用景观，特别是农业生产，受自然环境和社会文化环境的制约，其地域差异性明显。以农业生产中都市粮食生产而言，各地由于气候、土质、生产、生活习惯，生产资料的不同和技术条件的差异，导致有各异的粮食生产种类、结构和质量水平。粮食生产几乎遍及地球上绝大部分地域，各地都有自己最适宜的粮食作物。各种小杂粮则生产在特定地域内。

董新认为，乡村景观属于不同程度上带有自然景观特色的人文景观（或文化景观），并以此提出了划分乡村景观类型的原则。① 相关原则。乡村景观相关原则的外在表现是景观给人的整体感。② 同质原则。同一乡村景观内各地段乡村景观的组成成分应该是一致的，不是绝对等同，而是指景观内主要组成部分的一致以及景观特征、景观功能的一致性，并不排除在景观中对形成景观特征无重大影响的微量质料的不一致。③ 外观一致性原则。景观外貌是反映乡村景观特点的一个重要方面，是乡村景观内部特征的外在表现。④ 共时原则。乡村景观是活动性较强的动态空间地域综合体，乡村景观的演化具有周期性和随遇性双重特征，所以乡村景观的历史演化极为活跃，同一乡村景观在不同时间的断面表现出不同的景观特征，有时在极短的时间内，乡村景观会变得面目全非。⑤ 发生、演化一致原则。发生、演化一致专指某类景观内部的状况而言，由此推之，这一原则要求异类景观的发生基础相异，演化方向不同。发生一致原则要求同类乡村景观赖以产生的基础，包括自然环境、人文环境，具有相似性的特点，演化一致原则要求景观内部各部分具有雷同的发展过程、发展演变规律。

（二）景观生态学的景观分类

景观生态学的分类。从景观生态学的角度进行景观分类，一般先根据地形、地貌划分不同的单元，然后再对景观生态系统的类型或功能进行细分。例如，周华荣在对新疆的北疆地区进行景观生态系统分类研究中，采用了四级景观分类体系：景观类型、景观亚型、景观组和景观型。景观类型是根据地质基础和大的地貌单元及气候带划分，如山地、平原景观等。景观亚型是根据景观功能、土地利用方向以及人为干扰程度的不同进行划分，如山地林地景观、山地草地景观、平原草地景观等。景观组是根据生态条件、人为利用方式或起源进行划分，如山地针叶林水分涵养林林地景观、山地高寒草甸放牧场草地景观、平原绿洲旱田农田景观、平原绿洲村落聚落景观等。景观型是景观分类的基本单位，根据景观要素，特别是生物量（草场产草量、森林蓄积量），或土地承载量来划分。

以上分类主要是从乡村自然景观的角度对景观类型进行的划分。根据人类对景观的干扰程度，肖笃宁提出按照人类影响程度的大小对景观进行分类，可以分为自然景观、经营景观和人工景观（见表3-3）。郊区景观是一种特殊的人工经营景观，位于城市和乡村的过渡地带，具有很大的异质性，大小不一的居民住宅和农田混杂分布，既有商业中心、工业，又有农田、果园和自然风光。

表 3-3　肖笃宁提出的景观分类

类　别		具体内容	备　注
自然景观	原始景观	高山、极地、荒漠、沼泽、热带雨林	
	轻度干扰的自然景观	森林、草原、湿地	
经营景观	人工自然景观	采伐林地、草场、放牧场、有收割的芦苇塘	表现为景观的非稳定成分——植被的改造，物种中的当地种被管理和收获
	人工经营景观	各类农田、果园（和人工林地）组成的农耕景观	表现为景观中较稳定的成分——土壤的改造
人工景观		城市景观、工程景观（工厂矿山、水利工程、交通系统、军事工程）、旅游地风景园林景观等	自然界原先不存在的景观，完全是人类活动所创造

第二节　乡村景观的分类

按照乡村景观的地理位置差异可把乡村景观分为以下几类：山地型乡村景观（主要分布在川东、渝、黔东南一带）；平原型乡村景观（多集中于黄河下游，长江中下游地区）；山麓河谷型乡村景观（多分布在大江、大河的河谷地带或地远人稀的山地区）。这是地理学从乡村不同地域的地理景观特征的角度对乡村景观的基本分类。

由于学科上的差异，人们通常把乡村景观划分为自然景观和人工景观，或者划分自然景观和人工景观为自然景观和人文景观两大类。例如，日本的山岸政雄认为，大致上乡村景观可分为两类，即自然景观与人工景观；中国台湾的黄世孟认为，乡村景观资源可依据自然资源和人文资源分类；王鑫认为乡村景观资源分为自然景观与文化景观两大类，又可细分为有形景观和无形景观两种类型（见表 3-4）。

表 3-4　依据自然景观和文化景观的乡村景观分类

类　别	自然景观	文化景观
有形景观	地形景观：湖泊、高山、溪谷、丘陵…… 地质景观：水山、温泉、泥泉、岩块 天象景观：星象、日出、日落、月色 生物景观：动物、植物、昆虫、鸟禽	文物古迹 农村聚落 田园耕作 道路设施 产业设施
无形景观	1. 气象变化	1. 生活习惯
	2. 岁月时序变化	2. 民俗活动
	3. 山谷声音、气息	3. 艺术

中国台湾的林世超则将乡村景观资源划分为聚落景观资源和自然景观资源两大类。其中，聚落景观资源包括以下几种。① 点状资源：民宅、庙宇、家祠、榕树、石敢当等；② 线状资源：巷道等；③ 面状资源：庙埕、井台、码头等。自然景观资源包括旷野、草原、蜂巢田、沙滩、海域等。中国台湾的侯锦雄依据景观特征元素对乡村景观进行分类（见表 3–5）。

表 3-5　依据景观特征元素的乡村景观分类

层次一	层次二	层次三
作物栽培地（农业用地）[A]	成行的作物 [A1] 固定性栽培作物 [A2] 栽培性作物 [A3]	作物类型 耕作方式，如机械化作业改变 景观类型、栽培因素
果园 [B]	落叶树种 [B1] 常绿树 [B2] 椰子类（槟榔与椰子）[B3]	树型与种类 品种 地点 / 与空间栽培因素
牧地 [C]	牧场 [C1] 放牧区 [C2] 牧草与灌林 [C3]	草本植物 灌木及灌丛林 混生（杂木） 原生种 品种的密度与比例、品种变化度
森林 [D]	混合 [D1] 落叶树 [D2] 常绿树 [D3] 竹林 [D4]	树冠覆被度 树种变化度 林龄状态

（续 表）

层次一	层次二	层次三
聚落、住宅 [E]	农业性聚落 [E1] 渔业或农牧性聚落 畜牧性 [E2] 养殖性 [E3] 小镇 [E4] 聚落 [E5] 散村 [E6]	农作物 畜牧性养殖场：如养牛场 鱼类池 100 户以上 50~100 户 10~50 户 都市化程度
荒地 [F]	自然人类影响少 [F1] 人类开垦后荒地 [F2]	开垦裸露地

除以上之外，还有依据空间组成把乡村景观划分为：农家、聚落；农地、道路、河川、树木以及其他（个体景物）。

第三节　乡村景观的构成要素

乡村景观是在特定的自然环境条件以及人文历史发展的影响下逐渐形成的。从一般意义上讲，乡村景观的构成要素可以概括为两大类，即物质要素和非物质要素，物质要素又分为自然要素和人工要素。正是这些错综复杂、千变万化的景观要素，才构成了丰富多彩、各具特色的乡村景观。

一、自然要素

自然要素由地形地貌、气候、土壤、水文、动植物等要素组成，它们共同形成了不同乡村地域的景观基底。各要素不仅是构成乡村景观的有机组成要素，而且对乡村景观的构成具有不同的作用。尽管某些自然要素能够形成一个地域的宏观景观特征，如地形地貌，但是整体景观特征还是各个自然要素共同作用的结果。

（一）地形地貌

地形地貌是乡村景观构成的基本要素之一，它们形成了乡村地域景观的宏观面貌。地形地貌的影响按地形地貌的自然形态可分为山地、高原、丘陵、平原、盆地五大类型。在中国，山地约占陆地面积的 33%，高原约占 26%，丘陵约占 10%，平原约占 12%，盆地约占 19%。

通常所说的山区包括山地、丘陵和比较起伏不平的高原，山区约占陆地面积的 2/3。不同地形地貌形态反映了其下垫物质和土壤的差异以及所造成植被的区别，因而是进行景观分析和景观类型划分的重要依据。

地形地貌不仅形成了乡村景观的空间特征，而且不同的海拔高度对自然景观、农业景观和村镇聚落景观产生了很大的影响。

（1）海拔高度破坏了自然景观的地带性规律，出现了山地垂直地带，气候、植被、高度与坡度土壤都随着海拔高度变化而变化。另外，山地的坡度和坡向还具有重要的生态意义。坡度影响地表水的分配和径流形成，进而影响土壤侵蚀的可能性和强度，可以说，坡度决定了土地利用的类型和方式。坡向影响着局部的小气候的差异，不同的坡向造成光、热、水的分布差异，直接决定了植被类型及其生长状况。

（2）山区用地紧张，可耕面积少，农业生产通常结合地形地貌来进行，依据等高线山区景观修山建田，这样就产生了与平原完全不同的农业生产景观，如梯田景观（见图 3-2）。

图 3-2　梯田景观

（3）地形地貌对于村镇聚落景观的影响也十分明显，尤其是在山区。中国传统村落山地建筑的选址和民居的建设都与自然的地形地貌有机地融合在一起，互相因借、互相衬托，从而创造出地理特征突出、景观风貌多样的自然村镇景观。即使一个地域的单体建筑形式大同小异，但一经与特定的地形地貌相结合，便形成千姿百态的建筑群，从而极大地丰富了村镇聚落整体的景观变化。

（二）气候

气候是不同地域乡村景观差异的重要因素。各种植被的水平地带和垂直地带，土壤的形成主要取决于气候。气候是一种长期的大气状态，太阳辐射、大气环流和下垫面是气候形成的三个要素。气候因素包括太阳辐射、温度、降水、风等，温度和降水不仅是气候的主要表现方式，而且是更重要的气候地理差异因素。

中国地域辽阔，横跨热带、亚热带、温带和寒温带，拥有多种多样的气候类型以及对农业生产有利的气候资源。可以说，在不同气候条件下形成了明显不同的乡村区域景观类型，主要表现在建筑的形式和农作物的分布上。

（1）气候对建筑布局和形式的影响。中国从南到北纬度相差大，从严寒的东北、西北到酷热的华南，从东南沿海到青藏高原，气候条件变化极为悬殊，使建筑对日照、通风、采光、防潮、避寒、御寒的要求也各不相同，从而创造出了丰富多彩的建筑布局和形式。例如，北方的四合院、徽州建筑、云贵的干阑式建筑、黄土高原的窑洞等。

（2）气候对农作物分布的影响。由于气候类型的多种多样，中国的各种植物资源也极其丰富，中草药和贵重药材种类繁多。对于农业生产，根据不同的自然条件，因地制宜地选择不同的粮食作物和经济作物。根据南北气候的差异，全国分为五种耕作地区：一年一熟区、两年三熟区、一年两熟区、双季水稻区和一年三熟区。

（三）土壤

土壤是乡村景观的一个重要组成要素。著名土壤学家道库恰耶夫说过，土壤剖面是景观的一面镜子。任何形式的景观变化动态都或多或少地反映在土壤的形成过程及其性质上。或者说，什么样的气候和植被条件形成什么样的土壤。因此，对于自然景观和农业景观而言，土壤是决定乡村景观异质性的一个重要因素，中国的地域辽阔，气候、岩石、地形、植被条件复杂，加之农业开发历史悠久，因而土壤类型繁多。从东南向西北分布着森林土壤（包括红壤、棕壤等）、森林草原土壤（包括黑土、褐土等）、草原土壤（包括黑钙土、栗钙土等）、荒漠、半荒漠土壤等。不同类型的土壤适合不同植被的生长，对农业生产尤为重要。因此，乡村的农业生产性景观是由土地的适宜性决定的。

（四）水文

水资源是人类赖以生存和发展的必要条件，而农业是目前世界上用水量最大的产生，一般占总用水量的 50% 以上。

水资源不仅是农业经济的命脉，而且也是乡村景观构成中最生动和具有活力的要素之一，这不仅在于水是自然景观中生物体的源泉，而且在于它能使景观变得更加生动而丰富。在不同的水体中有着各自的水文条件和水文特征，也决定着各自的生态特征，如湖泊、河流、沼泽、冰川等，它们对乡村景观格局的形成起着重要作用。① 湖泊。湖泊是较封闭的天然水域景观，按水质可分为淡水湖、咸水湖和盐湖。淡水湖是某一巨大水系的重要组成部分，具有防洪调蓄、发展农业、渔业等重要作用。按分布地带可分为高原湖泊和平原湖泊。② 河流。河流是带状水域景观，从水文方面可分为常年性河流与间歇性河流，前者多在湿润区，而后者在干旱、半干旱地区。河流补给分为雨水补给和地下水补给，雨水补给是河流最普遍的补给水源。③ 沼泽。沼泽是一种典型的湿地景观，是生物多样性和物种资源的集中聚集繁衍地，具有巨大的环境功能和效益。④ 冰川。广泛分布于中国西南、西北的高山地带。冰川水是中国西北内陆干旱区河流的主要水源，如塔里木河等，也是绿洲农业景观的主要水源。

（五）动植物

1. 植被

植被是全部植物的总称。中国的高等植物近 3 万种，在中国几乎可以看到北半球的各种类型的植被，其中，农田植被占全国总面积的 11%。植被与气候、地形和土壤互相起着作用，一方面，有什么样的气候、地形和土壤条件，就有什么样的植被；另一方面，植被对气候和土壤甚至地形也都有影响。它们共同形成了不同的植物景观特征。

根据植物群落的性质和结构，植被可以划分为森林、热带稀树草原、草原、荒漠植物和冻原 5 大基本类型，各自有其独特的结构特征和生态环境。按照植被类型的区域特征，中国植被分为八个区域，分别为寒温带针叶林区域、温带针阔叶混交林区域、暖温带落叶阔叶林区域、亚热带常绿阔叶林区域、热带季雨林和雨林区域、温带草原区域、温带荒漠区域、青藏高原高寒植被区域，各自有其景观特征和分布范围。

目前，全世界有 2 000 多种栽培作物来自野生植物。我国有用植物约有 10 000 种，植物资源分类目前已被利用的植物资源可以归纳为五大类。① 食用植物；② 药用植物；③ 工业用植物；④ 环保植物；⑤ 种质植物。

2. 动物

野生动物是自然生态系统的重要组成部分，在维持生态平衡和环境保护等方面有着重要的意义。中国自然条件优越，为野生动物的繁衍生息提供了良好的条件。野生动物与乡村生态环境有着密切的关系。例如，朱鹮是世界上濒危鸟类之一。历史上，朱鹮不仅常见于中国东部和北部的广大地区，而且在俄罗斯的远东地区、朝鲜和日本等地也都有一定数量。但到 20 世纪中期，只有中国还有朱鹮幸存。从 20 世纪 50 年代以后，中国乡村生态环境发生了很大的变化，朱鹮用于筑巢的大树被大量砍伐，采食的水域被农药污染，耕作制度的改变使冬水田变成了冬干田，加上人口的激增造成的生存压力以及过度的猎捕，迫使它们无法在丘陵、低山的水田、河滩、沼泽和山溪等适宜的地方生活，而逐步迁到海拔较高的地带，数量急剧减少，分布区也越来越小。1981年，在海拔1 356米的陕西洋县姚家沟，发现了消失17年之久的野生朱鹮，并建立了朱鹮保护站。当地的老百姓和朱鹮也产生了深厚的感情，朱鹮成了当地村民家中的特殊“贵客”，村民们亲切地称它们为“吉祥之鸟”。为了让这个“新成员”平静安全地生活，村民们宁愿田里庄稼减产，也不会在朱鹮的生活区域内使用任何农药，以此保证朱鹮的食物不受污染，形成了人与鸟和谐共处的局面，朱鹮也成为当地的一大景观。

二、人工要素

人工要素主要包括各类建筑物、道路、农业生产用地和公共设施等。

（一）建筑物

按照使用功能，乡村地域的建筑物可以分为民用建筑、工业建筑、农业建筑和宗教建筑四大类。① 民用建筑包括居住建筑和公共建筑。居住用的房屋如住宅、宿舍和招待所称为居住建筑，公共用的房屋如行政办公楼、学校、图书馆、影剧院、体育馆、商店、邮电局以及车站等称为公共建筑。② 工业建筑包括各类冶金工业、化学工业、机器制造工业及轻工业等生产用厂房，生产动力用的发电站及贮存生产用的原材料和成品的仓库等。③ 农业建筑是指供农业生产用的房屋，如禽舍、猪舍、牛舍等畜牧建筑；塑料大棚、玻璃温室等温室建筑；粮食种子仓库、蔬菜水果等仓库建筑，以及农机具库、危险品库等农业库房；农蓄副产品加工建筑；农机修理站等农机具维修建筑；农村能源建筑；水产品养殖建筑；蘑菇房、香菇房等副业建筑；农业实验建筑；乡镇企业建筑等。④ 宗教建筑是指与宗教有关的建筑，如佛教寺庙、清真寺、教堂等。

（二）道路

乡村道路形成了乡村景观的骨架，是乡村廊道常见形式之一。根据国家对道路使用性质的规定，道路分为国家公路（国道）、省级公路（省道）、县级公路（县道）、乡村道路以及专用公路五个等级。乡村道路是指主要为乡（镇）村经济、文化、行政服务的公路以及不属于县道以上公路的乡与乡之间及乡与外部联络的公路。从乡村地域的角度，这种规定只涉及乡村道路的一部分。然而，在乡村地域范围内的高等级公路对乡村环境和景观格局产生较大的影响。因此，乡村道路应包括乡村地域范围内高速公路、国道、省道、乡间道路、村间道路以及田埂等不同等级的道路，它们承担各不相同的角色。

（三）农业

中国是一个农业大国，农业文明在中国文明史中占有重要的位置。相对于其他产业来说，有关的农业理论和实践都远远多于其他产业。

早在公元1世纪，中国史学家班固（公元32—92年）在其所撰《汉书·食货志》中，就有“辟土殖谷日农”之说。这反映了古代黄河流域的汉族人民以种植业为主的朴素的农业概念，亦即如今所称的“狭义农业”。其实，原始农业是从采集、狩猎野生动植物的活动中孕育而生的。后来，种植业和畜牧业也相继发展，至今仍以种植业和以其为基础的饲养业作为农业的主体。天然森林的采伐和野生植物的采集、天然水产物的捕捞和野生动物的狩猎，主要是利用自然界原有的生物资源；但由于这些活动后来仍长期伴随种植业和饲养业而存在，并不断地转化为人工的种植（如造林）和饲养（如水产养殖），故也被许多国家列入农业的范围。至于农业劳动者附带从事的农产品加工等活动，则历来被当作副业。这样，就形成了以种植业（有时称农业）、畜牧业、林业、渔业和副业组成的广义农业概念。乡村景观所涉及的也是广义农业的概念，它们形成了乡村景观的主体。

（四）公用设施

水利是农业的命脉，对中国农业文明至关重要。早在周代就设有管理水利的“司空”一职，可以看出当时就已对水利十分重视。从古至今，无论朝代如何变更，水利事业始终为各代所关注。各种类型的水利设施，在防洪、发电和发展农业灌溉等方面发挥了巨大的作用，同时，也成为乡村景观的一个重要组成部分。例如，被列为世界文化遗产，具有2 260年历史的古代水利工程——都江堰，至今仍在发挥重要作用。它是中国古代创建的一项闻名中外的伟大水利工程，是目前世界上年代最久、唯一留存、以无坝引水为特征的宏大工程，它科学地解决了江水自动分流、自动排沙、控制进水流量等问题。从此，汹涌的岷江水经都江堰化险为夷，变害为利，造福农桑，使川西平原“水旱从人，不知饥馑，时无荒年，谓之天府”。都江堰水利工程以独特的水利建筑艺术创造了与自然和谐共存的水利形式，成为著名的历史文化景观。

三、非物质要素

除了物质要素（自然要素和人工要素）外，在乡村景观的要素构成中，非物质要素也十分重要。在某种程度上，构成乡村景观的非物质要素主要体现在精神文化生活层面。乡村景观非物质要素是指乡村居民生活的行为和活动以及与之相关的历史文化，表现为与他们精神生活世界息息相关的民俗、宗教、语言等。这些因素是乡村景观的无形之气，其作用不容忽视。对它们进行研究，就可以透过景观的物质形态表象，深入景观内部，使乡村景观研究深入到深层机制的水平上。

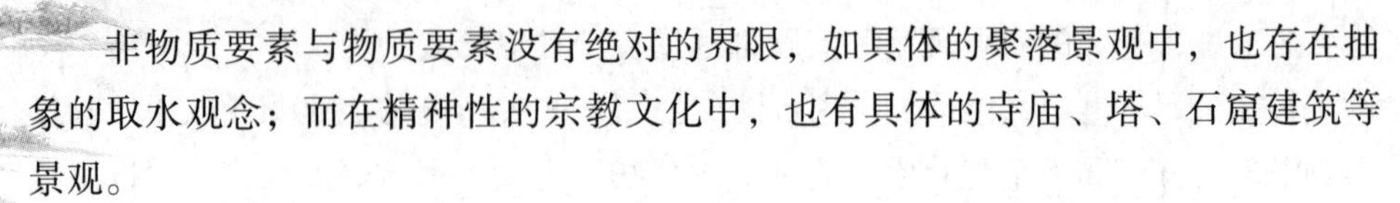

非物质要素与物质要素没有绝对的界限，如具体的聚落景观中，也存在抽象的取水观念；而在精神性的宗教文化中，也有具体的寺庙、塔、石窟建筑等景观。

（一）民　俗

民俗是人们在一定的社会形态中，根据自己的生产、生活内容与生产、生活方式，结合当地的自然条件，自然而然地创造出来，并世代相传而形成的一种对人们的心理、语言和行为都具有持久、稳定约束力的规范体系。“相沿成风，相习成俗”，是中国传统文化的一个重要内容。风俗对人类行为是能发生功能的。这些功能的发生，对乡村景观的形成和发展产生巨大的影响。

中国是多民族国家，在长期历史发展进程中，形成了独特的生活方式和风俗习惯。中国乡村民俗景观的一个显著特点，就是与中国的农业文明紧密相关。例如，岁时节庆就与农业文明有关，而其他反映农业文明特点的节日，在汉族和其他少数民族中还有许多，如存在于汉族和白族的立春（打春牛）、哈尼族的栽秧号、江南农村的稻花会、苗族等的吃新节、杭嘉湖地区的望蚕讯等无一不是农业文明的产物。中国的农业文明与人口的繁衍具有密切的联系，与人类繁衍相关的婚丧嫁娶习俗构成了中国民俗中最有特色的景观之一。祭祀信仰也反映了农业文明的特征，如景颇族在刀耕火种时有祭风神的习俗，傣族、哈尼族、布朗族等在秋收季节则有祭谷神的习俗，以求来年丰收。

这些民俗只是乡村文化的一种表象，而它的深层内涵，则是这些风俗习惯所潜藏的民族心理性格、思维方式和价值观念。

（二）宗　教

在中国文化景观形成过程中，宗教力量发挥了特殊的作用。从先秦以前的原始宗教的图腾景观，到先秦两汉时期以谶纬方术、卜筮、占星术、五帝太一崇拜、多种鬼神崇拜的准宗教景观，再到东汉以来的系统人为宗教景观，构成了中国宗教景观的三个逐次进化的阶段。时至今日，原始宗教的形式在民间或边远少数民族地区仍然存在。例如，云南少数民族至今仍有丰富的原始信仰、原始宗教和图腾文化。在系统人为宗教时期，儒教、道教、佛教、伊斯兰教、基督教和天主教先后在中国产生或传入、发展并变化。儒教的文庙、孔庙，道教的名山、宫观，佛教的名山、寺庙、佛塔、石窟，伊斯兰教的清真寺，基督教堂以及天主教堂都成为中国的宗教景观。

宗教对乡村聚落景观产生一定的影响，特别是对某些地区聚成发展等。例如，云南的傣族，其居民大多信奉小乘佛教，群众性的布施活动极为频繁，每逢斋节日都要举行盛大的赕佛活动。由于佛教与村民的关系密切，所以佛寺遍及各村寨。

这些佛寺作为构成傣族村寨的要素之一，往往位于村寨中较高的坡地或村寨的主要入口处，有的甚至作为主要道路的底景。此外，按当地习俗约定，佛寺的对面和两侧均不能盖房子，村中住宅的楼面高度不得超过佛像座台的高度，加之佛寺的体量十分高大，因此在一片低矮的竹楼民居中佛寺建筑的形象格外突出，它不仅自然地成为人们精神崇拜和公共活动中心，同时也极大地丰富了村寨的立体轮廓和景观变化，从而成为村寨群体最重要的组成部分。而在伊斯兰教地区，清真寺成为聚落的重要组成部分。清真寺、教堂、喇嘛庙等，不但常占据各种不同宗教聚落的中央位置，而且也常是最显著的建筑物，成为聚落的标志性景观。

（三）语言

语言是一种特殊的社会现象，语言是文化的一部分。语言的演化是建立在方言演进的基础上的，并受许多因素的影响，其中包括距离、自然条件、异族的接触、人口迁移和城市改造等。

中国是一个多民族国家，共分为几大语系，即汉藏语系、阿尔泰语系、南亚语系、南岛语系和印欧语系。其中，持汉语的占全国总人口的94%以上。现代汉语又有诸多方言，大致可以分为十大方言区，在一些地区，甚至相邻两村之间的方言都不一样。语言上的差异，造成了不同地区对同一事物的不同表达方式。由于人口迁移和城市化的影响，方言在乡村较城市得以更好地保留，是一种非常特殊的文化景观资源。当人们每到异地，都喜欢学几句当地的方言，这就是语言景观的魅力所在。

第四节　乡村景观的基本结构

从形态构成的角度，结构是形态在一定条件下的表现形式。形态构成包含了点、线、面三个基本要素。乡村景观结构是乡村景观形态在一定条件下的表现形式。福曼和戈登认为景观结构是景观组成单元的类型、多样性及其空间关系。他们在观察和比较各种不同景观的基础上，认为组成景观的结构单元有三种：斑块（Patch）、廊道（Corridor）和基质（Matrix）。因此，可以说，基于景观生态学的景观结构把景观单元与设计学的形态构成要素有机地结合在一起。

一、点——斑块

斑块泛指与周围环境在外貌或性质上不同，并具有一定内部均质性的空间单元。应该强调的是，这种所谓的内部均质是相对于其周围环境而言的。斑块可

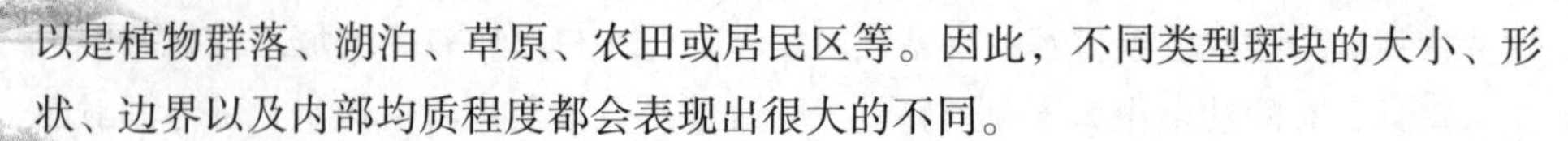

以是植物群落、湖泊、草原、农田或居民区等。因此，不同类型斑块的大小、形状、边界以及内部均质程度都会表现出很大的不同。

（一）斑块类型

根据不同的起源和成因，福曼和戈登把常见的景观斑块类型分为四种。①残留斑块（Remnant Patch）：由大面积干扰（如森林或草原大火、大范围的森林砍伐、农业活动和城市化等）所造成的，局部范围内幸存的自然或半自然生态系统或片段。② 干扰斑块（Disturbance Patch）：由局部性干扰（如树木死亡、小范围火灾等）造成的小面积斑块。干扰斑块和残留斑块在外部形式上似乎有一种反正对应关系。③ 环境资源斑块（Environmental Resource Patch）：由于环境资源条件（土壤类型、水分、养分以及与地形有关的各种因素，在空间分布的不均匀性造成的斑块。④ 人为引入斑块（Introduced Patch）：由于人们有意或无意地将动植物引入某些地区而形成的局部代生态系统（在乡村地区，如农田、种植园、人工林、乡村聚落等）。

（二）斑块大小

斑块的大小对物种数量、类型有较大的影响。一般来说，小斑块有利于物种的初始增长，大斑块的物种增长较慢，但比较持久，而且可维持更多的物种生存。因此，斑块的大小与物种多样性有密切的关系。当然，决定斑块物种多样性的一个主要因素是人类活动干扰的历史和现状。通常，人类活动干扰较大的斑块，其物种往往比受人类干扰小的斑块少。

（三）斑块形状

一个能满足多种生态功能需要的斑块的理想形状应该包含一个较大的核心区和一些有导流作用以及能与外界发生相互作用的边缘触须和触角。圆形斑块可以最大限度地减少边缘圈的面积，同时最大限度地提高核心区的面积比，使外界的干扰尽可能减少，有利于内部物种的生存，但不利于同外界的交流。

二、线——廊道

廊道，指景观中与相邻两边环境不同的线性或带状结构。其中道路、河流、农田间的防风林带、输电线路等为廊道常见的形式。

（一）廊道类型

按照不同的标准，廊道类型有多种分类方法。① 按廊道的形成原因，分为人工廊道（如道路、灌溉沟渠等）与自然廊道（如河流、树篱等）；② 按廊道的功能，可分为河流廊道、物流廊道（道路、铁路）、输水廊道（沟渠）和能流廊道（输电线路）等；③ 按廊道的形态，可分为直线性廊道（网格状分布的道路）

与树枝状廊道（具有多级支流的流域系统）；④ 按廊道的宽度，可分为线状廊道与带状廊道。

目前，对廊道的研究多集中在形态划分上，如线状廊道与带状廊道。线状廊道与廊道形态与种类带状廊道的主要生态学差异完全是由于宽度造成的，从而产生了功能的不同。线状廊道宽度狭窄，其主要特征是边缘物种在廊道内占绝对优势。线状廊道有七种类型：① 道路（包括道路边缘）；② 铁路；③ 堤堰；④ 沟渠；⑤ 输电线；⑥ 草本或灌木丛带；⑦ 树篱。而带状廊道，是具有一定宽度的带，其宽度可以造成一个内部环境，有丰富的内部物种出现，多样性明显增大，而每个侧面都存在边缘效应，如具有一定宽度的林带、输电线路和高速公路等。

（二）廊道结构

廊道结构分为独立廊道结构和网络廊道结构。① 独立廊道结构，是指在景观中单独出现，不与其他廊道相接触的廊道；② 网络廊道结构，分为直线型与树枝型两种类型，两种类型的成因和功能差别很大。廊道的重要结构特征包括：宽度、组成内容、内部环境、形状、连续性及其与周围斑块或基质的相互关系。

（三）廊道功能

廊道的主要功能可以归纳为下列四类。① 生境：如河边生态系统、植被条带；② 传输通道：如植物传播体、动物以及其他物质随植被或河流廊道在景观中运动；③ 过滤和阻抑作用：如道路、防风林道及其他植被廊道对能量、物质和生物（个体）流在穿越时的阻截作用；④ 作为能量、物质和生物的源或汇：如农田中的森林廊道，一方面具有较高的生物量和若干野生动植物种群，为景观中其他组分起到源的作用，而另一方面也可阻截和吸收来自周围农田水土流失的养分与其他物质，从而起到汇的作用。

三、面——基质

基质也称为景观背景、矩质、模地、本底，是指景观中分布范围最广、连接度最高的背景结构，并且在景观功能上起着优势作用的景观结构单元。基质在很大程度上决定着景观的性质，对景观的动态起着主导作用。常见的基质有森林基质、草原基质、农田基质、城市用地基质等。

（一）判断基质的标准

判断基质有三个标准。① 相对面积。景观中某一元素所占的面积明显大于其他元素占有的面积，可以推断这种元素就是基质。一般来说，基质的面积超过现存其他类型景观元素的面积总和，即一种景观元素覆盖了景观 50% 以上的面积，就可以认为是基质。但如果各景观元素的覆盖面积都低于 50%，则将由基质

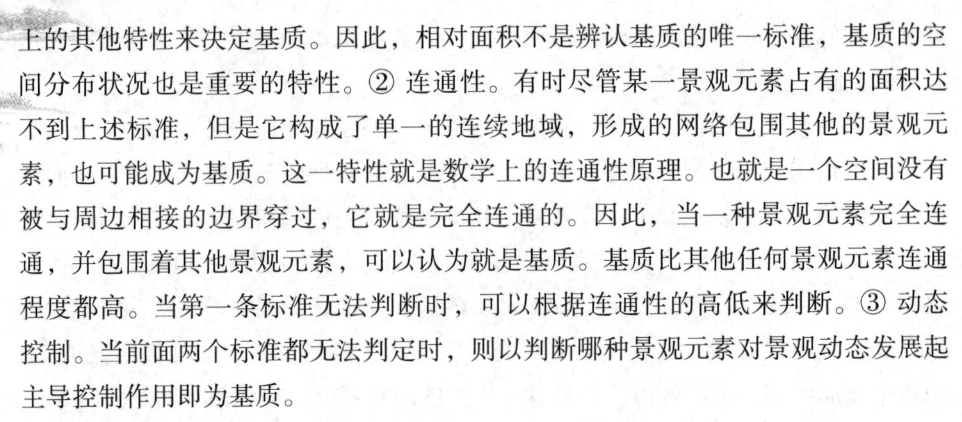

上的其他特性来决定基质。因此，相对面积不是辨认基质的唯一标准，基质的空间分布状况也是重要的特性。② 连通性。有时尽管某一景观元素占有的面积达不到上述标准，但是它构成了单一的连续地域，形成的网络包围其他的景观元素，也可能成为基质。这一特性就是数学上的连通性原理。也就是一个空间没有被与周边相接的边界穿过，它就是完全连通的。因此，当一种景观元素完全连通，并包围着其他景观元素，可以认为就是基质。基质比其他任何景观元素连通程度都高。当第一条标准无法判断时，可以根据连通性的高低来判断。③ 动态控制。当前面两个标准都无法判定时，则以判断哪种景观元素对景观动态发展起主导控制作用即为基质。

（二）基质的结构特征

基质的结构特征表现在三个方面：孔隙率、边界形状和网络。① 孔隙率是指单位基质面积中斑块的数目，表示景观斑块的密度，与斑块的大小无关。② 网络边界形状。大多数情况下，景观元素之间的边界不是平滑的，而是弯曲相互渗透的。因此，边界形状对基质和斑块之间的相互关系是非常重要的。一般来说，具有凹面边界的景观元素更具有动态控制能力。具备最小的周长与面积比的形状不利于能量与物质交换，相反，周长与面积比大的形状有利于与周围环境进行大量的能量与物质交换。③ 网络。廊道相互连通形成网络，包围着斑块的网络可以看成基质。当孔隙率高时，网络基质就是廊道网络，如道路、沟渠、树篱等都可以形成网络，其中，树篱包括人工林带最具代表性。对网络产生重要影响取决于被网络所包围的景观元素的特征，如大小、形状、物种丰度等。网眼的大小是网络重要的特征值，其大小的变化也反映了社会、经济、生态因素的变化。人的干扰和自然条件的影响是形成网络结构特征的两个因素。

第四章　农村景观的形态构成

第一节　农村自然景观形态构成

人类是景观的重要组成部分，农村景观是人类与自然环境连续不断相互作用的产物。因此，农村景观的格局和形态与人类的历史活动息息相关，是人类长期活动直接或间接的结果。通过探讨农村景观的形态构成，可以总结出农村景观在历史演变过程中的影响因素，有助于预测农村景观的发展方向和获得农村景观规划的历史借鉴。

农村景观的形态构成包含了物质景观形态和精神景观形态两大部分，其中，物质景观形态由聚落景观形态、生产景观形态和自然景观形态三大部分组成，它们之间相互促进、相互影响、密不可分，并在一定程度上影响着精神景观形态。反之，精神景观形态也在一定程度上改变了物质景观形态。农村景观正是在它们的共同作用下孕育、产生、演变和发展的。

严格地说，自然景观是未经人类干扰和开发的景观。事实上，纯粹意义上的自然景观已经变得越来越少。因此，这里说的自然景观是指基本维持自然状态，人类干扰较少的景观，农村自然景观由地形地貌、气候、水文、土壤和动植物等要素所组成，它是农村景观物质形态构成一个重要的组成部分，对农村的聚落景观、生产景观以及居民的生活景观都产生重要的影响。

"聚落"一词，在《史记·五帝本纪》中已经出现："一年而所居成聚，二年成邑，三年成都。"注曰："聚，谓村落也。"《汉书·沟洫志》则云："或久无害，稍筑室宅，遂成聚落。"聚落包括房屋建筑、街道或聚落内部的道路、广场、公园、运动场等人们活动和休息的场所，供居民洗涤饮用的池塘、河沟、井泉以及聚落内的空闲地、蔬菜地、果园、林地等组成部分。农村聚落是农村景观的一个

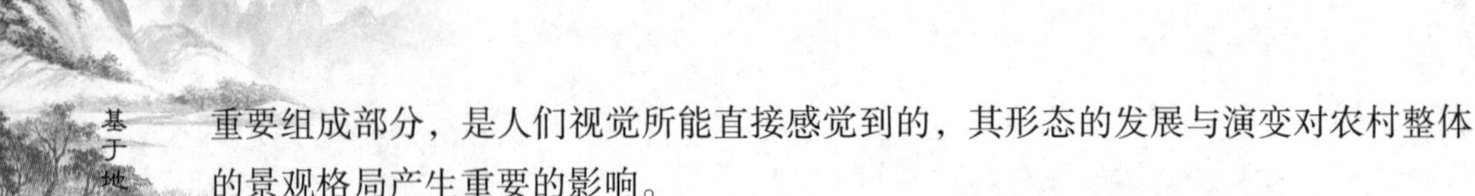

重要组成部分，是人们视觉所能直接感觉到的，其形态的发展与演变对农村整体的景观格局产生重要的影响。

一、农村聚落的产生

众所周知，中国是世界上人类发源地之一。大约二三百万年前，人类逐渐从自然界分离出来。但在人类聚落产生以前，他们最初的生活场所仍不得不完全依靠自然，过着巢居和穴居的生活。这些居住方式在古文献和考古遗址中均得到了证实。根据《庄子·盗跖》中记载："古者禽兽多而人少，于是民皆巢居以避之，昼拾橡栗，暮栖树上，故命之曰有巢氏之民。"《韩非子·五蠹》中也有类似的记载："上古之世，人民少而禽兽众，人民不胜禽兽虫蛇，有圣人作，构木为巢，以避群害，而民悦之，使王天下，号曰有巢氏。""下者为巢，上者为营窟。"(《孟子·滕文公》）这充分说明了巢居和穴居的两种居住方式，在地势低洼的地方适合巢居，而在地势较高的地方可以打洞窟，适合穴居。巢居和穴居成为原始聚落发生的两大渊源。

到了新石器时代，开始出现畜牧业与农业的劳动分工，即人类社会的第一次劳动大分工。许多地方出现了原始农业，尤其在黄河流域和长江流域出现了相当进步的农业经济。随着原始农业的兴起，人类居住方式也由流动转化为定居，从而出现了真正意义上的原始聚落——以农业生产为主的固定村落。河南磁山和裴李岗等遗址，是我国目前发现的时代最早的新石器时代遗址之一，距今 7 000 多年。从发掘情况看，磁山遗址已是一个相当大的村落。这一转变对人类发展具有不可估量的影响，因为定居使农业生产效率提高，使运输成为必要，定居促进了建筑技术的发展，使人们树立起长远的生活目标，强化了人们的集体意识，产生了"群内"和"群外"观念，为更大规模社会组织的出现提供了前提。在众多的农村聚落中，那些具有交通优势或一定中心地作用的聚落，有可能发展成为当地某一范围内的商品集散地，即集市。集市的进一步发展，演化为城市。

原始的农村聚落都是成群的房屋与穴居的组合，一般范围较大，居住也较密集。到了仰韶文化时代，聚落的规模已相当可观，并出现了简单的内部功能划分，形成了住宅区、墓葬区以及陶窑区的功能布局。聚落中心是供氏族成员集中活动的大房子，在其周围则环绕着小的住宅，门往往都朝着大房子。陕西西安半坡氏族公社聚落和陕西临潼的姜寨聚落就是这种布局的典型代表。

陕西西安半坡氏族公社聚落，形成于距今五六千年前的母系氏族社会。遗址位于西安城以东 6 千米的浐河二级阶地上，平面呈南北略长、东西较窄的不规则圆形，面积约 5 万平方米，规模相当庞大。经考古发掘，发现整个聚落由三个性质不同的分区组成，即居住区、氏族公墓区和制陶区。其中，居住房屋和大部分经济性建筑，如贮藏粮食等物的窖穴、饲养家畜的圈栏等，集中分布在聚落的中心，成为整个聚落的重心。在居住区的中心，有一座供集体活动的大房子，门朝东开，是氏族首领及一些老幼的住所，氏族部落的会议、宗教活动等也在此举行。大房子与所处的广场，便成了整个居住区规划结构的中心。46 座小房子环绕着这个中心，门都朝向大房子。房屋中央都有一个火塘，供取暖煮饭照明之用，居住面平整光滑，有的房屋分高低不同的两部分，可能分别做睡觉和放置东西之用。房屋按形状可分方形和圆形两种，最常见的是半窑穴式的方形房屋。以木柱作为墙壁的骨干，墙壁完全用草泥将木柱裹起，屋面用木椽或木板排列而成，上涂草泥土，居住区四周挖了一条长而深的防御沟。居住区壕沟的北面是氏族的公共墓地，几乎所有死者的朝向都是头西脚东。居住区壕沟的东面是烧制陶器的窑场，即氏族制陶区。居住区、公共墓地区和制陶区的明显分区，表明朴素状态的聚落分区规划观念开始出现。

陕西临潼的姜寨聚落，也属于仰韶文化遗存，遗址面积 5 万多平方米。从其发掘遗址来看，整个聚落也是以环绕中心广场的居住房屋组成居住区，周围挖有防护沟。内有四个居住区，各区有十四五座小房子，小房子前面是一座公共使用的大房，中间是一个广场，房屋之间也分布着储存物品的窖穴。沟外分布着氏族公墓和制陶区，其总体布局与半坡聚落如出一辙。

由此可见，原始的农村聚落并非单独的居住地，而是与生活、生产等各种用地配套建置在一起。这种配套建置的原始农村聚落，孕育着规划思想的萌芽。

二、农村聚落的发展与演变

一般说来，自然环境诸因素是变化较小的，而生产环境和社会文化环境则随着生产力的发展在不断变动。它们是引起农村聚落演变的主要因素。

中国从有文字记载历史以来，直到中华人民共和国成立前，经历了奴隶社会、封建社会和半封建半殖民地社会，在漫长的三四千年间，聚落的发展与变化是比较缓慢的，许多村落开辟新的道路，这种平行的长向道路经过巷道或街道的连接则成为“井”字形或“日”字形道路骨架，进一步可发展为团状的新农村聚落。

从农村聚落形态的演化过程看，上述过程实际是一种由无序到有序，由自然状态慢慢过渡到有意识的规划状态。已经发掘的原始新农村聚落遗址，如陕西宝鸡北首岭聚落、河南密县莪沟北岗聚落、郑州大河村聚落、黄河下游大汶口文化聚落、浙江嘉兴的马家滨聚落以及余姚的河姆渡聚落等，明显表现出以居住区为主体的功能分区结构形式。这说明中国的村落规划思想早在原始聚落结构中，已

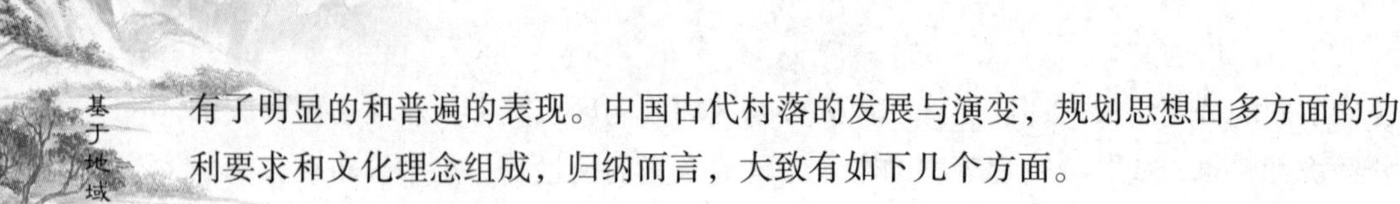

有了明显的和普遍的表现。中国古代村落的发展与演变，规划思想由多方面的功利要求和文化理念组成，归纳而言，大致有如下几个方面。

（一）传统观念

传统观念包括宗族制度、宗教信仰和风水观念，这也是中国古代的村落规划思想，深刻地影响着农村聚落形态的发展与演变。

1. 宗族制度

血缘关系宗族制度是中国古代社会的重要特征之一，而血缘关系则是影响农村聚落形态的一个重要因素。从上述农村聚落的产生来看，就是人类以血缘关系为纽带而形成的一种聚族而居的村落雏形。家庭、家族和宗族是血缘关系的三种表现形式，这种按血缘关系聚族而居的状态，历经奴隶社会和封建社会长达几千年之久，至今在广大农村中还有广泛而深刻的影响。这种由血缘派生的“空间”关系，数千年来一直影响着中国传统村落的形态。

整个村落的布局习惯以宗祠为中心展开，在平面形态上形成一种由内向外自然生长的村落格局。

2. 宗教信仰

中国是一个多民族国家。由于各民族所处的地理环境不同，在长期历史发展的过程中形成了自己独特的生产、生活方式、风俗习惯和宗教信仰，这些对农村聚落形态的形成也产生不同程度的影响，从而赋予它们各自的特色。

宗教信仰对农村聚落的空间产生深刻的影响。例如，前面提到的云南傣族，由于信奉小乘佛教，所以佛寺成为村寨中格外显著的标志性景观，极大地丰富了村寨的景观空间层次。

3. 风水观念

风水，又叫堪舆、形法、地理、青囊、青乌或相宅等。名称虽然不一，实质是一样的，就是“相地”，选择地址。风水术是人们在长期生活实践中积累的一种生活常识和经验，但是由于被各种观念和流派所利用，而由原始的单纯的对自然环境进行选择的技能变为带有极大神秘性和欺骗性的实用民俗事象，成为与巫卜星相并举的一种术数。今天，用科学的目光来审视风水，根除其封建迷信的因子，保留其科学、合理的特质，使它成为人类对自然环境进行选择和处理的一门学问，成为人类对自然景观与自身关系的一种评价系统和安排艺术，成为满足人们审美需要的一种价值取向。

负阴抱阳、背山面水是风水中基地选址的基本原则和基本格局，对于农村聚落选址也一样。风水理论认为“阳宅须教择地形，背山面水称人心，山有来龙昂秀发，水须围抱作环形，明堂宽大斯为福，水口收藏积万金，关煞二方无障碍，光明正大旺门庭。”由此可见，中国传统农村聚落对选址也十分讲究，主要表现在以下几个方面。① 卜居。卜居也称作卜筑、卜基等，是指按风水的方法选择村基，这是古代农村聚落选址的重要特点。这些在大量的家谱资料中都有记载，如徽州《昌溪太湖吴氏宗谱》卷一：“吾家宗派始自歙西溪南，自宋时，由九世祖一之公者卜有吉地。”② 形局。中国古代新农村聚落选址强调主山龙脉和形局完整。风水中认为村落的所依之山应来脉悠远，起伏蜿蜒，成为一村“生气”的来源。许多家谱在叙述其村落形势前，总是自称：“吾村基之脉起于……”或“吾乡之脉自……而来”。同时，要求村基形局完整，山环水抱，是上乘的“藏风、聚气”之地。③ 水龙。对于平原或少山之地的村落则以水为龙脉。《水龙经》中就认为：“水积如山脉之住，水流如山脉之动。水流动则气脉分，水环流则气脉凝聚。大河类干龙之形，小河乃支龙之体。后有河兜，荣华之宅；前逢池沼，富贵之家。左右环抱有情，堆金积玉。”由此可见，这里显然把水当作龙脉来看待。任何平原或少山地区，只要有水环绕村落，并水绕归流一处，就是该村的龙脉所在，也是该村生气的来源。④ 水口。水口是指一村之水流入和流出的地方，在风水中，水被视为“财源”的象征，因此水口在村落的空间结构中有着极为重要的作用。一般来说，风水中对水之入口处的形势要求并不严格，但对水之出口处的形势则十分讲究，水口必须关锁，目的是不让“财源”流失。因此，“凡一乡一村，必有一源水，水去处若有高峰大山，交牙关锁，重叠周密，不见水去……其中必有大贵之地。”另外，由于水口多为一村出入的交通要道，所以特别注重水口地带的景观营造，从而出现了大量的“水口园林”，尤以徽州地区的水口园林最为突出。它以变化丰富的水口地带的自然山水为基础，因地制宜，巧于因借，适当构景，使山水、村舍、田野有机地融为一体，“自成天然之趣，不烦人事之工”。⑤ 构景。风水中同样注重村落选址之处的景观优美，认为好的村落环境，其景观上的表现是“山川秀发”“绿林荫翳”，正如理学家程颐所讲：“何为地之美者？土色之光润。草木之茂盛，乃其验也。”⑥ 风水补救措施。对于那些形局或格局上不太完备的村基，通常会采取一定的风水补救措施。从生态学和美学的角度来说，这些补救措施不仅改善了村落的生态环境，而且丰富了村落的景观空间层次。

皖南歙县的水布口村，从其布局可以看出村落选址的基本原则。村落坐南朝北，依山脚沿等高线排列，村落后的山势、茂盛的树木衬托出村落的秀美，弯曲的小河环绕村前，村对面还有丘陵作为屏障。

（二）经济水平

农村经济水平也影响着农村聚落的发展，徽州农村聚落的发展就是一个典

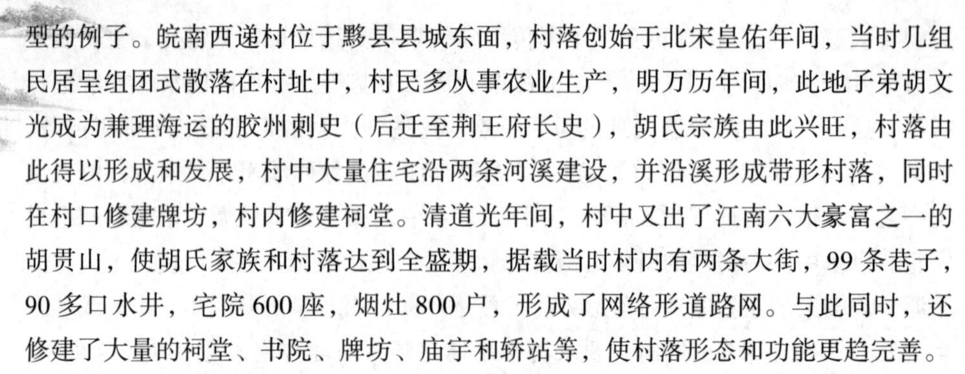

型的例子。皖南西递村位于黟县县城东面，村落创始于北宋皇佑年间，当时几组民居呈组团式散落在村址中，村民多从事农业生产，明万历年间，此地子弟胡文光成为兼理海运的胶州刺史（后迁至荆王府长史），胡氏宗族由此兴旺，村落由此得以形成和发展，村中大量住宅沿两条河溪建设，并沿溪形成带形村落，同时在村口修建牌坊，村内修建祠堂。清道光年间，村中又出了江南六大豪富之一的胡贯山，使胡氏家族和村落达到全盛期，据载当时村内有两条大街，99 条巷子，90 多口水井，宅院 600 座，烟灶 800 户，形成了网络形道路网。与此同时，还修建了大量的祠堂、书院、牌坊、庙宇和轿站等，使村落形态和功能更趋完善。

从西递村明代村落中心和清代中心看，村落形态具有由东部向西南部演变的特点，至今仍可看到沿两条河溪发展的痕迹。西递村的演化也从另一侧面表现出经济基础的作用和其对村落形态的巨大影响。

（三）法律法规

中国古代是一个等级制度森严的国家。等级制度伴随着阶级的出现而产生，它体现在古代社会、政治、经济等各个方面。统治阶级为了达到这一目的，通过国家和法律的途径使等级制度合法化。正如施治生、徐建新在《古代国家的等级制度》的序言中所指出的，在古代国家中划分等级和形成等级制的历史过程中，国家和法律起到了关键的作用。中国先秦时代流行的宗法思想对于推行宗法等级制起到了重要作用。通过国家权力和法律强制性力量，确认等级制的合法性，利用宗教和等级思想意识辩护等级制的合理性，一方面威慑制服各等级成员特别是低等级成员，使其不敢贸然僭越等级界限，破坏等级关系；另一方面则灌输等级意识，使之精神麻痹，安于现状，从而保证等级制稳定强固，经久不衰。从已有的史料可以看出，中国古代的各个历史朝代都有相应的官书作为城市规划和建筑设计的影响，这些官书不仅充分体现了中国古代关于城市规划和建筑设计的思想和理念，也深刻反映了等级制度对城市规划和建筑设计的制约和束缚。

从春秋战国时期开始，在《考工记》《商君书》《管子》及《墨子》等政治、伦理和经史书中，就有了早期的城市规划的思想和理论。《考工记》是春秋末期齐国的“一部有关手工业技术规范的汇集”，也是现知最早的古代官书。《考工记·匠人》中明确规定了“王城”“诸侯城”“都城”的三级城邑营建制度，具体包括城邑的用地面积、道路的宽度、城门数目和城墙高度等。诸如“门阿之制，以为都城之制”“宫隅之制，以为诸侯之城制”“经涂九轨，环涂七轨，野涂五轨”“环涂以为诸侯经涂，野涂以为都经涂”，都充分体现了古代城邑依爵位尊卑而定的礼制营建等级制。《考工记·匠人》中关于“匠人营国，方九里，旁三门，国中九经九纬，经涂九轨，左祖右社，面朝后市，市朝一夫”的方格网布局的营国制度，成为古代都城规划的典范，在朝代不断更替中深刻地影响着中国古代都城建设。无论北魏洛阳、北宋东京、元代大都，还是明清北京等的规划，都可以看出与《考工记·匠人》的营国制度有着明确的渊源关系。以后，唐代颁布了官书《营缮令》，严格规定了官吏和庶民房屋的型制等级制度。宋崇宁二年（1103年），北宋官方颁布了一部建筑设计、施工的规范书——《营造法式》，它是中国古籍中最完整的一部建筑技术专著。其中，提出以“材”“栔”作为设计房屋的模数制。另外，大木作制度还规定“凡构屋之制，皆以材为祖，材分八等，度屋之大小，因而用之”，以明确建筑的等级。这种方法一直沿用至清代。作为中国古代木构架建筑中具有显著特征的结构构件——斗拱成为封建社会中森严等级制度的象征。元代颁布了《经世大典》，其中“工典”门分22个工种，与建筑有关者占半数以上。明代建筑等级制度多纳入《明会典》，另外还有一些具体规章，如《工部厂库须知》等。清代颁布的工部《工程做法》中提出以“斗口”作为度量建筑物的模数制，并且对大木构件尺寸，包括柱高、开间等都做了具体规定。此外，还制定了工程标准，统一了官式建筑的体制，规定了27种房屋的规格，而且还纳入《大清会典》，作为法律等级制度固定下来。以上这些古代官书对城市的营建和建筑的施工有其积极作用的一面，但是也可以看出，封建等级制度其实渗透到城市规划和建筑设计的方方面面，成为不可逾越的鸿沟，制约了理论和技术的进一步发展。

对于农村聚落规划来说，则不属于官方关心之事，因此并没有明文的规范加以限定。

尽管古代官书对农村聚落形态没有明确提出营建制度，但是在制定城邑营建制度的同时还是有所涉及。例如，《考工记》在制定城邑营建制度时，需考虑城邑与城外的郊、田、林、牧地的相互关系。而在《商君书》中，则论述了某一地域内山陵丘谷、城邑道路和农田土地分配的适当比例。这些对农村聚落形态可能会产生一定的影响，但不是决定性的。其实，对农村聚落景观产生巨大影响的还是官书中对民居建筑等级方面的限定。中国古代民居建筑等级制度，早在新石器时代就渐露端倪。夏、商、周时期，等级制度的规定大多围绕宗教和战争等展开，遂至唐宋元明清时期，民居建筑等级制度趋于缜密、明朗、世俗和装饰化。历朝历代的法治对百姓居住建筑更是有严格的规定，如“庶民庐舍，洪武二十六年定制，不过三间五架，不许用斗拱，饰彩色。三十五年复申禁饰，不许造九五间数，房屋虽至一二十所，随其物力，但不许过三间。正统十二年令稍变通之，庶民房屋架多而间少者，不在禁限”。对于民居建筑屋顶的结构形式，也有着严格的等级制度。民居只能采用悬山、硬山屋顶，少数民族地区，根据当地的自然环境、气候条件，采用相适应的平顶、盝顶等。在封建社会里，劳动人民的住宅绝不允许建造庑殿和歇山式屋顶。尽管民居建筑被各种等级制度的条条框框所限制，单体建筑比较单调简陋，但是民居建筑布局相对比较自由，可以组合出变化丰富的建筑群体，并且能够与自然环境有机地融为一体，形成具有浓郁乡土气息的新农村聚落景观。

中国古代农村聚落基本的规划思想主要来源于风水理论、宗族和礼制观念和防御意识等。因此，村落遵循的所谓“君子营建宫室，宗庙为先”“水口之山，欲高而大”“凡山村大屋要河港盘旋”等，也是一种有目的、有规范的规划思想。只是村落规划多讲究因地制宜，对上述原则的把握更侧重于宏观方面罢了。

中华人民共和国成立后30年期间，由于种种原因，村镇建设经历了曲折的发展过程。1949—1957年，中国农村先后开展了土地改革运动，农业合作化运动和爱国卫生运动，农业生产和农村经济得到了恢复并有很大的发展，村镇建设也逐步开展起来。但1953年后，由于实行粮食统购统销和私营工商业改造，集镇开始冷落，集镇建设受到一定影响。在公社化期间，农村集镇失去了作为物质集散中心的作用，不断衰落下来，建设进展缓慢。

改革开放后，政府首先加强了农村房屋建设工作。从1982年起，中国的村镇建设从单一的农房建设进入到各个村庄和集镇进行综合规划、综合建设的新阶段，相应的政策法规也相继出台，确保村镇建设的健康发展。1982年开始，政府有关部门颁发了《村镇规划原则》《关于加强县社建筑勘察设计管理的暂行规定》《关于加强县社建筑施工技术管理的暂行现定》《关于加强集体所有制建筑企业安全生产管理的暂行规定》，对村镇的规划、设计、施工和安全生产都做了明确的规定。1984年，国务院发布了《关于加强乡镇、街道企业环境管理的规定》。1985年以后，国务院办公厅颁布了《村镇建设技术政策要点》和《城乡住宅建设技术政策要点》。政府有关部门印发了《村镇建设管理暂行规定》《村镇建设统一规划、综合建设的几点意见》《工程技术人员支援村镇建设的暂行规定》以及《村镇建设技术人员职称评定和晋升试行通则》等。1987年，全国人大常委会通过的《土地管理法》，在法律上明确规定了村镇建设用地必须以规划为依据。与此同时，有关部门也在加快有关村镇规划方面的法规和标准的制定工作。1993年6月，国务院发布《村庄和集镇规划建设管理条例》，同年，作为国家标准的《村镇规划标准》也于9月颁布实施。1995年6月，原建设部发布了《建制镇规划建设管理办法》。2000年2月，原建设部再次修改并发布了《村镇规划编制办法（试行）》。随着各项法规、条例、要点、规定的实施，中国的村镇建设开始走上法制化的轨道。

由于近年来村镇的快速发展，原来实施的有关法规已经不能满足发展的需要，为此，原建设部标准定额司于2003年开始征集《工程建设标准体系（城乡规划、城镇建设、房屋建筑部分）》中14项村镇规划、建设的标准规范的编制单位。需要编制的标准规范具体包括《村镇规划基础资料搜集规程》《村镇体系规划规范》《村镇用地评定标准》《村镇居住用地规划规范》《村镇生产与仓储用地规划规范》《村镇绿地规划规范》《村镇环境保护规划规范》《村镇道路交通规划规范》《村镇公用工程规划规范》《村镇防灾规划规范》《村镇给水工程技术规程》《村镇排水工程技术规程》《村镇绿地分类标准》《村镇建筑抗震技术规程》14项村镇规划、建设的标准规范。这将是我国关于村镇建设方面比较全面的一套标准规范，对今后新农村聚落景观的发展产生一定的影响。

三、农村聚落形态的基本类型

农村聚落形态主要指聚落的平面形态。传统农村聚落大多是自发性形成的，其聚落形态体现了周围环境多种因素的作用和影响。尽管农村聚落形态表现出千变万化的布局形式，但归纳起来主要有两大类四种形态。

（一）集聚型

在集聚型农村聚落内，按聚落延展形式又可分为以下三种形式。

1. 团状

这是中国最为常见的农村聚落形态。一般平原地区和盆地的聚落，多属于这一类型。聚落平面形态近于圆形或不规则多边形。其南北轴与东西轴基本相等，或大致呈长方形。这种聚落一般位于耕作地区的中心或近中心，而地形有利于建造聚落的部位。

2. 带状

一般位于平原地区，在河道、湖岸（海岸）、道路附近而呈条带状延伸。这里接近水源和道路，既能满足生活用水和农业灌溉的需要，也能方便交通和贸易活动的需要。这种农村聚落布局多沿水陆运输线延伸，河道走向或道路走向成为聚落展开的依据和边界。在地形复杂的背山面水地区，联系两个不同标高的道路往往成为农村聚落布局的轴线；在水网地区，农村聚落往往依河岸或夹河修建；在黄土高原，农村聚落多依山谷、冲沟的阶地伸展而建；在平原地区，农村聚落往往以一条主要道路为骨架展开。

3. 环状

这是指山区环山聚落及河、湖、塘畔的环水聚落。它也是串珠状聚落及条带状聚落的一种，有的地方称为“绕山建”，这种聚落类型并不常见。

（二）散漫型

其实称它为聚落不十分确切，它只是散布在地面上的居民住宅而已。在我国，散村大多是按一定方向，沿河或沿大道做带状延伸。它广泛分布于全国各地，东北称这种散村为“拉拉街”，住宅沿道路分布，偶有几户相连，其余一幢幢住宅之间均相隔百十米，整个聚落延伸达一二千米至三四千米。个别可达十余千米（如黑龙江省密山县朝阳村达 12 千米）。这种布局对公共福利设施及村内居民活动均不方便，对机械化也不利。

四、农村聚落的景观构成

人们对于农村聚落的总体印象是由一系列单一印象叠加起来的，而单一印象又经人们多次感受所形成。人们对农村聚落的印象和识别，很多是通过农村聚落的景观形象而获取的。凯文·林奇（Kevin Lynch）在《城市意象》（*The Image of the City*）一书中把道路、边界、区域、节点和标志物作为构成城市意象中物质形态的五种元素。林奇认为这些元素的应用更为普遍，它们总是不断地出现在各种各样的环境意象中。乡村聚落是与城市相对的，尽管两者形式各异，面貌不同，但是构成景观空间的要素是大同小异的。

（一）空间层次

当人们由外向内，对典型农村聚落进行考查时，会发现村镇景观并非一目了然，内部空间也不是均质化处理，而是有层次，呈序列地展现出来，村镇的空间层次主要表现在村周环境、村边公共建筑、村中广场和居住区内节点四个层次。① 水口建筑是村镇领域与外界空间的界定标志，加强了周边自然环境的闭合性和防卫性，具有对外封闭、对内开放的双重性，是聚落景观的第一道层次。② 转过水口，再经过一段田野等自然环境，就可以看到村镇的整体形象，许多村镇在村镇周围或主要道路旁布置有祠堂、鼓楼、庙宇、书院和牌坊等公共建筑。这些村边建筑以其特有的高大华丽表现出村镇的文化特征和经济实力，使村边景观具有开放性和标志性，是展示村镇景观的重点和第二道层次。③ 穿过一段居住区中的街巷，在村中的核心部位可以发现一个由公共建筑围合的广场，这个处于相对开敞的场所，由于村民举行各种公共活动，与封闭的街巷形成空间对比，是展示聚落景观的高潮和第三道层次。④ 在鳞次栉比的居住区中，还可以发现由井台、支祠、更楼等形成的节点空间，构成了村民们日常活动的场所和次要中心，可以看作聚落景观的第四个层次。

（二）景观构成

1. 边沿景观

农村聚落边沿是指聚落与农田的交接处，特别是靠近村口的边沿，往往是人们重点处理的地区，它往往表现出村落的文化氛围和经济基础。从现有资料中，可以发现村边多布置祠堂、庙宇、书院等建筑，以这些公共建筑为主体或中心的聚落边沿往往表现出丰富的聚落立面和景观，如皖南黟县宏村南湖的边沿景观。

2. 居住区

农村聚落中居住区具有连续的形体特征或是相同的砖砌材料和色彩，正是这种具有同一性的构成要素形成了具有特色的居住区景观。在聚族而居的地区，组团是构成居住区的基本单位。组团往往由同一始祖发源的子孙住宅组成，或以分家的数兄弟为核心组成组团，如皖南关麓村，由兄弟八家为核心组成组团次中心，各组团间既分离又有门道相通，表现出聚族而居的特性。

3. 广场

农村聚落中的广场是景观节点的一种，同时具有道路连接和人流集中的特点，它也是农村聚落的中心和景观标志。在传统农村聚落中，较常见的广场有宗教性广场（如九华山上的九华街广场）、商业性广场（云南大理周城四方街广场）和生活性广场（皖南宏村的“月塘”广场）。在多数情况下，广场作为农村聚落中公共建筑的扩展，通过与道路空间的融合而存在，是聚落中居民活动的中心场所，许多农村聚落都以广场为中心进行布局。

4. 标志性景观

在农村聚落周边，往往散布着一些零散的景观，这些景观的平面规模不大，但往往因其竖向高耸或横向展开，加之与地形的结合，成为整个聚落景观的补充或聚落轮廓线的中心，它们往往与周围山川格局一样成为村镇内部的对景和欣赏对象。常见的标志性景观有古树（也称风水树，如云南村落的大榕树）、桥、塔、文昌阁、魁星楼和庙宇等，这些标志性景观多位于水口和聚落周围的山上。比如，皖南西递村水口图上就有文峰塔、文昌阁、魁星楼、关帝庙、水口庵、牌坊等标志性景观。

5. 街巷

传统农村聚落的街巷是由民居聚合而成，它是连接聚落节点的纽带。街巷充满了人情味，充分体现了“场所感”，是一种人性空间。这种街巷空间为新农村居民的交往提供了必要和有益的场所，它是居住环境的扩展和延伸，并与公共空间交融，成为农村居民最依赖的生活场所，具有无限的生机和活力。

6. 水系

农村聚落的选址大多与水有关，除了利用聚落周围的河流、湖泊外，人们还设法引水进村，开池蓄水，设规调节水位，不仅方便日常生活使用和防火，而且还成为美化和活跃农村聚落景观的重要元素。比如，皖南的棠樾村就是设规调节水位；皖南的呈坎村引水入村，沿街布局，使水流经各户宅前屋后；皖南黟县宏村引水入村，并开池蓄水形成“月塘”等。

第二节 农村聚落景观形态的演变与构成

中国农业产生于新石器时代，是世界农业发源地之一，距今已有八九千年的悠久历史。在漫长的发展过程中，中国农业曾有过许多领先于世界的发明创造，但是也经历过长期停滞不前的时期。

农业景观是人类长期社会经济活动干扰的产物，不仅在建立大的生产综合体和城市时需要改造自然，改造正常的农业、山地、荒漠和冻原时亦然。产生这种需要的原因在于，人们对土地生产力的要求在不断增长，人们力求提高过去已开发的土地的生产力，并继续开发不生产的地域和水域。

一、演变阶段

从人文学科的角度，乡村这个特定的经济区域分为五个历史发展阶段，即原始型乡村、古代型乡村、近代型乡村、现代型乡村和未来型乡村。目前，中国乡村正处于由近代型向现代型过渡的阶段。虽然乡村的五个历史发展阶段能反映出农业景观演变的一些特征和原因，但是这不能作为农业景观演变阶段划分的依据。农业景观的演变与农业科技的发展密不可分，因此农业景观演变阶段的划分不仅要考虑社会发展史，更重要的是要结合农业发展史，才能更全面地分析不同历史阶段农业景观演变的原因。从世界农业发展史来看，农业生产大体上经历了原始农业、古代农业和现代农业三个阶段，这是以农业生产工具和土地利用方式的不断改进作为划分依据的，这也是农业景观演变的根本原因。据此，中国农业景观的发展演变也经历了三个阶段，首先是原始农业景观阶段，其次是传统农业景观阶段，最后是现代农业景观阶段。由于地理区位的差异，实际上三个阶段之间是相互交错重叠的发展关系。

（一）原始农业景观阶段

原始农业是以磨制石器工具为主，采用撂荒耕作的方法，通过简单协作的集体劳动方式来进行生产的农业。中国的原始农业约有一万年的历史。

当时的农业生产工具以磨制石器为主，同时也广泛使用骨器、角器、蚌器和木器。生产工具的种类包括：整地工具如用来砍伐树木和清理场地的石斧，收割工具如石刀、石镰、骨镰、蚌镰等。

原始农业对土地的利用可分为刀耕和锄耕两个阶段。刀耕或称“刀耕火种”，是利用石刀之类砍伐树木，纵火焚烧开垦荒地，用尖头木棒凿地成孔点播种子；土地不施肥，不除草，只利用一年，收获种子后即弃去。等撂荒的土地长出新的草木，土壤肥力恢复后再行刀耕利用。在这种情况下，耕种者的住所简陋，年年迁徙。到了锄耕阶段，有了石耜、石铲等农具，可以对土壤进行翻掘、碎土等加工，植物在同一块土地上可以有一定时期的连年种植，人们的住处因而可以相对定居下来，形成村落，为以后逐渐用休闲代替撂荒创造了条件。

在新石器时代早期，尽管已有了原始种植业和饲养业，但采集和渔猎仍占重要地位；直至新石器时代晚期，在农业相对发展，人们已经定居下来以后，采集和渔猎仍占一定地位，这是原始农业结构的特点。

中国南北各地的新石器时代考古发掘表明，中国的原始农业不是起源于一地，而是以黄河流域和长江流域两大主要起源中心发展起来的。当时北方黄河流域是春季干旱少雨的黄土地带，以种植抗旱耐瘠薄的粟为代表；而长江流域以南是遍布沼泽的水乡，以栽培性喜高温多湿的水稻为代表，它们各自在扩展、传播中交融。到了新石器时代晚期，水稻的种植已推进到河南、山东境内，而粟和麦类也陆续传播到东南和西南各地，逐渐形成中国农业的特色。

原始农业景观阶段的生产水平较低，农业生产对自然条件的依赖较大，自然化程度高。

（二）传统农业景观阶段

古代农业是使用铁、木农具，利用人力、畜力、水力、风力和自然肥料，凭借或主要凭借直接经验从事生产活动的农业。由于这一时期农业主要是在生产过程中通过积累经验的方式来传承应用并有所发展的，又常称之为传统农业。

中国的传统农业起源于春秋战国时期，正是从奴隶社会到封建社会的过渡时期。这个阶段农业生产巨大发展的突出标志是铁制农具的出现，不仅使人类改造自然条件的能力大为增强，而且使整个农业生产面貌随之大大改观。由于开始使用铁犁牛耕，便于深耕细作，农业生产出现了一次质的飞跃。在土地利用方式上，基本上结束了撂荒制，开始走上了土地连种制的道路，充分利用土地的精耕细作，种植业和养畜业进一步分离。

封建地主制下的小农经济为农业生产提供了有利条件。这一时期除扩大耕地

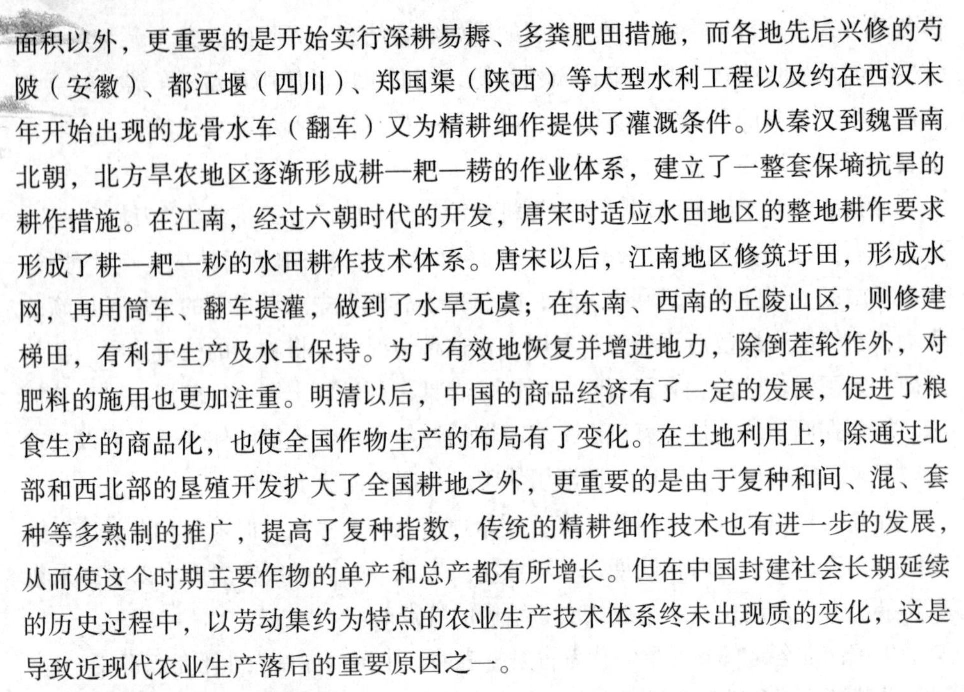

面积以外，更重要的是开始实行深耕易耨、多粪肥田措施，而各地先后兴修的芍陂（安徽）、都江堰（四川）、郑国渠（陕西）等大型水利工程以及约在西汉末年开始出现的龙骨水车（翻车）又为精耕细作提供了灌溉条件。从秦汉到魏晋南北朝，北方旱农地区逐渐形成耕—耙—耢的作业体系，建立了一整套保墒抗旱的耕作措施。在江南，经过六朝时代的开发，唐宋时适应水田地区的整地耕作要求形成了耕—耙—耖的水田耕作技术体系。唐宋以后，江南地区修筑圩田，形成水网，再用筒车、翻车提灌，做到了水旱无虞；在东南、西南的丘陵山区，则修建梯田，有利于生产及水土保持。为了有效地恢复并增进地力，除倒茬轮作外，对肥料的施用也更加注重。明清以后，中国的商品经济有了一定的发展，促进了粮食生产的商品化，也使全国作物生产的布局有了变化。在土地利用上，除通过北部和西北部的垦殖开发扩大了全国耕地之外，更重要的是由于复种和间、混、套种等多熟制的推广，提高了复种指数，传统的精耕细作技术也有进一步的发展，从而使这个时期主要作物的单产和总产都有所增长。但在中国封建社会长期延续的历史过程中，以劳动集约为特点的农业生产技术体系终未出现质的变化，这是导致近现代农业生产落后的重要原因之一。

（三）现代农业景观阶段

现代农业是有工业技术装备，以实验科学为指导，主要从事商品生产的农业。严格意义上的现代农业阶段，是在 20 世纪初采用了动力机械和人工合成化肥以后开始的，它着重依靠的是机械、化肥、农药和水利灌溉等技术，是由工业部门提供大量物质和能源的农业。现代农业在提高劳动生产率的同时，对环境的污染也日益加重，这已成为现代农业面临的迫切问题之一。

中国从清末至民国初年开始陆续引入西方的近代农业科学技术，如农业机械、化学肥料和农药等，标志着中国开始从传统农业向现代农业过渡。由于近代帝国主义的入侵使中国沦为半封建半殖民地，农业日益落后于发达的资本主义国家，基本处于停滞状态。直到 1949 年中华人民共和国成立后，中国农业才结束了停滞的历史，进入了传统农业向现代农业过渡的快速发展时期。

从传统农业到现代农业的转变过程中，农田景观因受人类社会经济活动干扰，发生了巨大的改变。迫于人口增长对粮食增产的需求，为提高作物产量，过分依赖于化肥、农药等的使用，导致土壤、水体、农产品受到污染，生物多样性下降，病虫害产生抗药性，农田生态平衡失调。随着人类环境意识和食物安全需求的提高，无污染农产品生产已经成为世界农业发展的趋势。以提高能量（光能、石化能等）利用率，降低化肥、农药使用量为核心，建立无污染安全生产体系成为农业科学研究的前沿和重点。农田环境及其质量是建立这一体系的基础。

在自然环境和人类活动的双重影响下，农田景观结构发生了深刻的变化，在研究农田景观演变规律及其驱动力的基础上，探索农田斑块中各种能流、物流以及生物运移规律，对农业生态系统的优化、农田生态系统的科学规划具有重要的理论意义和实践价值。

随着科学技术的突破性进展及其在农业领域的成功应用，现代农业正在向持续农业、生态农业、基因农业、精细农业、工厂化农业和蓝色农业等方向发展。

二、景观特征

不同阶段的农业景观特征是不一样的，具体体现在生产工具、土地利用、自然化程度、景观规模、景观多样性、物种多样性以及生态环境等方面。

（一）原始农业景观特征

（1）生产工具：人类改造自然的能力极其有限，生产水平很低，农具的材料以石、骨、蚌、木为主，生产工具较原始落后。

（2）土地利用：这一阶段土地利用方式采用撂荒农作制，根据土地利用时间的长短，撂荒农作制又分为生荒农作制和熟荒农作制两种。并从早期的生荒制逐步过渡到晚期的熟荒制，土地利用率较低。

（3）自然化程度：农业生产对自然条件的依赖较大，在生荒制时期，养地或土壤肥力的恢复完全依靠自然力，即使到了熟荒制时期，人力因素逐渐加强，但是仍然主要依靠自然力，自然化程度相当高。

（4）景观规模：尽管当时采用撂荒农作制的土地利用方式，加大了对耕地的实际需求，但是当时人口聚居规模较小，农业景观规模也相对较小。

（5）景观多样性：当时的农作物北方以“粟”为主，南方以“水稻”为主，后来它们各自在扩展、传播中交融。稻米、高粱、黄豆、麦、黍（黏米）、稷（不黏）等“六谷”逐渐成为当时人们的主食，终于形成中国农业的特色，但当时农作物和种植物种类较少，农业景观多样性较低。

（6）物种多样性：人类改造自然的能力极其有限，人类基本上能够与大自然和谐相处，很好地保持了自然界的生态平衡，物种十分丰富。

（7）生态环境：这个时期常被形容为“掠夺式”发展，说它破坏森林，导致水土流失等；这主要是由于农耕文明初期，聚落人口少，刀耕火种所清除的林地，需要经过一定时间休息才可以恢复正常，但从长期作用效果看并不构成对以森林资源为代表的自然环境的破坏。只是发展到后期当人口的增长超越了森林资源所能恢复的临界点，无法恢复，才导致自然环境的破坏。因此，这一时期的生态环境相对较好。

（二）传统农业景观特征

（1）生产工具：春秋战国时期，由于冶铁业的兴起，农具出现了一次历史性的变革——铁制农具代替了木、石材料农具，从而使农业生产力有了质的飞跃。

（2）土地利用：土地利用方式逐步废弃了撂荒制而采用连种制和其他耕作方式，土地利用率较原始农业景观阶段有所提高。

（3）自然化程度：农业科技的发展使农业生产中依靠人力的因素得到进一步加强，自然化程度逐步降低。

（4）景观规模：由于人口的急剧增长，加大了对耕地的需求，出现了毁林开荒、围湖造田等现象，农业景观规模逐步扩大。

（5）景观多样性：战国、秦汉时期的主要蔬菜有葵、藿、薤、葱、韭五种，即《黄帝内经·素问》中所说的“五菜”。魏晋至唐宋时期，蔬菜品种不断增多。之后，还从印度、泰国、尼泊尔等国及地中海一带引进了黄瓜、茄子、菠菜、莴苣、扁豆、刀豆等新品种。此外，明代中期从国外引进了玉米、甘薯、马铃薯等，农作物和种植物种类的增加，使农业景观多样性急剧增加。

（6）物种多样性：由于非理性的掠夺性开发活动，包括毁林开荒、围湖造田等，严重破坏了生态平衡，导致环境质量恶化。生物物种较原始农业阶段有所减少。

（7）生态环境：人口压力的不断加重，迫使人类向自然索取资源和空间。过度的开发超越了环境负载力，草原不断被蚕食，沙漠面积不断扩大，使自然环境中人工的烙印越来越清晰，自然生态环境遭到一定的破坏。而农业生产，因为它充分利用人们丢弃的有机质废物，返回农田，是一种“循环式”发展。所以，农业生态系统相对比较稳定。

（三）现代农业景观特征

（1）生产工具：工业和科学技术的迅猛发展，创造了大量的现代化农业生产工具，农业机械化使生产效率得到显著提高。

（2）土地利用：现代农业的发展使大面积的集约化农田出现成为可能，土地利用得到显著提高。

（3）自然化程度：尽管自然条件对现代农业仍有影响，但农业生产主要依靠人力因素，自然化程度进一步降低。

（4）景观规模：集约化农业生产使农业景观规模较传统农业景观阶段有明显增大，但是高科技的应用又使景观规模变小。

（5）景观多样性：农业的专门化和机械化使农业景观变得十分单调，生产量上升的代价是景观多样性的降低。

（6）生物多样性：依赖于化肥、农药以提高农业生产量，导致土壤、水体、农产品受到污染，生物多样性下降。而且，农业的专门化和机械化也降低了生物多样性。

（7）生态环境：现代农业广泛使用化肥、农药，不仅污染了环境，增加了土壤的侵蚀，而且使病虫害产生抗药性，造成农田生态平衡失调。

三、演变原因

农业景观的演变不仅有其自然、历史、社会的原因，而且与人们的认识和生产力水平密切相关。农业景观的形成有其历史、自然、人文等原因，比较复杂。

（一）自然因素

由于中国南北各地气候、地貌条件的差异，产生出不同的农业景观体系。正如《淮南子·齐俗训》所言："水处者渔，山处者木，谷处者牧，陆处者农。"一定的地理条件对应于一定的农田耕作系统，从而形成不同的农业景观格局。例如，在华北平原，雨水较少，旱作农业发达，形成了旱地农业景观；在南方，雨水丰富，河网密布，水位较高，形成了圩田农业景观；而在山地，尤其是南方山地，则产生了梯田农业景观。正是不同的自然条件造就了中国丰富多彩的农业景观形态。

1.北方的旱地农业景观

旱地农业景观主要分布于秦岭—淮河一线以北，中国北方16个省（区、市）旱地面积占全国旱地总数近74%。作为中国农业文明最早发达的地区，华北平原，包括关中平原的旱地农业景观为中华农业景观的形成发展做出了巨大奉献。北方旱地中，既有平耕地，又有坡耕地。旱地的耕作，很大限度上依靠水利灌溉设施。除了大范围的农田水利建设以外，清代时北方还发展了井灌，在某些地区甚至成为水利灌溉的主要方式。灌溉发达地区，还有水稻种植（实际上，至宋代时北方种植水稻已有数千年历史）。

2.南方的圩田（垛田、垸田）农业景观

水田主要分布于秦岭—淮河一线以南，即长江中下游、华南、西南部分地区，上述三个地区水田面积占全国水田总面积的90%以上。在南方水田耕作系统中，尤以圩田系统更具文化意义，引起学者高度重视。太湖平原、苏北里下河平原、鄱阳湖平原和洞庭湖平原等地，依据各地的地理条件分别出现了圩田和类似的垛田、垸田耕作制度。

自晚唐五代以来，圩田（围田）逐渐成为江浙一带农田最重要的形式。圩田实际上是一个筑堤围裹浅水沼泽或河湖滩地、傍水垦殖的过程。太湖地区修筑圩

田的历史可追溯至春秋吴越时期。自春秋至唐后期，在屯田营田制度的促进下，千百年间依靠国家力量，集中社会能力，经过无数次统一组织下的辛勤劳动，横塘纵浦密度增大，在太湖平原逐渐形成棋盘式的塘浦圩田系统，使太湖低洼地区逐步变成“苏湖熟，天下足”的全国重要粮仓之一。长江中游两湖沿江地区所围垦的垸田，实际上同太湖地区的圩田一样，只不过名称不同罢了。

水车是圩田、垸田兴起的必要条件之一，而唐末五代时水车已在江南开始推广使用。以水为动力的龙骨车产生以后，为湖区大规模兴建水田提供了必需的技术装备，同时南方水稻田精耕细作的犁、耙耕作技术系统也于北宋时期形成。在此背景下，到南宋后期江汉平原的垸田开始大量出现。

3. 山区的梯田农业景观

中国是个多山的国家，丘陵、山区县占全国总县（市）数的70%以上。当人口增长对土地的需求达到一定数量时，平原和谷地已不能满足人口对耕地的需要。人口增长的压力一方面使人们在粮食单产上下功夫，另一方面向山地进发，开垦梯田。

中国人很早以前就开始沿山坡修筑梯田。根据战国时宋玉的《高唐赋》中“若丽山之孤亩”的说法，可能那时已有梯田。但梯田较大的发展，是在唐、宋时期。范成大《骖鸾录》中记述定州（今江西宜春）一带的梯田时说：“（仰山）岭阪上皆禾田，层层而上至顶，名梯田。”这是迄今有关梯田的最早记载。宋代南方的福建、江西、湖南等地，农民多开梯田。

梯田是坡耕地中的一种。沿坡度大于8度的山坡开垦的耕地称为坡耕地。据统计，目前中国坡耕地面积占全国耕地面积的35%以上。在全国4.65×10^7公顷坡耕地中，梯田的面积达8.33×10^6公顷，占全国耕地总面积的6.3%。梯田在全国的分布以黄土高原、华北、西南和青藏地区最为集中，并构成了当地一大文化景观。

4. 甘肃的砂田农业景观

砂田，大约产生于明代中期，至今已有四五百年的历史。砂田主要分布在中国甘肃省中部，是陇中地区特有的一种农田。这种田里铺满了粗砂与卵石而见不到田土，禾苗生长在砂石之间，形成了独树一帜的农田景观。陇中地区属典型的大陆性气候，年蒸发量竟达1 500毫米以上，气候极为干旱。这样的自然条件极不利于作物生长，所以自古以来，当地人民就十分注意蓄水保墒。

经过长期的探索与实践，当地人民找到一种能够抗御干旱的栽培方法，就是砂田栽培法。它具有显著的蓄水保墒、保土、保温、压碱及免耕等旱作技术，较好地解决了该地区农业生产中最为突出的抗旱问题，所以一经产生，就备受钟爱，沿用不衰，至今仍然发挥着效益，成为当地人民在农业生产中与干旱做斗争的主要耕作形式。在此基础上，当地人民又开创了梯田式砂田，既解决了山区坡地铺砂易被山洪冲刷而影响砂田质量的问题，又极大丰富了当地的乡村景观。

（二）社会因素

影响农业景观形态演变的社会因素包括很多方面，主要有土地制度、生产力水平、土地利用方式以及人口规模等因素。其中，土地制度是决定因素。历代政府在建国初期都会制定相应的有利于社会经济发展的土地制度，在一定程度上激发了农民的劳动热情，有利于生产力水平的提高和土地利用方式的改变。社会的繁荣与稳定也使人口规模急剧增长，从而进一步促进农业的发展。相反，则会阻碍农业的发展。

1.土地制度

土地制度是土地的所有制和分配制度，它是农业景观形态发展和演变的核心。农业离不开土地，而不同历史时期的土地制度影响了农业的发展水平，对社会经济的发展至关重要。从古至今，在纷繁复杂的土地制度演变中，以下几种土地制度对农业景观形态产生过深刻而巨大的影响。

（1）井田制。奴隶社会的土地由原始社会的公有转变为以王为代表的整个奴隶主阶级所有。土地的所有权属于“商王”或“周王”，而得到封地的奴隶主对土地只有使用权，不能私自转让或买卖。由于当时农业生产力低，人口稀少，土地相对过剩，因而产生了“井田制”。井田制度是计口授田，这是中国历史上最早的按劳动力数量分配耕地的办法。井田制有两种含义：一是田地的形式。土地被划分成九块，每个方块大致为一百亩，称为“一田”。田与田之间，开沟修路，既是水利，又是田界，便于农业灌溉和劳作时行走。这种对土地的划分，很像“井”字，故称“井田”，形成了当时特殊的农田景观形态。二是经营方式。按“井”字形划分的九块，中央一块为“公田”，周边的八块是分授给八夫的“私田”。每块“私田”的收获归一夫所有，而“公田”由八夫无偿代耕，收获全部缴交奴隶主，是一种劳役地租形态。农奴依附于“井田”，通过集体劳动进行大规模的土地开垦和种植。“井田制”始于夏朝，西周时得到充分发展，春秋时代逐渐瓦解。“井田制”废除的最主要原因在于随着农业生产力的提高，在利益的驱使下，奴隶主迫使奴隶开垦大量的“私田”，使“公田”逐渐荒废，国家的收入越来越少。为了适应形势的变化，许多国家开始改变土地制度，允许土地买卖，封建土地制度逐渐形成。直到战国中期商鞅变法，“井田制”在中国历史上逐渐消失，但“井田制”中的一夫治田百亩却影响深远。

（2）屯田制。中国历代封建政府都有过“屯田”的农业生产组织形式。“屯田”是政府组织劳动者在官地上进行开垦耕作，以满足经济的发展和战争的需要，因耕种者的不同而有“军屯”和“民屯”之分。“屯田制”对于开发边疆，抵御外敌和发展农业生产都起到了一定作用。汉代的“屯田”对后世影响很大。汉武帝元狩四年（公元前 119 年）击败匈奴后，在国土西陲进行大规模屯田，以给养边防军，这是所谓的“边防屯田”。自此历代都推行过“边防屯田”，尤其在战争年代，出于军事需要，更加注重“屯田”。有些“屯田”虽设置在中原地区，但因列国分立，仍然属于“边防屯田”。真正的内地屯田在东汉、曹魏、北魏和唐代都曾有过，不过为时短暂，成绩也不如“边防屯田”那么显著。金、元以后，“屯田”的地域分布发生了变化。金政府为了稳定统治，驻军内外各地，“屯田”遍及内地和边陲。元朝幅员辽阔，“内而各卫，外而行省，皆立屯田”（《元史·兵志三》）。明代继承元代的军户制度，军户子孙世代为兵，作战而外，平时屯种。明代的兵士大致以 5 600 人为卫，1 120 人为千户所，112 人为百户所，军屯组织是和卫所制度相适应的，卫所屯田因此遍及全国。清代除保留漕运屯田外，裁撤卫所屯军，八旗和绿营诸兵都仰食于官府，屯田制度进入尾声。

历代“屯田”规模不一。西汉自汉武帝以来“军屯”动用的戍卒累计有 66 万余人，进行“民屯”的徙民人口约 80 万。唐代“屯田”规模得到进一步扩大，最多时面积达 5 万多顷。宋代“屯田”不多，北宋真宗时有 4 200 余顷。元代在各行省普设“屯田”，面积达 17 万 5 千顷。明代达到极盛，“屯田”遍及全国，面积约达 64 万余顷。

“屯田制”是国家组织的、具有一定规模的农业生产形式，不同于小农经济的生产模式。尽管“屯田制”的景观比较单一，但能集中人力和物力，对有效地开拓可耕地、兴修较大的水利工程、推广一些先进的生产技术和推动社会生产力的发展起到了积极的作用，在一定程度上还极大地丰富了整个农业景观形态。

（3）占田制。“占田制”始于西晋，是为了在保护世族地主利益的前提下发展小农经济的田制，以平衡国家与地主争夺土地人口的矛盾。

关于“占田制”的具体办法，西晋王朝对贵族官僚和一般平民做了完全不同的规定，对各级官吏的占田是按品第规定的。一品官可以占田五十顷，以下每低一品，递减五顷，到第九品官尚可占田十顷。而对一般平民则规定：“男子一人占田七十亩，女子三十亩。丁男课田五十亩，丁女二十亩，次丁男半之，女则不课”。一般平民中一夫一妇合起来可以占田一百亩，这和“井田制”中的一夫治田百亩大体相当。“占田制”在使世族、官僚的大土地私有制法典化的同时，也承认小农土地私有的合法性，这对鼓励农民垦荒种植，发展农业生产，有一定的积极意义。

（4）均田制。“均田制”始于北魏孝文帝太和九年（公元 485 年），历北齐、北周、隋朝和唐朝前期，存在了将近三个世纪。

其内容就是：均田制的实施是按劳动力的强弱，将无主土地按等次分给人民，所以它包含授田的对象、亩数、种类、授还田的规定等。授田的种类包括露田、麻田、桑田及宅地等。不同时期，不同种类田地的授田数量根据不同的授田对象都有明确的规定。一般来说，前两类所有权归国家，不得买卖，后两类则可作为祖业传给子孙，并允许自由买卖。

均田制的推行，使农民获得一定数量的土地，限制豪强地主和贵族的土地兼并，对于恢复和发展农业生产、增加国家的赋税收入、巩固封建统治起到了积极作用。均田制是当时社会历史条件下一种切实可行的土地制度，在上述历代实行的早期都为促进社会经济和农业发展做出了贡献。但是均田制度承认土地私有权与土地所有面积的差别，并不是普遍计口授田，因而贫富不均的根源不但不能消除，而且因为大土地所有制的发展，土地兼并和贫富不均的现象反而逐渐加剧起来，这就是造成均田制度破坏的主要因素。

2. 生产力水平

生产力水平对农业景观的影响体现在农业科技的发展水平上。农业景观的产生和演变与农业科技的发展是同步进行并相互促进的。农业科技不仅能有效地提高劳动效率，而且改变了农业生产方式，使整个农业生产面貌得以改观，极大地丰富了农业景观。

（1）农具。在原始农业时期，农业生产粗放，农具的材料以石、骨、蚌、木为主；种类可分为农耕用、收割用和加工用三类。直到春秋战国时期，由于冶铁术的发明，铁制农具的出现，这一时期成为中国农具史上第一次大变革时期，农业生产力开始有了质的飞跃。秦汉至隋唐、五代，随着冶铁业的不断发展和农业生产的需要，农具的种类也随之增加。具有代表性的是铁犁和耙的出现，更有利于深耕、碎土和平整土地。播种耧车的出现，则是提高农业生产效率的一个重大进步。此外，唐代还创造了连筒、筒车、桶车、水轮等效率更高的灌溉工具。宋元时期是中国农具史上第二次大变革时期，这一时期的农具在动力的利用、机具的改进、种类的增加和使用的范围等方面，都大大超过了前代，也居于世界领先地位。元代《王祯农书》中所收录的“农器图谱”就达105种之多。明清农具发展比较缓慢，较之元代无多大变化，只是在某些农具上进行了改进。

（2）农田水利。自古以来，水利一直是农业的命脉。农田水利不仅孕育了中国的农业文明，而且在抗旱和防洪调蓄等方面发挥着重要作用，在中国农业发展史上占据重要的地位。

远古时代大禹治水，“平治水土”的传说，一直为人们所传颂。以水促土，水土并重，成为中华民族的优良传统。早期农田水利的代表形式是战国以前与“井田制”相适应的小型灌排渠道——沟洫，是“通水于田，泄水于川”思想的体现。据《周礼》的描述，当时的沟洫大致可按功用不同和所控制的灌溉面积大小，分为浍、洫、沟、遂、畎、列各级，分别起着向农田引水、输水、配水、灌水以及从农田排水的作用，形成有灌有排的农田水利体制。春秋战国时期铁制工具的大量使用，为大兴农田水利创造了物质条件，农田水利建设取得了巨大成就。具有代表性的水利工程有：我国最早和最大的陂塘蓄水工程——芍陂（今安徽省寿县）；战国初年，魏国邺令西门豹主持兴建了中国最早的海河流域的大型渠系——漳水十二渠（今河北临漳一带）；秦蜀守李冰主持（公元前256年—前251年）修建了长江流域举世闻名的综合性水利枢纽工程——都江堰（原四川灌县），如今仍然发挥着重要作用，并成为当地著名的旅游景观；泾河流域方面，由水利家郑国主持兴建，西引径水，东注洛水，干渠全长150千米，灌溉面积号称4万余公顷的郑国渠；东汉永和五年（公元140年）修建的钱塘江流域水利工程——绍兴鉴湖；唐宋时期，江南水利成就最大、功效最突出的水利设施——太湖圩田；北宋时期兴建的水利工程——木兰陂（今福建省莆田县境内），距今有九百多年的历史，是我国现存最为完整的古代大型水利工程之一。除上述一些大型渠系外，肢塘蓄水、陂渠串联、水库蓄水、坎儿井以及凿井等灌溉工程也相继兴起，并利用水利工程对淤灌、放淤和盐渍地进行了改良，充分发挥农田水利的作用。

农田水利在发展农业的同时，作为农业景观要素的一个重要组成部分，与农田景观有机地结合在一起，增加了农业的景观多样性和生物多样性，丰富了农业景观形态。

3. 土地利用方式

在农业中，土地是基本的生产资料，既是农业生产活动的基地，又是农业生产的劳动对象和劳动手段。从某种意义上说，没有土地就没有农业。因此，合理利用土地，对农业生产和国民经济的发展具有重要的意义。农业土地利用方式主要体现在古代农作制上，这是由不同历史时期生产力水平所决定的；同时，不同的土地利用方式也影响了农业景观形态，形成了不同时期的农业景观特点。

中国古代农作制或称耕作制的发展过程不是完全连续的，而是既前后衔接又前后交错的，大致经历了以下几个发展阶段。

（1）撂荒制。撂荒制是原始农业早期的一种土地利用方式，即新开地种植一年，即予抛弃，第二年另找新地开垦。在这种农作制下，人们年年迁徙，没有固定住所，被抛弃的土地经许多年依靠自然植被自发恢复地力后，才能再行开荒利用。

（2）轮荒制。距今七八千年至四五千年前，中国进入了锄耕农业阶段。在此阶段，人们普遍采用耕种若干年、撂荒若干年的轮荒制。采用轮荒制使土地利用率有了一定提高，也由完全依靠自然力养地转变为半靠自然力和半靠人力养地，人们的生活也转变为相对稳定的定居生活。

（3）田莱制。距今四千年至两千三百年前的原始农业后期，中国进入了奴隶社会。这一时期是以"菑、新、畬""田莱制"为代表的短期和定期的轮荒制。所谓"田莱制"就是已耕地和撂荒地之间定期轮换的轮荒制，其进步之处在于已经按照土壤肥力的高低确定撂荒与否以及撂荒年限的长短。此时，已经有50%的土地连种而不撂荒，逐渐向土地连种制过渡。

（4）连种制。春秋战国时期（公元前5世纪—公元前3世纪），中国进入了封建社会，也标志着传统农业时期的到来。社会制度的变革，也使耕作制度发生了重大变化。这一时期，轮荒制逐渐被废除而走上了土地连种制的道路。土地利用率有了显著提高，此时已基本靠人力养地。土地在连续利用的基础上，出现了轮作复种制的萌芽。

（5）轮作复种制和间作套种制。秦汉至唐宋时期，是轮作复种制和间作套种制产生、发展、推广和完善的阶段。轮作复种制大大提高了土地利用率，一年一熟制、二年三熟制、一年二熟制和一年四熟制，其土地利用率分别达到了100%、150%、200%和300%。两汉魏晋南北朝时期，还始创并初步发展了间作套种制。隋唐宋时期，土地连种制、轮作复种制和间作套种制三种土地利用方式密切配合，综合使用，构成一个比较完整的耕作体系。这种耕作体系充分发掘了土地利用率和光能利用率，极大地促进了农业的发展。

（6）多熟制。元明清时期，农作制进入多熟制阶段。特别是明清时，随着玉米、甘薯、花生、烟草等新作物的引入，轮作复种和间作套种形式更为丰富，从而使多熟制不断完善。

4. 人口

人口对乡村景观的影响体现在人口因素与耕地的密切关系上，人口数量的变化直接影响耕地的数量，从而影响农业景观的规模和格局。唐中叶以后，由于北方的人口大量南迁，南方人口激增。人口的增长，增加了对粮食的需求，因此急需扩大耕地面积，增加粮食生产。于是人们便到处找地开荒，"田尽而地，地尽而山"，平地垦尽之后，又向山地要田，"垦山为田"就是在这种形势下发展起来的。

后人对此解释不同。一说"菑"是垦后第1年的田；"新"是垦后第2年的田；"畬"是垦后第3年的田，即土地连种2～3年然后撂荒。一说"菑"是"不耕田"，"田不耕则草塞之"，指撂荒地；"新"是已撂荒2年正在复壮的地；"畬"

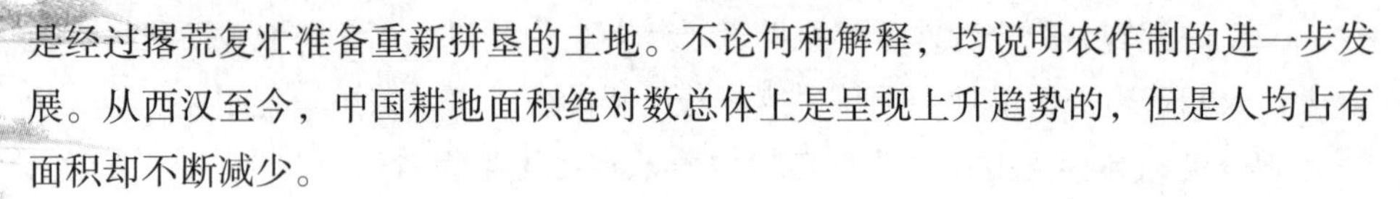

是经过撂荒复壮准备重新拼垦的土地。不论何种解释，均说明农作制的进一步发展。从西汉至今，中国耕地面积绝对数总体上是呈现上升趋势的，但是人均占有面积却不断减少。

（三）人为因素

自然因素对于乡村景观的影响往往是人们无法控制的，它决定了乡村景观的基本特征，但是人为因素常常左右着乡村景观的发展。

人类自从进入奴隶社会开始，就出现了农业法规。例如，公元前18世纪古巴比伦古代法律法规的《汉谟拉比法典》中就有很多关于农业的法律条文。封建地主阶级也重视利用农业法规来维护封建土地所有制和管理农业生产。比如，秦统一全国后制定的《田律》《仓律》和《厩苑律》等，对农田水利、保护山林、作物播种、家畜饲养等都做了规定；汉代的《田律》《田令》规定官田禁止买卖，盗卖官田处死刑；《唐律》规定“妄认公私田、盗卖或盗种公私田者，处笞刑至二年徒刑”等。

中华人民共和国成立以后，我国政府根据各个时期农业中生产关系变革的需要，先后制定了有关的法规、条例，如《中华人民共和国土地改革法》（1950）、《农业生产合作社示范章程》（1956）、《高级农业生产合作社示范章程》（1956）、《农村人民公社工作条例（草案）》（1961）。在农业生产经济活动的组织、管理方面，在20世纪50年代至60年代虽已有有关森林、草原的保护，种子、农药和动植物检疫的管理等各种规定、条例，但限于当时的历史条件，还不尽完善，只是初步的社会主义农业立法。

1978年以后，随着农业管理体制的改革和有计划的商品经济的发展，农业中交换关系、财产关系、金融关系、核算关系、协作关系以及经济组织形式、经营方式和流通渠道等日趋多样化，农业立法的必要性更为突出。各种农业法规的制定也日趋完备、完善。自20世纪80年代以来，《中华人民共和国森林法》（1984）、《中华人民共和国草原法》（1985）、《中华人民共和国渔业法》（1986）和《中华人民共和国土地管理法》（1986）先后颁布。此外，在水土保持、水产资源保护、进出口动植物检疫、家畜家禽防疫、农药兽药管理以及农村工商业管理等方面，也已制定有关条例，颁布实施。

除了法规和条例外，国家对于农村、农业和农民制定了相关的政策。例如，1982年至2019年，中央发布了21个“一号文件”以解决长期困扰中国发展的“三农”问题。这些政策对于乡村景观的发展都产生了深刻的影响。

第三节　农村农业景观形态的发展模式

正如事物发展的一般规律，农业景观在漫长的发展与演变过程中，各种因素对其都会产生正面和负面两方面的影响。

正面影响表现为：科技进步促进了生产工具和农田水利的长足发展，改变了劳动生产方式，劳动生产效率得到逐步提高；土地利用方式从最初的撂荒制到目前的多熟制，极大地提高了土地利用率；经过长期的农业实践，农作物和种植物的种类逐渐增多，近代农业生物技术改变了农作物受自然条件的影响，可以跨区域种植等，这些极大地丰富了农业景观。

负面影响表现为：长期以来对耕地实行掠夺式经营，只用不养或重用轻养，耕地资源的质量在逐年下降；农药、化肥、地膜技术的使用，使土壤结构恶化，地力下降；盲目开荒，过度放牧，破坏了植被，使土地不断沙化；不合理的灌溉，使土地次生盐渍化。资料显示，在中国现有耕地中，土壤肥力较高、基本无障碍因素的，占全国总耕地面积的 27% 左右；生产力水平中等、有些障碍因素的，占耕地总面积的 38% 左右；生产条件很差，障碍因素多，土壤肥力低下的，占耕地总面积的 35% 左右。这些都对乡村景观和乡村生态环境产生不利的影响。

世界上的农业经营制度主要有两种。一种是以美国为代表的商业性大农经济；另一种是以日本及不少欧洲国家为代表的补贴型小农经济，不同的农业经营制度，决定了不同的农业景观格局和规模。

美、加、澳因为其地大人少而不得不用机械替代劳动力，通过机械化实现规模经营，形成了集约化、大规模的农业景观格局。这些有条件实现规模经营的国家，不仅农业劳动生产率水平很高，而且其农产品在国际市场上的竞争力也很强，但是这种景观格局同时也降低了乡村景观多样性。

对于欧洲一些在人地关系方面与中国相似（仅是相似而已，它们的人地关系实际上仍比中国宽松得多）的国家而言，它们的农业发展模式又是与美、加、澳等国不一样的。

总体说来，它们的农业发展模式大致有两种：一种是纯为保护与储备土地资源、改善环境质量以及营造自然景观而为之的环保型农业；另一种对于农民来说是有经济目的的，农产品通常也进入市场，但政府的补贴要比进口这些农产品的价格还要高。这种农业发展的市场经济在很大程度上已经失去了真正的市场经济本身所具有的含义。

由于土地资源的制约，中国不可能走单纯的美国式道路；又因国力的制约，也不可能走单纯的欧洲及日本式道路。从现实出发，中国适宜走的是一条将两种农业经营模式合二为一“双轨并行”的新路：一方面，稳定发展以小农家庭经营为基础、以自给自足为主要特征的小农经济，这是相当长一段历史时期内国家农业发展战略的主要内容；另一方面，有选择地积极促进以国有（集体）农场、国家专业化种植基地、农业经营公司、种植专业户等以市场为导向的农业经济（大农经济），形成集约与粗放、大规模与小规模相结合的乡村农业景观格局。

第四节　农村生活景观形态的构成

农村生活景观是农村景观的一个组成部分，它与中国传统的小农经济和乡土文化密不可分。成书于东汉、魏晋之际的《四民月令》向我们描绘了中原农村那种耕织并重、耕读传家的田园牧歌般的生活方式：“（正月）农事未起，命成童以上入大学，学五经……谷雨中，蚕毕生，乃同妇子，以勤其事，无或务他……（十月）农事毕，命成童入大学，如正月焉”。这种“以农桑为本”、耕织并重的谋生方式，是在一个个小农户内独立完成的。战国末期的《吕氏春秋》云：“一农不耕，民有为之饥者；一女不织，民有为之寒者”，强调了耕织的重要性。“昼出耘田夜绩麻，村庄儿女各当家。童孙未解供耕织，也傍桑阴学种瓜”的诗句生动地刻画出了男耕女织的农家生活景象。传统农村生活景观是中国古代耕读文化的一个特殊载体，耕读思想在中国传统文化中具有普遍的道德价值取向。“耕”，体现出一种“农耕生活为本”精神；“读”，主要的一面是读书入仕，次要的一面是一种自我价值的塑造。这种价值取向深入到平常农家之中，深刻影响着农村的生活景观。

如今的农村生活发生了巨大变化，传统的农村生活景观正逐渐消失。这不仅在于社会的发展和科技的进步，而且也在于现代农村居民价值观念的转变。在一些农村地区，已不再以农耕生活为本，乡镇工业和农村旅游业的发展提供了更多的生活方式，农村生活景观呈现出多元化的趋势。现代社会的发展和科技的进步是无可厚非的，它可以改善和提高农村居民的生活质量，而农村居民价值观念的转变，尤其是一切都以城市生活方式为追求目标，这无疑对农村景观的发展不利。现代农村生活景观必然要具备更多可以吸引人的地方，像优美的农村田园风貌、风土人情、清新的空气、完善的设施以及良好的农村生态环境等，这样才能展现出当代的农村生活景观。

第五节　农村整体景观意象

农村景观意象不仅来自当地居民对农村景观的感知，而且来自非当地居民的感知和认同，这是农村景观认知的两大主体。

当地居民对农村景观的感知需要一个很长的时间过程，在当地景观环境中出生、生长，熟悉农村景观环境的每一个环节，掌握景观环境的自然规律和社会特征，能够通过景观之间的关系进行景观逻辑推断，对自己周围的农村景观环境具有亲切感和认同感。

非当地居民对农村景观的感知来自亲身的体验和感受，或通过电视、广播、文字、图片等诸多方式获取。在笔者调研中，通过口头问答的方式，了解到人们心目中，尤其是城市人群对农村景观的印象，大致分为六大类。① 自然印象：青山、绿水、草坡等；② 农田印象：秧田、麦田、梯田、油菜花、田埂、稻草人等；③ 建构筑物印象：传统茅草房、各具特色的民居建筑、塑料大棚、农田中的电线杆、畜舍等；④ 植物印象：桑树、茶园、各种果园、村口的大树、道路和水系两侧林带等；⑤ 动物印象：猪、狗、牛、羊、鸡、鸭、鹅等；⑥ 生活印象：炊烟缭绕、水边浣洗、民俗节庆、牧童笛声等。可以看出，城市人们对新农村景观的印象还停留在传统田园牧歌般的生活景象，反映出他们对传统新农村田园风光的眷恋和向往。

刘沛林在研究古村落时，就事物的普遍性特征，提出中国古村落景观具有以下四个基本意象。① 山水意象：中国传统哲学讲究“天人合一”的整体有机思想，把人看作大自然的一部分，因此人类居住的环境特别注重因借自然山水。例如，安徽南部的古村落呈坎村以及其他古村落普遍风行的“水口园林”。② 生态意象：中国古代村落在注意选择优美山水环境的同时，也注意良好生态环境的选择。中国古人对理想居住环境的追求包含对满意生态环境的追求。村落的生态意象除了有较好的树木植被外，还与村落地形、土壤、水文、朝向等因素有关。例如，浙江嵊县屠家埠村。③ 宗族意象：中国古代社会是一个典型的以血缘关系为纽带的宗族社会，人与人之间的一切关系都以血缘为基础。因此，人类居住的村落，便成为以血缘为基础聚族而居的空间组织。在中国古代村落中，最重要的宗族建筑是宗祠。例如，皖南黟县宏村中心的宗祠和月塘，是人们印象最深的景观建构；云南大理附近白族村落中心广场的宗祠和戏台，成为白族村落最重要的景观建构。④ 趋吉意象：人们在与大自然长期的搏斗中，逐步认识到土地肥沃、人身安全、

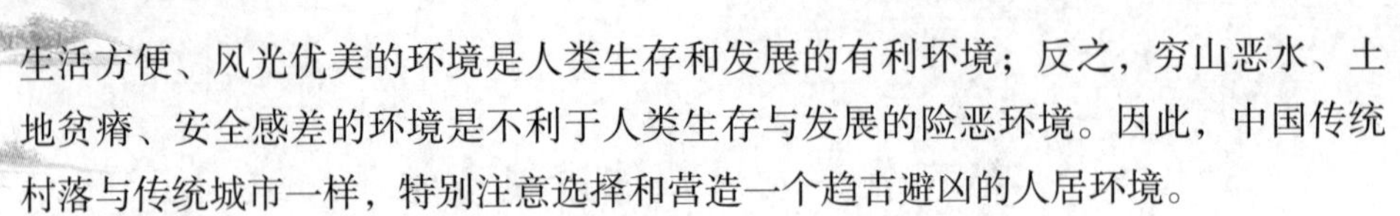

生活方便、风光优美的环境是人类生存和发展的有利环境；反之，穷山恶水、土地贫瘠、安全感差的环境是不利于人类生存与发展的险恶环境。因此，中国传统村落与传统城市一样，特别注意选择和营造一个趋吉避凶的人居环境。

理想的农村整体景观意象应能体现出农村景观资源提供农产品的第一性，生产、营造良好的农村人居环境，保护及维持农村生态环境的三个层次的基本功能。传统农村景观主要体现第一层次的功能，而现代农村景观的发展除立足于第一个层次功能外，将越来越强调后两个层次功能。不同国家和地区基于经济发展水平、人口资源状况的差异，农村整体景观意象也各有侧重。欧美一些发达国家，农业现代化水平高，自然资源条件也相对优越，其农村景观意象较注重生态保护及美学价值。比如，高强度农业景观生物多样性与陆地表面覆盖物空间异质性关系，农田树篱结构变化对鸟类多样性影响，促进哺乳类和鸟类自由运动与水土流失调节的景观设计。

中国广大的农村地区，整体景观意象除了在三个层次的基本功能上各有侧重之外，还应根据自身景观资源优势进行拓展。例如，在理想的农村整体景观意象基础上，对应于旅游业中人们“重返农村”和“亲近自然”的情结，有条件的农村地区还应具有富有地方特色的农村聚落、风土民情、新型农业模式（有机农业、生态农业、精细农业）等，构成相应农村景观旅游的资源基础，这对于转变农村产业结构，发展农村经济，增加农村居民收入，解决“三农”问题是大有裨益的。

农村景观的形态构成包含了物质景观形态和精神景观形态两大部分，其中，物质形态主要由聚落景观形态、生产景观形态和自然景观形态三大部分组成。

农村聚落景观的产生与人类的生产和生活是密不可分的，其发展受到传统观念（宗族制度、宗教信仰和风水观念）、经济水平和政策法规的制约。农业景观是农村景观的主要类型，经历了原始农业景观、传统农业景观和现代农业景观三个阶段，景观特征各不相同，具体体现在生产工具、土地利用、自然化程度、景观规模、景观多样性、物种多样性以及生态环境等方面。其发展与演变的原因在于受到自然因素、社会因素以及人为因素的影响。其中，自然因素决定农业耕作系统，从而形成不同地域的景观格局；社会因素表现为土地制度、生产力水平、土地利用方式以及人口规模等方面，各因素相互影响、相互作用，共同对农村景观产生正面和负面的影响。小农经济和大农经济相结合是中国未来较长时期的农业经营发展模式，形成集约与粗放、大规模与小规模相结合的农村农业景观格局。

农村生活景观从传统的耕织并重、耕读传家的田园牧歌般的生活方式向现代多元化的生活方式转变，生活景观也趋于多元化。

第五章　中国当下新农村景观设计实践存在的问题

第一节　对生态环境重视不足

中国是世界文明古国之一，古代的先哲们对生活的环境进行了设计与营造。中国的园林艺术、建筑艺术等作为景观的构成形式在中国都有着悠久的历史，据文献《诗经·大雅·灵台》记载西周就有了关于造景的描述：“经始灵台，经之营之。庶民攻之，不日成之。……王在灵囿，麀鹿攸伏，鹿鹿濯濯，白鸟翯翯。王在灵沼，於牣鱼跃。”古人通过“经之营之”对于环境进行主观能动的设计，使得灵囿“鹿濯濯”“鸟翯翯”“鱼跃跃”，好一派和谐的景色。中国木架建筑独特的建筑样式作为世界古建筑之一，在新石器时代就已经开始萌芽。《韩非子·五蠹》中曾经记载“上古之世，人民少而禽兽众，人民不胜禽兽虫蛇。有圣人作，构木为巢以避群害，而民悦之，使王天下，号曰‘有巢氏。”中国的景观艺术虽然发展较早，但是发展步履时常因历史等多种原因受到阻碍，1840 年以后，西方的强势文化乘虚而入，其景观样式也占据了主导地位。中国的本土文化未能健康的发展，景观设计发展一度比较滞后，这种状况在乡村景观设计中显得更加突出。

中国对于乡村景观的研究大约始于 20 世纪 80 年代，是随着经济建设而迅速展开的。进行了包括传统农业、乡村地理学和景观生态学等多个方面的广泛研究。80 年代末开展了“黄淮海平原乡村发展模式与乡村城镇化研究”，后来又进行了一些生态脆弱地区和城乡交错带景观系统分析和景观生态设计研究。2005 年提出建设社会主义新农村之后，全国各地掀起了建设新农村的热潮，但是由于种种原因，出现了这样或那样的问题，我国的景观规划设计水平始终落后于发达国家。

我国的乡村景观规划设计起步较晚，相比西方国家较早对乡村景观有了相对成熟的经验，我国起步晚、经验少的状况使新农村景观规划设计存在很多的缺点和不足。

中国的乡村景观规划设计在过去是由农民根据农村当地的气候、地质、文化、植被、生活习俗等因素，被动地考虑生产生活、历史文化等因素而产生的农村景观。这种农村景观的真正“设计师”是农民。当时的“设计师”虽缺乏对于环境的足够认识和体验，这种景观设计虽不是主动地设计，但是却很好地兼顾了生态、文化、可持续发展，对环境的破坏在环境自身修复的范围之内，形成了“桃花源”式的中国乡村景观。

随着经济科技的快速发展，城市化进程加速，农村建设的步伐加快，使得经济结构和空间结构发生了重大的变化。事物都具有两面性，这种快速的发展除了带给我们生活的舒适和便利的同时，还使得农村的自然景观和人文景观遭受了严重的破坏。这种破坏导致农村景观中的生物多样性不断减少，植物没了生长地，动物没了栖息地，自然景观支离破碎，历史人文景观遭受到拆迁、毁灭的打击。这种原生的“桃花源”模式逐渐被“大机器”打破，破坏程度已经完全超出了环境的自我修复能力，如图 5–1 所示。

图 5–1　水土流失

传说中黄帝所在的原始社会，恶劣的生存环境迫使圣人带领人民“烧山林，破增薮，焚沛泽，逐禽兽，实以益人，然后天下可得而牧也”。然而现代的乡村景观却正在以这种毁林、毁草、填湖造田、破坏动物栖息地等方式破坏着生态平衡，破坏了天、地、人“三才”的统一整体，带来了一系列诸如沙尘暴、洪水、滑坡、泥石流等大自然灾害，如图 5–2 所示。2010 年 8 月 7 日发生在甘肃舟曲特大泥石流灾害就是典型的案例，人们无休止的滥砍滥发、胡乱开采、过度开发是导致自然灾害的重要原因之一。而这些灾害又不得不使我们的建设从头开始，周而复始，恶性循环。这使我们不得不思考厄尔 · F · 斯潘塞的名言：“与自然平衡即是取得成功。”

图 5-2　水土流失与荒漠化

第二节　忽视可持续发展

中国是一个追求和谐的国度，这种和谐是“天地以合，日月以明，四时以序，星辰以形，江河以流，万物以昌”与“万物皆得其宜，六畜皆得其长，群生皆得其命”的天、地、人的和谐。合理利用自然资源，保持可持续发展是人与环境的和谐。

自然资源是社会发展的物质基础，在社会发展中应当开采利用，在新农村景观规划设计中亦是如此。在景观设计实践中所用的木材、石材、水、金属、矿产、植被、生物等都属于自然资源的范畴，同时也是自然景观的组成部分。开采利用自然资源时不能“涸泽而渔，焚林而猎”“杀鸡取卵”，如图 5-3 所示。要进行保护和规划，有节制、有计划、有时间地适度开采。中国古代就有许多关于合理利用资源，保持可持续发展的记载。“草木繁华滋硕之时，则斧斤不入山林，不夭其生，不绝其长也。”“断一树，杀一兽，不以其时，非孝也。”“不违农时，谷不可胜食也。数罟不入洿池，鱼鳖不可胜食也。斧金以时入山林，林木不可胜用也。”然而当今有些地方在进行新农村建设时，目光短浅，为了暂时的经济利益，不惜掏空自然资源，完全违背了自然的法则，使得自然资源利用殆尽，生物多样性极度减少，很多生物面临灭绝。我们都不希望最后一滴水是我们的眼泪，也不希望地球上只剩下人类自己，所以我们要克制自己永不满足的欲望，合理地利用资源。

图 5-3　涸泽而渔

第三节　缺失地域文化

著名农学专家勒内·迪博斯在强调地方精神时说："地方精神象征着一种人与特定地方生动的生态关系。人从地方获取，并给地方添加了多方面的人文特征。无论宏伟或者贫瘠的景观，若没有富裕人类的爱、劳动和艺术，则不能全部展现潜在的丰富内涵。"这充分说明了地域精神与文化的重要性。美国、荷兰、德国、日本等国外发达国家的乡村景观设计在地域文化方面突出表现了不同国度的地域文化景观。以日本为例，其设计中坚持传统与现代双轨并行的发展方式，在景观设计中适当保留传统，同时将传统文化进行了现代形式的发展，取得了较好的效果。

我国在召开第一届景观生态学讨论会后，学术界对景观研究投入了极大精力，大大地推动了乡村景观研究领域的发展，但是新农村景观规划设计目前还处于初级阶段，而且在方向上出现了一定偏差。在建设上盲目模仿城市和西方模式，片面地认为城市的才是现代的，主要沿着城市景观的设计方向走，没有意识到城乡的功能差别和中西方在审美理想及文化方面的差异。造成民族艺术与文化融入的缺失，致使某些独特的、地域性的文化因素在文化历史发展的链条中断裂、消失。由此造成了部分中国乡村由"传统乡村景观"向"现代乡村景观"转变过程中的畸形发展，在地域文化的传承方面正面临断层的危机。中国的地域文化不同于欧洲，也不同于日本、东南亚，由于不同的地理环境、审美理想和文化背景，同样的事物在不同的国度里会产生巨大的差异。中国人喜欢"曲径通幽"，西方人喜欢"几何规则"。中国人追求审美主体的心理体验，西方人侧重外在形式的原理。这就是文化的差异。

中国由于地域的广大和各种因素的差异造成了乡村景观的多样化。在新农村景观规划设计中应该更多地把握这种民族的、历史的、地域的文脉，并将之运用到设计中。特别是在地域文化与新农村建设景观规划设计的结合方面，新农村景观规划设计不仅要创造出具有“亲和感，养眼的风景，多种生物生息，宁静感”的新农村景观，而且要在景观设计中融入民族文化元素，这更能够成为一种地方“品牌”，获得大众的认可。新农村景观设计中地域文化因素的融入，实质上是对当地传统优秀文化的继承和发展。这种地域文化一方面有“天人合一”思想的大背景，同时兼具地域性。例如，“中原文化”“松辽文化”“岭南文化”“吴越文化”“荆楚文化”等。新农村景观规划设计，必须源自生活，既要扎根于地域风土（当地气候、地质、地形、植被），又要传承地域历史和文化，在生活中寻找设计的“根”和“源头”。同时还要灵活运用当地的材料，结合文化因素创造出富有当地特色的、绝无仅有的景观区域规划和独特景观造型。这种历史和地域文化要有农村的特色，要体现出农村的优势，这样才能创造出“主人忘归客不发”的美好景观。

第四节　观念认识落后

当前某些地区的决策者观念认识落后，审美水平不高，环境意识薄弱，急功近利。这就导致了在新农村建设过程中自然环境、乡土遗产景观与乡土文化方面的问题，还有生态环境的破坏和文化的缺失。总结起来有如下几种错误的观念。

一、片面追求“城市风貌”

随着城市化进程的加快，城市开始越来越大地影响乡村。这种影响一方面是城市的扩张，使得乡村变为城市的一部分；另一方面是观念上的影响，使得乡村向城市靠拢。部分人片面地认为城市的就是美好的、先进的……使所在地的新农村建设向某些城市学习。农村景观建设开始了在道路上“三通一直”“混凝土路面”；在田野上，“田成方，路成网，渠相通，树成行”；在村中“修喷泉”“建洋房”；在植被配置上，引种外地树种、大量铺设草坪等。

二、“拿来主义”盲目模仿西方

国外对于乡村景观的研究开展得较早，相对国内来说确实具有很多的经验可以借鉴。但是国外设计也是基于本国国情，包括本国的经济现状、文化底蕴、地形特点、气候因素、植被特色等方面综合考虑而取得的良好景观效果。有些地方

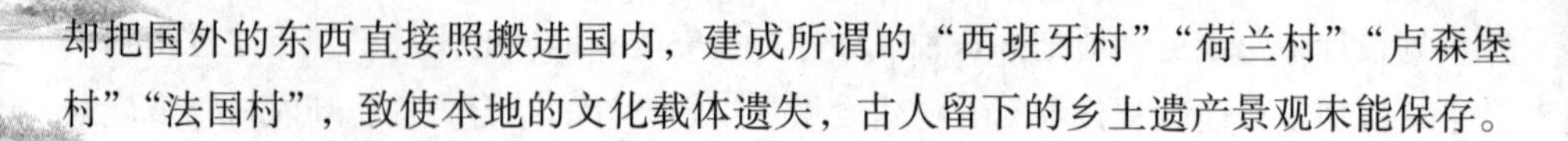

却把国外的东西直接照搬进国内，建成所谓的“西班牙村”“荷兰村”“卢森堡村”“法国村”，致使本地的文化载体遗失，古人留下的乡土遗产景观未能保存。

三、环境意识薄弱、审美水平较低

中国广大的农民整体上文化水平、审美水平、环境观、生态观、审美观还没有达到较高的水平，对于他们世世代代休养生息的土地似乎是有些审美疲劳，向往外来的事物。在山东费县芍药山乡杏树湾村有一个小型山村广场，该广场完全在一片裸露的岩石之上，其中有木亭、石桌凳、石碾、石磨等，结构简单，经济适用、环保生态。木亭用材为带树皮的原木；石桌凳选用当地石材摆设而成；石碾、石磨更是当地文化特有的实体元素；植被完全是当地特有的核桃树与楸树，与当地的山地环境十分融合。然而这些性质简单、造价低廉的景观在当地农民看来是“土”的、“不时髦”的。

四、“固步自封”，不能与时俱进

中国多数农村景观设计形式过于陈旧，缺乏时代性，往往在传统形式的把握与现代形式的结合上显得较为死板。或者强调了现代形式却缺少了内在的传统文化内涵。

第六章　基于地域文化的新农村景观规划设想

第一节　新农村景观规划的出发点

一、新农村景观体系的框架

农村景观体系在建立的过程中，离不开文化的支持，并且从广义的角度上来看，新农村景观的建立或多或少会受到人的具体行为的影响，进而形成文化景观。形成文化景观的主要因素包括以下几个方面。

一是心理要素，就是人们对环境最直观的感受和反应。二是政治要素，一个国家的土地需要由政府进行直接分配和划分。三是历史要素，主要是指各个民族之间不同的宗教习惯以及生活方式。四是技术要素，是对景观进行创造时使用的工具和整体对建筑的建设能力。

在众多景观当中，文化景观是最具有内涵和底蕴的，能够对人类文明过程中对大自然的敬畏及态度进行充分的反映，同时还能够对文化的传播、发展以及价值等进行有效的反映。所以，在文化景观的构建过程中，这些景观的整体价值逐渐受到人们的重视，尤其是在旅游景观的发展过程中。不同的乡土文化要展现出来的景象和想要表达的结果也是不同的。在我国这样一个地大物博的国家，如何才能更好地对景观进行展示是我国在对农村景观进行发展过程中需要重点考虑的问题之一。针对文化这一概念来说，主要分为物质文化和非物质文化。物质文化主要包括各种文物以及人们能够眼见的衣食住行等各个方面；非物质文化主要是指不同民族以及不同地区的风俗习惯、审美观、道德观以及不同的生活方式等。

二、新农村景观规划的重点

对于我国整体的景观规划来说，乡村景观还算是一个新兴的研究领域，我国众多学者在该领域的研究过程中提出了相应的观点，根据其界定的概念表示，乡村景观主要是指由不同地域范围的乡村土地单元共同组成，在组成过程中存在许多组成因素，主要包括牧场、林场、农场等几个重要的部分。在众多组成因素中，农业在发展过程中受到了很多条件的制约和影响，同时也是在自然景观的基础上逐渐地被建立起来的主要特点受到了人类决策的制约，包括土地组成的大小、土地的自然价值、社会价值、经济价值以及生态价值等。由此可见，乡村景观是以土地为根基，以自然为背景的景观类型，是乡村地区经济、社会、环境的综合表现，具有生产性、生活性和生态性，乡村景观的内涵如图 6-1 所示。

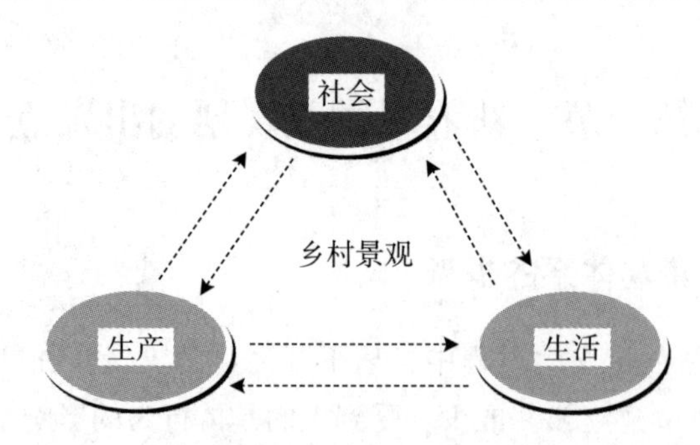

图 6-1　乡村景观的内涵

在乡村景观的组成上，主要分为四个部分，分别为经济景观、文化景观、聚落景观以及自然景观，乡村景观的实质是自然景观和人文景观的结合。与其他景观相比，乡村存在着很大的区别，主要体现在其以农业为主和粗放的方式，并且还对田园生活方式以及农耕文化特有的特征进行了充分的展现。乡村景观构成如表 6-1 所示。

表 6-1　乡村景观构成

乡村景观的构成	主要内容
乡村聚落景观	院落、街道、广场、居民建筑、巷道、公共基础设施、小品以及街道等
乡村经济景观	果园、鱼塘、牧场、菜园、温室大棚、饲养场、仓库以及农田等
乡村自然景观	森林、湖泊、荒漠、山川、乡土植物、湿地、乡土植物、河流
乡村文化景观	民间习俗、古建筑、风土人情

三、新农村景观建设的原则

（一）生态优先原则

为什么我们一直强调必须用生态优先的原则来进行新农村景观建设？是因为

在农村环境中有着优良的生态环境基底，但是因为人口指数的不断攀升，一些工厂围绕在村民的居住空间四周，生活垃圾和工业垃圾所带来的污染还是比较严重的，从前农村居民对环境认识不正确，才导致了一系列环境问题的发生。

生态优先原则体现的是美的、健康的、和谐的等一系列特征，旨在打造一个全新的、亮丽的、质朴的、和谐的、永不停止发展脚步的新农村。在改造新农村景观时，要做到模拟自然的生态结构，尽量还原一个最为真实的生态原貌。因为其实质是异质性，以原有的自然景观为基点，进行选择性改造、全面性保护和局部完善。

（二）因地制宜原则

自然资源是农村聚落赖以生存的基本条件，同样是村落特色风貌缘起的客观因素。在科学技术飞速发展的今天，我们对于自然环境的态度已经从谦卑转变为蛮横，从弱势转变为强势。在人类的发展建设过程中，农村自然环境承受着巨大的压力，变得非常脆弱。在构建农村景观的进程中，对于自然环境建设的原则是一切建设的前提和基础。善待养育我们的“风土”，为自然，也为人类的继续发展提供可能性。

新农村景观设计须以保护农村及周边地区的生态环境为准则，在新农村景观建设的过程中维护自然环境与生态系统的稳定和谐，创造出人与自然和谐相处的生活生产环境。进行新农村景观建设的时候，要做到不破坏自然环境，充分利用当地的自然条件，最大限度地保护好自然生态环境，尽可能做到自然环境与人工环境相结合，让人们能够在优美的环境中生产生活，保障人工与自然之间空间的连续性。

体现地域性的要素还包括乡土植物的应用，广义的乡土植物可以理解为：经过长期的自然选择及物种演替后，留存下来的适宜于当地气候和土壤，对当地有高度生态适应性的自然植物区系成分的总称。乡土植物是通过自然界千百年的选择生存下来的，对当地的环境气候有很强的适应性，抗性强，生长旺盛，生机勃勃的植物状态充分体现了当地的环境特色。不同区域植物的生长种类千差万别，当前的城市建设当中，每个城市都有自己的市树和市花，就是为了使城市建设具有本土特色，能让人体会到在别的城市体会不到的景观感受，所以在营造新农村景观时应大量使用乡土植物，因为植物是最能体现当地环境特色的景观要素之一。

（三）以人为本原则

当今时代的建设思想就是“以人为本”，考虑人的需求，创建宜人的高品位空间环境是新农村景观建设的根本原则。满足人在活动时的要求、给人以舒适宽敞

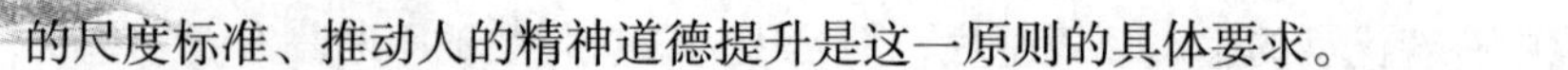

的尺度标准、推动人的精神道德提升是这一原则的具体要求。

在新农村景观建设中要充分考虑到受众者的物质与精神需要，以宜人的尺度和视角来考虑现代的建设方法和要素选择与运用，为人们创造出宜居、实用、舒适居住环境的同时，还应该使村民获得相对应的场所感、人身安全感和私人领域感。

（四）深入挖掘风土文化原则

在新农村景观建设中，应深入挖掘农村风土文化内涵，关注人与场所的关系，尊重人们的真实体验，让人们能够碰触到历史的脉络。从社会经济的角度来看，应该考虑到不同社会群体的利益，促进社会公平。应借探索与时俱进的农村发展策略与契机的东风，为积极向上的农村发展提供积极稳定的因素，并且达到提高经济活力的目的。新农村景观设计要与农村历史一脉相承。既要尊重历史、传统，认真分析农村历史文化、自身特色和活力，又要认清楚传统文化与其他文化的时间性差异，并摒弃落后的东西，坚持传统的优秀文化遗产，使农村风土文化的历史光辉得以传承、发展和延续。

（五）建设与更新原则

新农村景观建设是一个动态发展过程，是一个拥有不竭动力的进步过程。因为，在新农村景观建设中，要求我们对未知的变化做出及时、灵活、机动的应对，才能确保新农村景观建设健康、有秩序的进行。

在文化、经济、信息全球化的背景下，世界各地人民的联系也日趋紧密。新农村景观建设受到了现代西方文明和传统东方文明的双重影响。新农村景观建设必须提高对不断发展的动态趋势的适应性，才能确保在新背景、新思路下的农村景观建设实现具有可操作价值和连续性的发展。

主要包括：① 在新农村景观建设初级阶段，必须对农村当地的情况做好充足调研，用发展的眼光对近期局势和远期发展趋势做一个预见，提高新农村景观建设的完备性和适应性。② 坚决打击毁坏物质遗产景观与风土文化这类非物质遗产景观的行为，对新农村景观中的这两大类景观给予最坚实的保护。学会用统一辩证的眼光看待事物，做好短期利益和长远利益的权衡工作。③ 需处理好整体和部分的关系，既要制定整体的新农村景观规划，同时也不能忽视细节部分给整体关系带来的影响。即采取“自上而下”和“自下而上”这两种互补的景观构建方式。

在自然界中，为了满足外界的变化和自身发展的要求，任何事物都是有新陈代谢功能的。当然，它必须是在遵循一定的自然规律和秩序前提下。建筑领域专家吴良镛在研究北京旧城规划建设时曾经说：“城市本身的城市细胞和城市组织同生物体的新陈代谢一样，是需要不断更新的，我们所说的‘有机更新’是根据改造的内容和要求，采用合适规模、适当尺度地处理目前和将来的关系，不断提高规划设计质量。”

在新农村景观建设中，必须遵循有机更新的原则，同时要保证原有农村景观的独特形态。新农村景观建设不仅要体现历史的传承与整体性，更要能够适应社会的发展，使新旧景观达到高度的一致性。

四、新农村景观规划与建设的出发点

（一）农村景观发展趋势

当前的城市发展已经从无序发展过渡到有序发展的阶段，农村现代化道路已经提上日程，农村景观更新与农村生活品质的提高是现代新农村的直接体现。

（二）新农村建设的要求

农村景观规划要用全新的科学的理念和思路保证农村景观的可持续发展。更新与保留思想是符合当前时代背景下新农村建设思路的切实体现。新农村的“新”字体现了“更新”的建设意愿，“农村”二字则是其建设的初衷。

（三）广大农民的意愿

农民是农村建设的最终服务对象，一方面农民习惯了长久以来的田耕生活，家禽牲口、水井谷场、溪流老槐成了他们一朝一夕不可或缺的伙伴。这些情结是朴素真挚的，是任何现代车水马龙的生活所不能替代的，这一切我们应当珍惜并永远流传；另一方面，农村古老的文明需要我们寻找先进的符合时代气息的思想去烘托它，继承并发展它。从这些意义上来讲，农村景观要更新与保留。

（四）生态环境可持续发展的要求

任何建设都不能以牺牲环境为代价，新农村建设更是如此，农村景观的环境基础是自然。因此，景观规划应当以生态规划为前提，在考察原生态环境的基础上做规划，在此基础上提出可行性生态技术措施和政策措施，这是可持续发展的前提和基础。

第二节　新农村景观规划设计设想

一、“点”——居民及院落空间景观规划设计

中国传统空间体系的核心是庭院，“院落”是中国传统建筑的基本单元，在

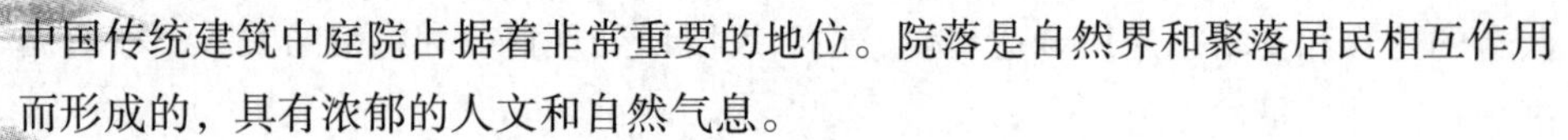

中国传统建筑中庭院占据着非常重要的地位。院落是自然界和聚落居民相互作用而形成的，具有浓郁的人文和自然气息。

我国人口众多，耕地面积较少，所以在新农村建设的过程中需要考虑到人均用地和将来的改建和修缮问题。现在在新农村建设方面保留传统民居的特色成了不可忽视的问题，在新农村建设中需要将各个地方民居不同的建筑特色保留，形成其独特的布局特色。农村住宅和城市住宅的模式不同，农村住宅是其独特的生活习惯、传统风俗以及生产等方面相互融合的结果，是在漫长的历史文化中形成的。随着经济的不断发展，农村院落已经成为农村居民致富的一种途径，农村居民在庭院中种植经济作物非常方便，并且易于管理，所以现在越来越受到欢迎。但是庭院还是存在一些不足，一些庭院的建设没有考虑到美观度，所以，怎样才能使农村居民的庭院更加美观变得更加重要。本书以现代景观学作为基础，将形式美作为原则，在考虑生产方面需求的基础上规划并设计庭院的景观。

二、“线”——街道空间景观规划设计

我国过去设计农村街道的景观主要是根据自然的山川、地势、河流和地貌等自然环境进行设计，主要的设计思想是“因地制宜，因势利导”，可以将人与自然巧妙地联系在一起。现在新农村的建设中，更加需要考虑这种设计理念，因地制宜地对不同地区的农村进行改造建设。

（一）标志点

象征农村的标志点通常情况下非常容易识别，也非常容易使人记住，和其他地区的标志相比更能够给人留下印象，并且通过标志点可以使人回忆农村的美好景色以及人文特点。传统村庄的标志点因为年代的不同还可以作为历史的标志和一个时代的标志。在对新农村进行规划和设计时需要考虑当地的人文内涵，考虑到当地的历史文物等。

（二）特色空间

民族和地区文化存在独特性，这些独特性是在其特有的社会需求、自然环境和历史条件下逐渐形成，并且不断发展的。例如，北方的生活环境使用了相对来说更加明朗的布局，南方则使用了江南深弄幽巷的布局。

（三）新农村街道景观设计

街道不仅是一种物质，还可以代表当地的文化，因为历史的变迁和文化的积累，街道将民族的风土人情、环境特征、文化思想等融入其中，体现了一定的特色。

三、“面”——广场空间景观规划设计

在传统的中国聚落布局中，因为生产和生活的时间较长，为了逐渐适应环境的需要、满足居民的需要，有许多地方的非生产性活动场所逐渐出现。传统的如鼓楼、祠堂、庙宇、牌坊的聚落等是当地居民的精神寄托的精神载体。这些地方是当地民风、民俗充分表现的地方。

第三节　新农村景观体系分析

一、新农村景观体系框架构建

（一）新农村景观体系的框架

首先，对于景区规划范围要有一个明确的界定，并对该区域内的景观资源做出合理的分析，进而得出评价。其次，指明规划区内的现实基础状况，确定土地利用方向以及有一个详尽的区域建设原则。最后，整体把握景区规划布局，总结出相应的控制性规定，并以此作为进一步规划的前提依据。

（二）新农村景观的规划重点

农田是农村最基础的景观，在农业景观中有其特殊性、固有性。农田景观在整个农村规划设计中应作为一个整体来考虑，它本身由相互作用的各景观要素组成，同时也是生产性、生态性以及美学性三者的完美统一体，它所具备的功能是基本满足人类生存所必需。目前，人与地的矛盾是主要矛盾，主要表现为人多地少，规划设计首先要以保护农田为主，其次是优化整合景观资源，开发旅游业。在满足农村居民生活的大前提下，改变他们的农业生产模式，使其多元化发展，才能使有机的、生态的和精细的农业稳定且持续地发展成农田生态系统。同时，结合农田林网，如图 6-2 所示的建设，力求恢复其景观的生态功能，根据规划需要增加绿色廊道系统和分散却整体的自然斑块，并由不同的地域自然地理调节来规划农田景观格局，使其地域特色充分展现。从审美价值上讲，农田景观无疑是一项独特的体验之旅，不仅可以用来生产农产品，还可以拿来观赏与享受，如一幅诗画般展现在游客眼前，以此来提高当地农业生产的经济效益是相当有利的。

图 6-2　农田林网

二、新农村意象景观体系

新农村居民对将要建设的农村景观项目可能需要一个长时间的过程去适应或感知，然后才能从容地在这种新的景观环境中生产和生活。熟悉农村景观环境的每一个环节，掌握景观环境的自然规律和社会特征，能够通过景观之间的关系进行景观逻辑推断，对自己周围的农村景观环境具有亲切感和认同感。刘沛林在研究古村落时，就事物的普遍性特征，提出中国古村落景观具有的以下四个基本意象。

（一）山水意象

"天人合一"是中国的传统哲学思想，它是一个有机的整体，人是大自然的一部分，而人与自然的和谐发展取决于尊重自然和利用自然，体现在居住环境里则表现为借助自然山水之美来营造生态环境。例如，安徽南部的古村落呈坎村以及其他古村落普遍风行的"水口园林"，如图 6-3 所示。

图 6-3　呈坎村水口园林

（二）生态意象

中国古代村落选址十分讲究，不仅要求自然山水环境优美，还要求生态环境优美。中国古人对理想居住环境的追求包含对满意生态环境的追求。体现在树木植被良好，地形、土壤、水文、朝向等适宜。例如，浙江嵊县屠家埠村。

（三）宗族意象

宗族社会是以血缘关系为主要纽带的，在中国古代的社会里，宗族社会是一个典型的以血缘关系为基础的聚族而居的空间组织。在中国古代村落中，最重要的宗教建筑是宗祠。例如，皖南黟县宏村中心的宗祠和月塘，是人们印象最深的当地景观建构。

（四）趋吉意象

人们在与大自然长期的搏斗中，逐步认识到土地肥沃、人身安全、生活方便、风光优美的环境是人类生存和发展的有利环境；反之，穷山恶水、土地贫瘠、安全感差的环境是不利于人类生存与发展的险恶环境。因此，中国传统村落与传统城市一样，特别注意选择和营造一个趋吉避凶的人居环境。

三、新农村聚落景观体系规划设计研究

形态在一定的条件下表现为结构，从形态构成的角度可以说明，结果是形态的表现形式，而其中包含着点、线、面三个基本构成要素。从以上所述得出，新农村聚落景观结果是景观形态在一定条件下的表现形式。有学者认为，景观结构主要是指各景观组成的单元类型、多样性以及各景观之间的空间关系，而广泛比较了各种景观结构形态之后，又得出构成景观的单元有三种，即斑块、廊道和基质。因此以景观生态学的景观结构为基础，使景观单元与设计形态两者相结合。

点，即斑块，泛指与周围环境在外貌或性质上不同，并具有一定内部均质性的空间单元，应该强调的是，这种所谓的内部均质性，是相对于其周围环境而言的。斑块可以是植物群落、湖泊、草原、农田或居民等。因此，不同类型斑块的大小、形状、边界以及内部均质程度都会表现出很大的不同。

线，即廊道，指景观中与相邻两边环境不同的线性或带状结构常见的模式包括道路、河流、农田间的防风林带（见图 6-3）、输电线路等。

图 6-4　农田间的防风林带

面，即基质，或称为景观的背景、矩质、模地、本底，在景观规划设计中，面是分布最为广泛的一种，并且起着连接各个结构要素的作用，具有一定的优势。什么样的面决定什么样的景观，也就是说，基质决定着景观的性质，对景观的动态起着主导作用。森林基质、草原基质、农田基质、城市用地基质等为比较常见的基质。

四、新农村景观体系研究

（一）聚落景观

新农村聚落景观体系以人文景观为主，景观设计与其农村建设以及周边环境为主要构成方式。对于一般人而言，他们对周围环境物质形态所形成的视觉感受，以及了解或认识的形象特征，都是农村聚落景观的一种外在的现象，单只从表面来看。其实农村聚落景观除了其特有的外在物质形态以外，还包含了一些精神文化在里面，即农村聚落居民的生产生活、行为活动等。后者往往较前者多了一层更深的含义，对于农村聚落居民来说，这无疑代表了他们自身对土地的热爱，特别是世世代代在这片土地上生活的人们，他们对土地的归属感以及他们所秉承的一种乡土文化。

1. 整体格局

农村聚落只有持续地改进其功能与形式，才能得以生动地保护与发展。聚落的发展需要表现其在历史上的延续性，这种延续性会加强聚落的景观特色及不可替代性。因此，在农村聚落景观格局的塑造上：① 充分考虑当地的现实条件状况以及人文历史环境，把两者相结合；② 保证区域内的整体格局协调统一，使改建与新建区域互相关联；③ 在维持农村居民基本生活需要的同时，满足其休闲娱乐的需要，并改善其传统历史空间及场所，使其拥有新的形式与功能，同时也更具时代性；④ 景观整治主要包括增加绿化面积，如在沿路、沿河、沟渠两侧设置绿化休闲带；⑤ 凡区域内的出入口、交叉口及重点地段等都是需要强化的景观节点，需要有很强的识别性与特点突出；⑥ 在项目建设的同时不忘保护其生态环境不受损害，因此要采用生态的景观设计手法。

2. 建筑

农村建筑是以传统民居为主的乡土建筑。中国不仅历史悠久，其建筑形式也是风格多样，就乡土建筑而言，大多是反映着自然、社会及文化背景的建筑。随着历史变迁，有的更新换代，有的被遗留下来。那些曾经代表一段历史、一种文化的乡土建筑有着良好的传承性，但在整个建筑业的发展中，它们又面临着如何保存的问题。从工业文明到现代主义，人们经历了不同时期的巨大变化，农村居民大多羡慕城市的高楼，以至于在自身建筑保护与更新发展时，现代主义泛滥，使得新的建筑在布局、尺度、形式、材料及色彩上都与农村周边环境显得格格不入，这种新的建筑形式正慢慢迫使应传承的农村建筑文化及特色逐渐丧失。当城市化进程加快时，我们更要把握好历史发展的脉络，使新农村建筑有一个准确的方向及定位，在更新与发展前要先统一规划部署。

在农村聚落内部，即保留的区域，农村建筑更新与发展面临三种方式。

（1）保护。保护对象主要是指那些有历史文化价值的建筑，其自身的文化传承性使得它们是不允许被拆除的，即使大多数建筑已经不能为居民生产生活服务，丧失了应有的使用功能，但只要给予适当的修缮，至少可以作为当地历史发展的见证。

（2）改建。改建一般是内部改造，外部基本维持原有的建筑式样，这是对那些区域范围内有居住意义及发展需要的旧建筑，改建之后的建筑应是能适应现代化生活需要的。对于区域范围内自行拆旧换新的问题应有相应的处理办法，对于农村居民应给予正确的引导，并对那些已经与周围格格不入的建筑进行改建，如装饰材料及颜色的使用，避免统一区域内出现混乱的建筑格局。建筑形式的混乱是现在新农村建设中普遍出现的问题，但由于经济的约束，很难彻底改善这种不协调的局面。

（3）拆除。对于无法改建的旧建筑，应予以拆除。新的区域主要是指农村聚落的外部，相比较传统的生活空间而言，外部的新建区域有很强的可塑性，即设计空间较大。此时只需要把传统建筑形式与现代需求相结合，寻求一个折中点来重新规划建设，如拆村并点。

3. 活动空间

（1）街道路面。主干道使用柏油路面以及混凝土路面，街道需使用不同等级

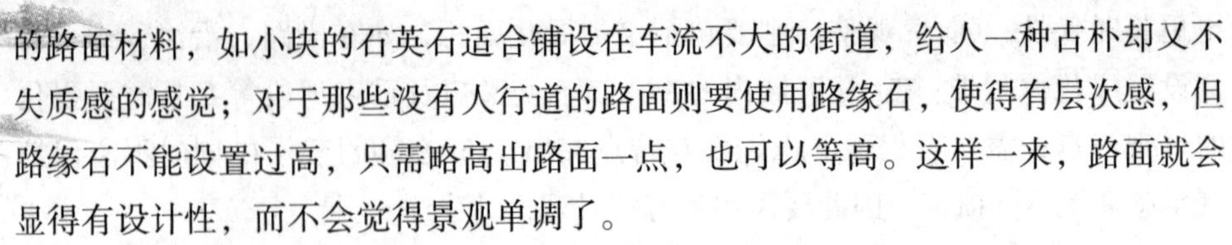

的路面材料，如小块的石英石适合铺设在车流不大的街道，给人一种古朴却又不失质感的感觉；对于那些没有人行道的路面则要使用路缘石，使得有层次感，但路缘石不能设置过高，只需略高出路面一点，也可以等高。这样一来，路面就会显得有设计性，而不会觉得景观单调了。

① 人行道。一般来说，人行道与路面等高或略高一点，设置不同的材质使其有明显的分隔和界限。

② 路灯。路灯是最普遍的，也是最重要的街道照明方式，它是街道景观不可或缺的构成原色。农村路灯与城市不同之处主要在于其照明方式和尺度，农村街道的尺度普遍偏低，使满足照明需求的同时又能带给人以亲切和舒适感。在灯具外形的选择上更要考虑是否与周围环境相协调，以更好地展现出当地环境特色及文化内涵为标准挑选合适的灯具。

③ 围栏。围栏的材料一般以木材、石材和绿篱为主，材料较为天然，给人简单、自然的感觉，对于农村景观的生态性也是有帮助的，不宜使用混凝土及砖砌的高墙。

④ 绿化。区别于城市绿化，农村景观中的绿化不应做过多的刻意强调，相反，应该通过自然的灌木及草坪分离出界限，而不需要像城市一样用过高的侧石来做硬性分隔。除非是有明显的地形因素存在，否则即使如花池、花坛、花盆这样的人工产物也不要使用砌筑形式做绿化。

（2）亲水。水是空间连接的重要组成部分，也是空间的重要景观构成要素，除了连接内部空间与外部空间的交往外，还有很高的实用价值和文化价值。水不仅可以满足农村居民的基本生活、灌溉需要，还能够防火以及影响风水布局。大多数的聚落空间选址是在有自然条件的情况下，如河、溪流等，而那些没有这些自然条件的聚落空间则需要自己打井或挖塘取水。前者有较大的多样化，因为自然的河与溪流形态多样，营造的水域空间与水岸游憩活动相对来说丰富一些。但在发展水域空间活动的同时，需考虑环境保护因素，以此作为活动开发的依托，不能盲目追求休闲娱乐形式，而忽略河流及溪流的生态环境保护与维持。生态环境保护问题普遍存在于农村建设项目中，对于水域空间则需要通过改变水体形态、配置躲避空间及增加遮蔽物等综合处理，以此来保护水域资源。另外，堆石、浚潭、植栽、枯木和实施五种方法都能结合设计，使休闲娱乐活动更好地融入保护生态环境中，使得农村景观生态更加平衡。

（3）老年活动中心。随着生活条件的改善，老龄化现象无论在城市还是农村都已经是普遍存在的现象，因此有必要也急需设置老年活动中心。一般的传统农村聚落里，都是把活动场所安排在室外，虽然能享受阳光，但受自然影响的程度较大。

（4）儿童活动区。儿童一般有喜水的特性，与水域空间亲密接触是儿童活动区不可少的。一般的传统农村聚落空间里，没有特别指明供儿童活动的场所，大多把自然的水边和庭院空地视为玩耍的主要场所，但基于安全考虑，在满足玩耍游戏的同时，应具备相应的保护措施，如涉水池旁。同时配备相应的玩耍设施，如滑梯、秋千和跷跷板等。

（5）广场。广场往往是供人群聚集的地方，传统农村聚落里的广场普遍用来祭祀，而新农村建设项目里的广场则更多地服务于节庆与各种风俗活动，同时满足当地居民与游客的娱乐需要，把公共建筑与集中绿地更好地连接在一起，使其功能更加突出，实施更加方便与现代化。目前在新农村建设中，要严禁仿效大城市的所谓大广场，严禁空旷的大面积铺装，严禁占用土地做不合理使用，要把广场与当地居民的生产生活内容相结合，与周围环境相协调。

4.绿化

农村聚落绿化类型一般分为以下几种。

（1）庭院绿化，包括村民住宅、公共活动中心或者机关、学校、企业和医院等单位的绿化。

（2）点状绿化，指孤立木，多为古树名木，成为农村聚落的标志性景观，需要妥善保护。

（3）带状绿化，是农村聚落绿化的骨架，包括路、河、沟、渠等绿化和聚落防护林带。

（4）片状绿化，结合农村的聚落整体绿化布局设置，主要指聚落公共绿地。

（二）农业景观

人类长期与自然界相互作用便产生了农业景观。因为这种与自然相谐调的土地利用过程对提高农业景观的审美质量具有至关重要的作用，所以农业景观在可持续发展模式中会变得更有吸引力。

1.农田

农田是农村的形态象征，农田景观是农村景观中最基本的景观构成要素。从景观生态学的角度来看，农业景观通常是由几种不同的作物群体生态系统形成的大小不一的镶嵌体或廊道构成。

（1）影响因素。影响农田景观的因素有三个方面，轮作制、农业生产组织形式、耕作栽培技术。

（2）设计原则。农田景观规划设计原则有整体、保护、生态、地域和美学。

（3）设计步骤。农田景观规划设计的一般步骤是，确定农田规划设计范围，农田景观勘测与资料收集，农田景观现状图的编制，农田景观适宜性分析，农田景观规划与设计，制定农田景观利用规则，农田景观规划实施和调整。

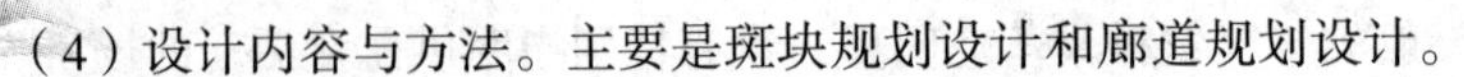

（4）设计内容与方法。主要是斑块规划设计和廊道规划设计。

2. 林果园

现代林果园已经不是传统观念中只有生产意义的果园，而是现代农业景观的重要组成部分，它集生产、观光、生态于一体，以果树林木为基础，适应现代化的市场需求。现代林果园景观规划设计充分带动了农村经济的提高，协调了人与自然的关系，使社会经济发展与资源相辅相成。

3. 庭院

庭院景观设计主要有三项原则，即实用、经济、美化。不同的认识阶段和不同时期的经济发展水平都对其产生一定的影响，由于越来越多的控制性规划和管理方针的出台，国家对于农村庭院基地的规范性越来越强，使得庭院面积越来越少。较之以往的建设方式，如今主要把建设重点放在环境改造上，而非庭院建设。

（三）水域景观

人类一向把水视为赖以生存的最基本的资源。水资源是影响农村聚落最直接、最深刻的自然因素，其他自然因素直接或间接地通过水环境来影响农村聚落。水系对景观空间的布局起着非常重要的作用，不仅影响农村内部结构，还间接影响着村落外围环境结构。对于缺少自然水资源条件的农村，多数采取的是打井和挖塘取水的方式蓄水，一来可以解决生产和生活的必需，二来可以起到防火的作用。水资源往往会成为一个村镇的中心，不仅可以改善整个生态环境，还可以丰富景观空间层次。就水资源的一般使用性来说，最常用的是饮水、灌溉和防火，其实水系还有很多功能，如浣洗、运输、排水、排洪、调蓄、美学、生态以及防御等。在如今的新农村建设项目中，水系的生态和美学功能占有越来越重要的地位，而且普遍遵循四项基本原则，即整体布局、主次分明、生态环保和实用美学。

（四）道路景观

道路是经济发展的命脉，农村道路是农村经济发展的先决条件。按照国家标准，道路的使用性质可以划分为五种级别，即国道、省道、县道、村道、专道。村道主要是指那些为农村经济、文化和行政服务的公路，是农村与外部联系的主要方式。在设计农村道路景观时需遵循五项基本原则，即安全、整体、乡土、生态、保护。

五、新农村观光休闲农业园规划设计研究

在城市化进程加快的今天，中国经济的发展状况越来越好，休闲农业的兴

起带给了众多城市人精神上的享受，满足了他们忙碌工作后的休闲娱乐需求。休闲农业突破了以往单一的种植和养殖模式，取而代之的是一种新型的现代化农业经营方式，体现在生产、生活和生态的各个方面。农村资源丰富，休闲农业园正是把这些资源与休闲娱乐相结合，为繁忙的都市人提供一个调理身心的机会，让游客犹如重回大自然一样，体会人与自然充分和谐的意境。感受着丰富的自然环境和优美的田园风光，游客亲身参与到农耕活动和乡村生活中来。中国是农业大国，中国农业文化的历史非常悠久，加上农业景观类型多种多样，这些都为休闲农业园的发展提供了一个很好的发展平台，而发展休闲农业园与促进农村经济水平的提高是相辅相成的，大力推进休闲农业发展的同时，深度开发农村景观资源，挖掘其内涵的市场潜力，可以帮助调整农村的产业模式与资源结构，并能更好地改善农业生产环境，使农业效益持续稳定地增长，进而增加农民的收入，使农民在有良好的生活环境的同时，自身也富裕起来。

观光农业旅游发展的阶段主要分为三个阶段，即早期萌芽、初级经营和成熟经营阶段，如表 6-2 所示。

表 6-2　观光农业旅游发展的阶段模式（1990—1997 年）

阶段模式	发展阶段	旅游主题	主导者	市　场	市场消费强度（交通除外）
自发式	早期旅游萌芽阶段	不明确，仅作为休闲调剂	自发形式的个人或群体	供求关系模糊，个人需求导向	每人每天少于 30 元
自主式	初级经营阶段	有一定的主题和活动安排	中、小旅行社主动参与经营	以短期盈利为目的参与经营	每人每天 60 ~ 120 元
开发式	成熟经营阶段	有明确的主题和系列活动策划	大型（旅游）企业开发集团开发与经营管理	大型（旅游）企业开发集团开发与经营管理	每人每天 120 元以上

（一）观光休闲农业园现状存在的问题

当前观光休闲农业园区规划主要存在的问题有：一是农业园区的现实状况不理想，开发难度大；二是即使能有效开发，也缺乏合理系统的规划与设计。大多数问题的发展是由于整治不够与缺乏正确引导，还有就是没有优先解决园区的基

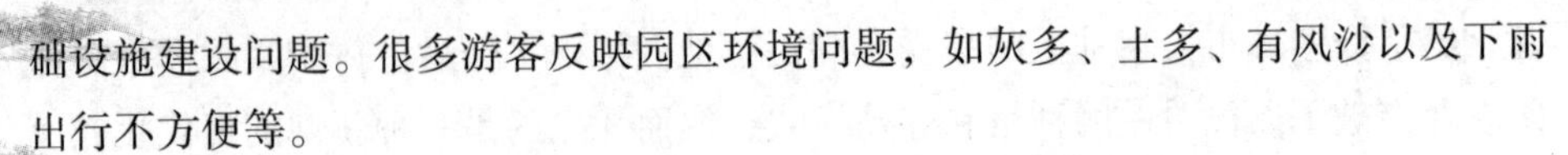

础设施建设问题。很多游客反映园区环境问题，如灰多、土多、有风沙以及下雨出行不方便等。

（二）观光休闲农业园规划设计理论

农业一直是满足人类生存最基本的需要、最初级的产业，也是不可或缺的产业。而发展观光休闲农业园就是要使乡村在进行农业生产的同时，兼顾乡村旅游观光，让游客亲身体验整个农业生产活动过程。这使得其运营的目标、价值、收益乃至形态，均有别于传统的农业生产，而被视为由农业初级产业转型为服务产业。

1. 概念

观光休闲农业园区，是随着近年来都市生活水平和城市化程度的提高，以及人们环境意识的增强而逐渐出现的集科技示范、观光采摘、休闲度假于一体的，经济效益、生态效益和社会效益相结合的综合园区。只采用单一种植模式的农耕时代已经过去，传统农业发展到今天已经变成了集生态、科普、休闲于一体，多种形态并存的新型农产业结构模式。农民有了新的就业岗位和致富途径，不再是单一地对土地进行耕种，转而更科学、更合理，也更有效地利用他们脚下的这块土地。

2. 理论依据

景观生态学是研究在一个相当大的区域内，由许多不同生态系统组成的整体空间结构、相互作用、协调功能及动态变化的一门生态学新分支。景观生态学涉及的课题研究范围相当广泛。中国社会在快速发展的同时，城市景观和农业景观越发体现出其生态性特征。特别是城市化进程加快之后，城市越来越大，农村自然植被面积越来越少，按照景观生态学的说法，就必须为此制定一个完善的远期规划发展目标，使得耕种与观光协调发展，把功能、结构与景观三方面结合为一体，统筹发展，维护自然生态，维护人类共同的家园。

在繁忙的都市生活之余，充满自然气息的观光休闲农业园无疑是一个远离城市喧嚣的好去处，它不仅推动了农村产业结构的多功能化，而且规范了农村环境，增加了农民的收入，使农村无论从生活环境还是生活质量都得到了很大的改善。在旅游开发的进一步过程中，景区功能如何详细划分且功能明确是很重要的。要保证农业园区景观完整的同时，兼顾原始性和生态性。

在一些景观的内部存在着关键性的系统关系，如局部、点和位置。空间的格局由这些起关键性的系统构成，以此来控制整个生态的保护与维持。在开发农业休闲园区的同时，应保护农业耕地面积不受侵害，这就要依靠景观安全格局来使之维持在相应的安全水平上，使人与地的关系和谐发展。

农业的总体战略地位一直保持突出，世界农业发展速度普遍加快，与此同时，中国的农业发展也一直紧跟时代的步伐。发展可持续性农村规划建设一直是中国的一项十分重要的战略决策，这既是为了适应广泛的市场需要，也是为了与世界各国同步。在园区规划方面，一要使自然景观与人文景观相融合，二要使土地资源与整个设计环境相融合。另外，发展现代性的农业产业结构形式，需要使资源得到更合理的利用。无论是农业产业结构转型还是生产发展所需，都能使农民在物质和精神上得到充分的提高。为了使休闲农业有长期且持续有效的发展，保护和合理开发自然资源是首要的关键性问题，诸如水资源、土地资源以及农作物资源等都包含在内，只有这样才能提高产业发展质量和效率。

观光休闲农业园区对游客来说无疑是种“绿色消费”，园区内开发的绿色有机果品投放市场，不仅可以引导绿色消费潮流，还可以带动大范围内的绿色消费意识。园区内的所有规划都需要具备可持续性，一切要以生态环保为出发点，组织和策划一系列绿色活动。

（三）观光休闲农业园规划设计方法

1.设计理念

观光休闲农业园区的建设需要以城市到农村为整体的出发点，强调新型的农业生产建设，并在城市与农村之间形成一个系统的环境景观空间，构筑“城市—郊区—乡间—田野”的整体休闲系统，使游客在其中悠然自得，如表 6-3 所示。

表 6-3　休闲农业经营形式与环境设计的发展方向

		农村生活体验型	主题产业体验型	原住民农事文化体验	乡村休养体验（民宿）
选用模式条件	资源	基地内产业资源丰富且多样化，但无明显特色者	有某项产业特别突出者	以原住民为主且相关文化设施丰富者	具有宁静的乡野气氛、古朴农宅、无特殊产业者
	人力	休闲农业区中参与较多者	较需解说人员	原住民有亲自参与意愿者	需有愿意提供或另设民宿者
特色说明	衣	操作农事的斗笠装扮、下雨时用的蓑衣、扮稻草人等	与主题产业相关的服饰（如印有纪念图案的 T 恤）	自然织品的原料、图案，原住民服饰	轻松自然的棉布衣

（续　表）

		农村生活体验型	主题产业体验型	原住民农事文化体验	乡村休养体验（民宿）
特色说明	食	乡村应时食品供应、野菜采摘、野炊等，讲求活泼且多样化的发展	与主题产业相关食品：生食、煮食及品尝各种加工品，讲求单一产品且深入地应用	原住民传统食物、烹煮调味方式等，讲求特色	乡间应时食品、讲求新鲜自然简朴
	住	活动中心、农舍、露营	主题馆附属住宿设施或其他	原住民传统住屋、原住民现有住宅	传统农宅、乡间小屋
	行	自行车、牛车、铁牛车、步行	专车或导览车	步行、原住民传统交通工具的应用	步行、自行车
	育	各种农作、农事等农业相关知识的学习	对主题产业有深入的了解	原住民农事文化的了解	休养生息，体会乡间宁静之美
	乐	各种农业相关体验（采、摘、喂、耕……）及乡间各种活动（童玩、庙会……）	主题发展各种过程，各种视、听、嗅、味、触觉的发展	祭典、传统舞蹈、野外求生等	散步、新鲜空气、享受宁静的环境
适用对象		全家同游，各年龄层的团体活动	各年龄层团体活动，专业团体，全家同游	全家同游，对原住民文化有兴趣的个人或团体	退休者或都市人、作家、画家等有需要者
环境设计原则		着重回复传统农村的风味，并以永续农业或永续栽培系统的观念作为环境设计的特色表现	着重主题产品的展现，可利用主题产品的造型、色彩、质感转化与公共设施的设计，以强化主题特色，或利用各类主题产品的植栽作为观景植栽	一方面应以尽量恢复旧有文化的特色为原则，在新建设施方面，则亦应参考传统施工法及传统材料，加入新的创意设计	多发挥个人创意，在农宅、农具及农村景观上发挥巧思，以凸显民宿主人的不同特色

在具体的规划设计中，观光休闲农业园应该在前期开发的同时，保证不破坏当地自然生态环境，在此前提下，大力进行有规模有计划的经营，充分利用本地资源特色，把农业生产生活与游览观光相结合起来。

2. 设计原则

（1）生态性。好的规划设计应该把自然资源与人文资源相结合，做好生态保育规划设计，使人类在游览观赏的同时不忘保护自然生态环境，体现人与自然和谐共处，共生共荣。只有这样，自然生态体系才能稳步发展。

（2）经济性。好的规划设计应该让游客亲身体验农业生产活动，使农村生活有效融入旅游活动中，把体验与休闲相结合。

（3）特色性。好的规划设计应该结合实际，充分利用当地景观资源，发挥其资源特色，把握不同季节资源特色的时异性和多样性。因此，在设计中除了体现景观的季节性特征以外，还要充分展现当地景观资源的地域性特色。

（4）多样性。好的规划设计应该满足各种消费者的需求，充分考虑市场需要，开设多条游览方略和线路。

3. 设计思路

同济大学的吴人伟教授总结了三种农业园区的规划思路：一是以产业为中心，走经济规划之路；二是以土地为核心，主要利用土地规划；三是以提高农产品之间的竞争力为核心。吴教授还进一步对这三种规划思路做了比较分析，新农村景观规划建设主要是把休闲观光与农业生产生活相结合，并维护园区生态环境平衡。在此基础上，规划建设时需要合理地分区与细致地实施，使整个规划完整且系统，各功能分区使用明确。

4. 设计方法和内容

（1）基础资料收集和分析。基础资料主要指当地的自然、社会及历史情况，并充分了解当地的现实状况，方便合理开发当地资源，并且做到不破坏任何生态环境。另外还要了解当地的交通网络以及已经存在的产业发展情况。

（2）目标定位。制定出相关建设项目目标之前，应对所要规划的地域范围做出统计，对主要地段把握其性质和规模，总结出一个大的方针和总的目标，以此来引导规划以及合理地实施。

（3）园区发展战略。依据“调查—分析—综合”的发展方针，深度开发园区的自然以及社会资源，使产业结构多样化。

（4）园区产业布局。由于休闲观光农业园已经不是传统的农业生产，而转为新型的多种形式共存的农业生产模式，所以除了满足基本需要的种植与养殖外，投入高新技术来引导产业发展是非常重要的。好的规划需要合理的布局，不仅要有多元化的产业结构，还要使之与旅游基础服务设施相协调。

（5）园区功能布局。规划布局需要系统、统筹，以满足消费者的需求为第一要点，使功能与产业结构相协调，既要发展出特色产业，又要使之互相融合，和谐发展。

（6）园区土地利用规划。首先要对当地的土地资源进行一次综合测试，得出一个合理的评价；其次要以最合理的方式进行开发，并具备一定的深度，保证不浪费、不破坏，合理利用现有土地。

（7）景观系统规划设计。好的设计一定相当系统且完整，既有准确的定位又有详尽的细节。因此，在农村景观规划设计时，把握景观空间节点的层次与节奏是十分重要的，主要表现在主次分明、重点突出，同时又相互关联。另外，完善的基础配套设施是一个关键点，主要包括基础服务设施和水电设施。

（8）解说系统规划设计。游客需要的解说不外乎两种，一种是一目了然的图片，另一种是一听就明白的讲解。图片部分主要包含导游图、画册、指示牌和影碟等。讲解是能动性很强的，要求园区内的导游与服务性人员具备一定的表述能力。在这些解说里面最突出的是指示牌，因为它具有最直观帮助游客了解园区环境的功能。

（9）规划与设计的实施。对于诸如道路、广场、水体、植配、小品等景观细节进行分区详细设计，细化重要节点，并在整体方案确定后开始施工。

（10）评价。在项目从起草到实施的过程中，市场化至关重要，此时需要对设计以及整个项目的过程实行详细的评价并得出结论。主要包括客源市场、投资风险、生态环境影响以及效益等问题。

（11）管理。管理的模式一般是“公司＋农户＋经济合作组织”。这同时也是现代社会企业的标准要求，只有建立完善的管理机制，才能充分保障各项工作有条不紊地顺利实施。

（12）规划成果。主要内容为可行性研究报告、设计文本与图集、基础资料汇编。文本中必须明确包含当地的现状分析、开发意向、设计思想、设计原则、设计目标、设计方法、设计布局、土地利用、设计功能、保育规划、基础设施、经济与社会效益总结等。

5. 功能分区

以休闲与观光为核心的农业园区，在其总体布局上应有其各自的功能特点并相互关联。主要为休闲体验和观光采摘两个部分，各功能区域内特点突出，相互关联和谐发展，依据农业园区的整体定位和原则，又在这两大部分的基础上划分出入口区、接待服务区、管理区、展示区、采摘区、体验区、引种区、度假区和生产区等。当然，任何农业产品都有不成熟期，在不成熟期内更需要依靠整个园区的互相作用，协调发展，使其真正成为一个有机的整体。

（1）入口区。用于交通以及游客休闲体验用地。

（2）服务接待区。用于游客集中接待的住宿、餐饮、购物、娱乐以及医疗服务设施。

（3）管理区。用于管理园区方方面面的办公楼、仓库以及停车场等。

（4）科普展示区。是为儿童及青少年设计的活动用地，以科学知识教育与趣味活动相组合，具备科普教育、电化宣教、住宿等功能。

（5）特色品种展示区。顾名思义，展示区内的产品应该是园区内最具当地特色的，并且有较强的观赏性，足以用来展示。

（6）精品展示区。用于精品农作物的种植，可供游客亲身体验。

（7）种植采摘区。作为园区的基本活动用地，面积应较大。

（8）种植体验区。主要用于游客认养农作物以及参与各种农业生产，如给农作物施肥、剪枝、疏花、疏果、套袋、采摘等，但都属于小范围的种植体验，如表 6-4 所示。

（9）引种区。用于引进国内外优良的农产品品种，包括驯化、选育和繁育。

（10）休闲度假区。用于游客长时间活动的地方。

（11）生产区。用于传统农产品的生产。

表 6-4　某休闲农场农业经营体验区体验活动

活动分区	分区面积 /hm^2	活动内容	设施项目
南投农业小世界	0.815 4	生产、采集、观赏、教育解说	解说牌、喷灌设施、遮阴设施、棚架、小凉亭
香草植物园	0.20	生产、采集、观赏、教育解说、香草浴	解说牌、喷灌设施
百草园	0.15	生产、采集、观赏、教育解说、药草浴	解说牌、喷灌设施、遮阴设施
养生有机野菜园	0.15	生产、采集、观赏、教育解说、料理品尝	解说牌、喷灌设施、遮阴设施
争奇斗艳花圃	0.12	生产、采集、观赏、教育解说、赏蝶	解说牌、喷灌设施
生态农塘	0.08	观赏、教育解说、喂饲、两栖生态观察	解说牌、倾斗销售机、座椅、护栏

（续 表）

活动分区	分区面积 /hm^2	活动内容	设施项目
览胜树林及森林呼吸体能活动场	0.20	树木解说、散步森林、野餐、赏鸟、体能训练、休憩养生	步道、凉亭、解说设施、休憩座椅、垃圾桶、排水槽沟、体能设施、洗手台
精致园艺栽培教育区	0.24	乡土文物展示、观赏、品尝	棚架、洗手台、洗手间、照明设施、小广场、休憩座椅
昆虫生态教育园区	0.01	观赏、昆虫生态教学	标示牌、温室
青青草原亲子游戏场	0.02	儿童游戏、体能活动	游戏设施、标示牌、植栽
停车场	0.13	停车、休息	标示牌、植栽、停车场
合计	2.115 4		

第四节　新农村聚落景观规划与设计

对于农村居民来说，其主要的聚居地就是农村聚落，农村聚落也是农村居民日常居住、交往以及休息时的重要活动场地。在农村聚落的整体发展过程中，都是由村民自发形成，每个村民的家中都会根据其实际的生活条件对其聚落环境进行改善，这样做虽然有好处，但是还是会产生整体景观建设混乱的状况。随着我国农村经济的不断发展，农村城市化的进程不断加深，农村人民的整体生活水平也在不断提高，经过多年的经验总结，农村聚落景观在设计过程中一定要以集体为单位，不能一家一户的分散建设改造。

一、住宅设计

在农村，其住宅的设计主要还是以传统的土建筑为主。中国是一个地大物博的国家，各地的风土人情不同、气候不同、地质也不同，这就决定了各地的建筑风格各有不同。在对农村住宅进行设计的过程中，不能够只考虑借鉴城市的建筑风格，还要对农村的地域特色及实际的地质情况对建筑的风格进行确认，这样才能够保证农村人民的居住环境和居住质量。

二、公共设施设计

近年来，随着城市化进程在农村的不断加深，农民的生产生活水平得到了普遍提高，不管是在教育上、人际交往上、医疗水平上还是健身娱乐上，人们的需求也在不断地提高，这就需要对相关公共设施进行完善。在农村，对公共设施进行建设时要考虑到各地的实际发展情况和人口情况，在对农村物质文化需求进行满足的同时，还要对精神文化生活的质量进行保证。

三、基础设施改造

与城市相比，我国农村存在基础设施相对落后的问题，这种情况也直接对农民的生活质量造成影响。对于新农村聚落景观的设计工作来说，基础设施的改造工作是其发展及设计过程中非常重要的一个环节。对农村基础设施进行改造，能够提高农村居民的整体生活质量。

本章主要研究了新农村景观规划的设计。在研究过程中主要围绕新农村景观规划的出发点、新农村景观规划的设计设想以及新农村聚落景观的设计来进行研究。

第七章　新农村景观规划设计内容的方法探讨

第一节　中国不同地区乡村景观的特点

中国地域广大，气候、地质、地形、植被等自然条件和地域文化不尽相同，下面简要介绍中国不同地区乡村景观的特点。

一、华北地区

华北地区地处暖温带，属于温带季风气候，夏季暖热多雨，冬季寒冷干燥。四季分明，春秋两季短促。华北地区地形以平原为主。植被具有典型的北方植物特点，以草原、落叶林木为主。在夏朝时，华北的山西南部和河北、天津、北京等部分就属于夏朝的疆域，孕育出华夏历史文化、蒙古游牧文化等。该地区聚落紧凑，多以团块状分布，房屋低矮，屋顶坡度较大，瓦以红瓦、灰瓦为主，民居以平房为主，多为三合院或四合院，形制为长方形，道路笔直。高大挺拔的白杨树与厚实平稳的民居组合在一起，构成华北平原上独具风格的乡村聚落景观。

二、东北地区

东北地区地处中温带，属于温带季风气候，气候特征和华北地区相似，但是由于纬度较高，冬季气温较低。东北地区地形以平原为主，植被多为落叶阔叶林木，也有丰富的耐寒松柏等植物。冬季时节，“北国风光，千里冰封，万里雪飘”“山舞银蛇，原驰蜡象”，一派妖娆景象。该地区历史文化悠久，民俗文化丰富。建筑样式多为土坯房和砖瓦房，墙体较厚，出于采光取暖需要，多为三间房或五间房，形制同华北地区大同小异。

三、华东地区

华东地区除山东和江苏外大部分位于长江以南，气候温和湿润，季节分明。地形丰富多样。植被多为常绿阔叶林木，具有典型的江南水乡特色。自然风景秀美，山川与绿水掩映，风景如画。村落选址讲究，村落入口处往往有寨墙、寨门或歇荫树、歇荫亭等，布局富有文化创意。建筑样式独具特色，造型简洁大方，多为一到二层的厅堂式建筑，平房与楼房相捧，高低错落，粉墙黛瓦，庭院深邃。特别是院南古村落中的宗祠、牌坊、亭台水榭、民居等文化景观，是该地区自然景观基础上的完善和丰富，具有典型的中国江南景观特色。

四、中南地区

中南地区景色秀美，属于亚热带季风气候，湿润多雨，冬季温暖，夏季炎热。地形以平原丘陵为主。植被以常绿植被为主，四季常青。该地区的建筑各具特色。如河南的窑洞，施工简单、造价低廉，住在里面冬暖夏凉，是天然的“空调房”，非常适合居住，同时又可在上种植植物，是天然的掩体建筑。湖南的民居形式多变，材质以自然材质为主，多为木质或石材，造型简洁，朴素纯净，给人以回归自然的感觉。广东民居建筑多为中式的传统建筑，但是也有不少是受国外建筑样式的影响。古村中入口处常植有大榕树，民居周围则种植芭蕉和竹子，景色迷人。广西的村落建筑以木、竹结构建造，自然特征明显，生态环保。该地区历史文化源远流长，是华夏文明的发源地和中原文化所在地，文化气息浓厚。

五、西南地区

西南地区属于亚热带季风气候和高原山地气候，气候多样，地形复杂，以高原、山地和盆地为主，自古就有“蜀道难，难于上青天”的地形特点，可见该地区的地形复杂程度。植被以常绿阔叶林木为主。村落建筑样式丰富。在四川地区，建筑式样多为瓦顶，屋檐挑出较大，这是由于该地区炎热、湿润多雨的气候条件决定的。某些地区的民居用石材堆砌而成，就地取材，外貌自然纯朴。云南地区的村落建筑主要以竹子作为建筑材料，如傣族的干阑式竹楼，将建筑与环境做到了最大限度的融合。藏族的民居主要是碉房，材料以石材和木材为主，风格古朴。该地区少数民族多，少数民族历史文化资源丰富，这些因素直接影响到了当地村落的景观式样。

六、西北地区

西北地区为温带大陆性季风气候，由于地处内陆，气候干旱少雨。地形以高原、山地为主，多沙漠，植被覆盖率较低，以落叶阔叶林木为主。最能体现这一地区村落建筑特征的建筑样式是黄土高原的窗洞，村落一般建于土质优良的黄土壁崖之上，整个村落与环境浑然一体，典型的“天—地—人”的和谐景象。窑洞建筑造价低廉，节约了土地资源和能源，对于自然环境破坏很小，与自然巧妙地融为一体，冬暖夏凉，非常适宜居住。

第二节　中国新农村景观规划设计的原则及依据

新农村景观规划设计就是要在中国农村现有土地及土地上的物质和空间上，为人们创造舒适、生态、安全、优美的生活和生产环境。农村景观设计中涉及的建筑景观、道路景观、田园绿化景观、公共景观、水景观、旅游资源景观等都是新农村景观规划设计的内容。

我国农村景观尚有诸多缺点和不足，根据中国不同地区农村的景观特点，新农村景观规划设计的内容及依据解决这些问题，成为当下的主要任务。新农村景观规划设计，需要在一定的原则下进行。

一、“以人为本”，设计出符合人类生理和心理需求的和谐景观

中国自古就重视“以人为本”，一向注意从人的生理和心理需要方面设计。

在生理需求方面，先秦时代便有了对于人体工程学的研究，《考工记·庐人为庐器》就曾记载过根据人体工程学设计兵器，“庐人为庐器，戈柲六尺有六寸，殳长寻有四尺，车戟常，酋矛常有四尺，夷矛三寻。凡兵无过三其身。过三其身，弗能用也，而无已，又以害人。”可见人体生理决定兵器的形制。在新农村景观设计中，景观设计与人类生理需要应最大限度协调，使人们的生活、生产等更加舒适。

在心理需求方面，应尽量使人们心情愉悦。如果没有愉悦的心情，那么只能是“耳之情欲声，心不乐，五音在前弗听；目之情欲色，心弗乐，五色在前弗视；鼻之情欲芳香，心弗乐，芳香在前弗嗅；口之情欲滋味，心弗乐，五味在前弗食”。所以，在景观设计中重视人的生理需求的同时还要关注人的心理需求。

增加群众参与性。在新农村景观规划设计中，景观设施的设计要增加参与性的群众互动设施。上海世博会德国馆中对于观众参与性设施的大量运用，取得了很好的展示效果。新农村景观虽然不同于大型的展览会，但是同样需要给游客留下深刻的印象。让游客在亲身体验中学习或者体会某些特有的、在城市中或其他地区体会不到的信息或元素。这样既增长了游客的知识和体验，又丰富了农村景观的式样。

在新农村景观设计中要以提高人的舒适度为主要任务，综合调动人的视、听、

触、味、嗅五种感官体验，最大限度使生理与心理需求得到满足。根据不同地区的气候、地形、植被、地质等自然条件与不同民族的生活习惯、历史文化、传统风俗、喜好因素，在对诸多方面综合考虑之后，结合实际情况进行景观设计。现代新农村景观设计要建立在充分认识人类的生理需求和当代大众行为心理的基础上，对景观构成元素进行再创造。以当地居民为本，发展乡村旅游的乡村还要针对外来人员进行设计，以观者的身心愉悦为设计出发点。例如，设计乡村游憩广场，既可满足当地居民集会、活动、养生需要，又有满足游客兴趣需要的作用。

二、以可持续发展为目标，景观设计要生态、低碳、环保

“其功顺天者，天助之；其功逆天者，天违之。天之所助，虽小必大；天之所违，虽成必败。”人类是自然的组成部分，人类生存和发展都与周围的环境有着紧密的联系，人类与环境从来都是互相影响的。麦克哈格在《设计结合自然》中讲到，无论城市或乡村，都需要自然环境使人类延续，把大自然的恩赐保存下来。无论城市或农村，通常在经济、科技以及人们的科学认识水平低的时候，环境对于人类的影响大，人类处于被动的适应阶段。随着人类认识水平的提高和经济、科技的进步，人类已经成为“超人”，这种状态演变为人类对于环境的影响逐步加大，成为环境的主宰。但是人类的“超人”力量严重超越了环境的承载能力，致使环境对于人类的反作用力正在逐步地加大。环境问题、生态问题、资源的过度利用问题已经成为全球性的问题，2009 年哥本哈根气候大会正是各国基于对目前环境形势严峻性的认识所做的共同努力。这次会议极大地唤起了人们的环保意识，人们开始追求环保的、低碳的生活方式，国家开始注重节能减排，最大限度减少对环境的威胁。达到这一目的并非易事，除了国家制定法律法规外，还需要改变人们的价值观，“发当代的财，断子孙的路”是绝对不可取的经济发展方式。设计必须将人和自然潜在的和谐表现出来，结合自然、尊重自然。

环境问题在乡村主要表现为生态破坏，没有青山绿水、蓝天白云的农村景观不能称之为“新农村景观”。明代的计成十分重视自然环境，提倡维持自然环境的生态原貌。《园冶》中提到，在建设房屋时“多年树木，碍筑檐桓，让一步可以立根，砍树桠不妨封顶”。“休犯山林罪过”。新农村景观设计中，要依照生态的、可持续的、低碳的、环保的原则设计自然景观、建筑景观、历史文化景观。从长远考虑，使子孙后代生活的环境也是青山绿水、蓝天白云，鸟雀成群。

三、因地制宜，与周围环境相协调，根据地区特征进行景观设计

现代主义建筑大师弗兰克・赖特作为有机功能主义的先驱，提到了有机建筑

的六个原则，其中一条就是要使得建筑与环境相协调。他说："一个建筑应该看起来是从那里长出来的，并且与周围的环境和谐一致。"虽然这只是在建筑上强调的与环境的和谐，但却很好地诠释了因地制宜、与周围环境协调的重要性。在我国新农村景观设计中要以此为指导，无论是选址、建筑景观、水体景观、景观小品、公共服务设施、田野景观布置等都需做到因地制宜、和谐共生。

四、保护地域文化，包括物质文化景观和精神文化景观

在新农村景观设计中，要特别重视文化因素的融入。纵观世界设计史，我们发现，文化在设计中始终是永恒的。从 14 世纪复兴古希腊、古罗马文化的文艺复兴，到 19 世纪复兴罗马、希腊文化、中世纪文化的新古典主义、浪漫主义、折中主义，再到 19 世纪 60 年代复兴中世纪哥特风格的工艺美术运动、受日本文化影响的新艺术运动，20 世纪 60 年代出现的文化折中、调侃、混杂的后现代主义，设计师总能在文化中汲取营养创造出好的设计。在新农村景观设计时要将历史上优秀的文化"古为今用"。北京奥林匹克公园内的建筑样式，运用传统改中国建筑样式和色彩的现代变形，同时材料的运用由木材变为钢材，非常具有中国韵味。

在新农村景观设计中，地域文化是一种"品牌"，这种品牌在不同的地区及时间有各自的品牌样式，古希腊样式是一种"品牌"，古罗马样式是一种"品牌"，中世纪哥特式是一种"品牌"，"巴洛克""洛可可"也是一种"品牌"……我们希望在中国的新农村建设中也能出现"中国牌"。

五、经济适用，以最少的资金做最好的设计

中国目前的经济水平还远不及发达国家。农村面积大，在新农村建设过程中需要的资金多。这就使得我们在新农村景观设计中要考虑到工程造价的问题，要尽量用最少的投入，换取最高的收益。设计师的目的就是要达到"事求可，功求成，用力少，见功多。"

追求经济适用并非要只重形式不重质量。形式创造固然重要，但是质量也要保证。建个亭子一年就坏了，修个建筑半年就塌了，栽棵树几天就死了……这样一来，还得重新建设，造成了资源和资金的浪费。

六、创新形式

找到传统形式和现代形式语言的结合点，创造出具有中国特色的景观文化特征。日本的庭院设计就是我们可以借鉴的一个很好的范例，日本将传统的建筑语

言同当前设计发展的大方向巧妙结合，创造出既具有民族特色，又具有现代形式的景观式样。贝聿铭设计的苏州博物馆，也是较好的例子，我们可就此分析一下传统形式与现代语言结合方面的经验。苏州博物馆在遵循了苏州地区粉墙黛瓦建筑特色的基础上，运用了现代的建筑材料，将粉墙保留，将黛瓦用现代的建筑材料替换，既保留了传统的意味，又体现了现代感。在博物馆整体的形式语言上，具有很强的江南建筑的特色，同时在建筑的空间布局和建筑样式上又是现代设计的构成形式。新农村景观也要遵循这种创新，只有这样才能创造出具有地域文化特色和现代设计语言的景观。苏州博物馆如图 7-1、图 7-2 所示。

图 7-1　苏州博物馆入口

图 7-2　苏州博物馆局部

进行新农村景观规划设计要建立在符合国家条例法规的基础上。具体的法规政策和条例有以下几条。

（1）《中华人民共和国国家标准·村镇规划标准》（GB50188-93）（1993.9）、《村庄和集镇规划建设管理条例》（1993）。

（2）《中华人民共和国城市规划法》。

（3）《华人民共和国建设部村镇建设司·建制镇规划建设管理法规文件汇编》（1995）、《中华人民共和国建设部·建制镇规划建设管理办法》（1995.6）。

（4）《村镇规划编制办法（试行）》〔建设部建材（2000）36 号〕、《城市绿化管理办法》《中华人民共和国城市绿化条例》。

第三节　新农村景观的总体规划

清代的高凤翰在《入境园腹稿记》中提到“须先有全算”，造园时需要有总体的规划设计方案，才能设计出好的景观。在新农村景观总体规划设计中，“先算”就要进行场地选址、场地分析、场地体验、效果评价、场地规划。

一、总体规划的要素

（一）新农村景观规划设计场地选址

要根据现状选择在恰当的地理位置进行设计。我们可以利用地球卫星遥感图片，道路交通图、地形图等综合分析来选取最优的景观规划设计位置。

（二）新农村景观规划设计场地体验

在总体规划设计时要在综合分析的基础上，亲自去体验环境，深入所选场地及其周边，掌握该地区的自然属性和人文状况。我们需要跋山涉水、翻山越岭，将选定区域及其周边环境的所见、所听、所感记录下来，并总结出选定区域的优点和缺点。

（三）新农村景观规划设计效果评价

将新农村景观的“吸引力（Attraction）”“生命力（Validity）”“承载力（Capacity）”，即新农村景观规划 AVC 理论作为评价标准。结合所选地区新农村景观的吸引力因素（自然田园环境、人类聚居、乡土文化）、生命力因素（经济活力、产业结构、经济收入）、承载力因素（环境容量、生态容量、文化与心理容量），综合考虑项目实施的优劣。

（四）新农村景观规划设计场地规划

在上述三个环节的基础上，从所记录的内容中提取需要保留和强化的元素，舍弃破坏整体的元素，这些元素既包括物质上的，如气候、地形、植被、建筑等，也包括精神上的，如文化、历史、村民融洽度等。同时还应考虑中国传统的环境观。在景观规划设计中尽量扬长避短，使得设计成为科学与艺术的完美结合，同时与环境真正融为一体。进行新农村景观的总体规划设计，首先要根据选址、分析、体验和评价确定大致方向，可以是规划以自然景观为主的生态景观新农村，可以是以人文景观为主的历史文化景观新农村、可以是以科技为主的科技新农村、可以是以休闲度假为主的旅游新农村。方向确立之后，再对空间格局进行调整。“园林惟山林最胜，有高有凹，有曲有深，有峻而悬，有平而坦，自成天然之趣，不烦人事之工。”这种调整必须是轻微的，尽量不产生对环境的破坏，使得空间格局中的点（建筑、植物、小品）、线（道路、河流、林带）、面（田野、林地、草原）有清晰的脉络，将点、线、面结合成更加紧密的统一整体。在整体的基础上，增加景观的种类和丰富性。

二、乡村景观规划概述

（一）规划任务与内容

乡村景观规划是乡村某一地区在一定时期内的发展计划，是当地政府为改善乡村规划任务景观风貌，利用乡村景观资源发展乡村经济，提高乡村居民的收入，改善乡村的生态环境，实现乡村社会、经济和生态发展目标而制定的综合部署和具体安排，是乡村建设与管理的依据。

在乡村景观规划中，应对以下问题进行深入的研究：乡村景观资源利用现状，乡村景观类型与特点，乡村景观结构与布局，乡村景观变迁及原因，乡村产业结构及经济状况，乡村的各种生产活动和社会活动，乡村居民的生活要求等。

（二）规划目标与原则

1. 规划目标

乡村景观是乡村中生活、生产和生态三个方面的景观总和，这决定了乡村景观规划的基本内涵包含了生活、生产和生态三个层面。作为一项综合规划，乡村景观规划需要生活、生产、生态三方面的均衡发展，也就是规划要同时兼顾社会、经济和环境三者的效益和均衡。因此，乡村景观规划的目标就是以乡村景观 AVC 理论为基础，应用多学科的理论和方法，通过对乡村景观资源的分析与评价、开发与利用、保护与管理，保护乡村景观的完整性和乡土文化，挖掘乡村景观的经济价值，保护乡村的生态环境，实现乡村社会、经济和生态的持续协调发展。

2. 规划原则

（1）整体规划设计原则。乡村景观规划是把乡村各种景观要素结合起来作为整体考虑，从景观整体上解决乡村地区社会、经济和生态问题的实践研究。这决定了乡村景观规划不是某个部门单独能实现的，而是众多利益部门共同协作完成的。因此，在规划中，不仅要考虑空间、社会、经济和生态功能上的结合，而且要考虑与相关规划的衔接，只有从整体规划的角度才能真正确保乡村的可持续发展。

（2）保护和发展乡土文化原则。乡土文化是地域社会精神财富和物质财富的长期积累。地域社会造就了乡土文化，反过来这种文化又表达了地域社会的个性和规定了地域社会共同遵循的秩序，其形成与延续是在不断的认同与适应中完成的。乡村景观作为乡土文化的一个特殊载体，其更新与变化对乡土文化会产生直接的影响。乡村景观规划既要延续乡土文化，保持固有的特色，增强乡村居民的认同感，又要与现代文化进行整合，顺应时代的发展。

（3）公众参与原则。乡村景观规划不仅是一种政府行为，同时也是一种公众行为，这在于乡村景观更新的利益主体是广大的乡村居民。乡村景观规划只有得到乡村居民的广泛认同，才有实施的价值和可能，因此乡村景观规划必须坚持以人为本、公众参与的原则，这不仅体现在主观认知上，更重要的是落实在规划方法上。

（4）可持续发展原则。实施可持续发展战略，走可持续发展之路，是乡村发展的自身需要和必然选择，也是乡村景观规划重要的原则。对于乡村来说，可持续发展的核心是发展，在发展中协调和解决好资源、经济和环境等问题，实现乡村景观资源的可持续利用。

（三）规划阶段与层次

参照现行的《中华人民共和国城市规划法》《村镇规划标准》和《村庄和集镇规划建设管理条例》（1993）关于规划编制阶段的规定，考虑与现行有关规划（尤其是村镇规划）的衔接以及乡村概念的界定，乡村景观规划的编制过程分为两个阶段、三个层次。两个阶段分别为总体规划阶段和详细规划阶段；三个层次分别为区域乡村景观规划、乡村景观总体规划和乡村景观修建性详细规划。

1. 区域乡村景观规划

该层次是针对县域城镇体系规划，是联系城市规划和村镇规划的纽带。它确定区域乡村景观的整体发展目标与方向，确定区域乡村景观空间格局与布局，用以指导乡村景观总体规划的编制。

2. 乡村景观总体规划

该层次是针对村镇总体规划，内容包括确定乡村景观的类型、结构与特点，景观资源评价，景观资源开发与利用方向，乡村景观格局与布局等。

3. 乡村景观修建性详细规划

该层次是针对村镇规划中的村庄、集镇建设规划，应在乡村景观总体规划的指导下，对近期乡村景观建设项目进行具体的安排和详细的设计。

（四）规划步骤与过程

乡村景观规划既是对现行村镇规划很好的补充和完善，又具有相对的独立性。具有一般景观规划必备的程序与步骤，也有其特殊性。针对不同地域的乡村景观规划，规划程序中的具体步骤会略有差别，但总的规划过程大体是相同的。

乡村景观规划程序一般包括以下几个阶段：委托任务；前期准备；实地调研；分析评价；规划研究；方案优选；提交成果；规划审批。

1. 委托任务

当地政府根据发展需要，提出乡村景观规划任务，包括规划范围、目标、内容以及提交的成果和时间。委托有实力和有资质的规划设计单位进行规划编制。

2. 前期准备

接受规划任务后，规划编制单位从专业角度对规划任务提出建议，必要时与当地政府和有关部门进行座谈，完善规划任务，进一步明确规划的目标和原则。在此基础上，起草工作计划，组织规划队伍，明确专业分工，提出实地调研的内容和资料清单，确定主要研究课题。

3. 实地调研

根据提出的调研内容和资料清单，通过实地考察、访问座谈、问卷调查等手段，对规划地区的情况和问题、重点地区等进行实地调查研究，收集规划所需的社会、经济、环境、文化以及相关法规、政策和规划等各种基础资料，为下一阶段的分析、评价及规划设计做资料和数据准备，如表 7-1 所示。

表 7-1　乡村景观规划基础资料收集分类表

大　类	中　类	小　类
测量资料	地形图	总体规划 1∶5 000 ~ 1∶10 000；详细规划 1∶1 000 ~1: 2 000
	专业图	航片、卫片等专业图
自然条件与历史资料	地形资料	地形、地貌
	地质资料	土壤成分；土壤承载力大小及其分布；冲沟、滑坡、沼泽、盐碱地、岩溶等的分布范围
	水文资料	江河湖海的水位、流量；最大洪水位、历年的洪水频率、淹没范围及面积、淹没概况等；江河区的流域情况、流域规划、河道整治规划、防洪设施；山区的山洪、泥石流、水土流失等
	气象资料	主导风向、风速；降水量、蒸发量；气温、地温、湿度、日照、冰冻等
	乡村资源	风景资源、生物资源、水土资源、农林牧副渔资源、能源、矿产资源等的分布、数量、开发利用价值等资料；自然保护对象及地段
	历史资料	历史沿革、名胜古迹分布与现状等

（续 表）

大 类	中 类	小 类
社会经济资料	行政区划	行政建制及区划、各类居民点及分布、城镇辖区、村界、乡界及其他相关地界
	人口资料	历来常住人口的数量、年龄构成、职业构成、教育状况、自然增长和机械增长
	经济结构	产业结构比例及发展状况
基础工程	交通运输	交通运输的现状、规划及发展资料
	道路桥梁	道路桥梁等级、分布、长度、密度、断面形式等
	给排水	水源地、水厂、水塔位置等
	供电	变电所位置、容量，高压线宽度、走向等
	其他	环保、环卫、防灾等基础工程的现状及发展资料
建筑工程	居住建筑	建筑面积、密度、容积率等
	公共建筑	种类、数量、面积、规模、分布等
土地及其他资料	土地利用	各类用地面积、分布状况，历史上土地利用重大变更资料，土地资源分析评价资料
	环境资料	环境监测成果，三废排放的数量和危害情况；垃圾、灾变和其他影响环境的有害因素的分布及危害情况；地方病及其他有害公民健康的环境资料

资料工作是规划设计与编制的前提和基础，乡村景观规划也不例外。在进行乡村景观规划之前，应尽可能全面、系统地收集基础资料，在分析的基础上，提出乡村景观的发展方向和规划原则。也可以说，对于一个地区乡村景观的规划思想，经常是在收集、整理和分析基础资料的过程中逐步形成的。

4. 分析评价

乡村景观分析与评价是乡村景观规划的基础和依据。主要包括乡村景观资源利用状况评述；乡村土地利用现状分析；乡村景观类型、结构与特点分析；乡村景观空间结构与布局分析；乡村景观变迁分析；乡村景观 AVC 评价等。

5. 规划研究

根据乡村景观分析与评价以及专题研究，拟定乡村景观可能的发展方向和目标，进行多方案的乡村景观规划与设计，并编写规划报告。

6. 方案优选

方案优选是最终获取切实可行和合理的乡村景观规划的重要步骤，这是通过规划评价、专家评审和公众参与来完成的。其中，规划评价是检验规划是否能达到预期的目标；专家评审是对规划进行技术论证和成果鉴定；公众参与是最大限度地满足利益主体的合理要求。

7. 提交成果

经过方案优选，对最终确定的规划方案进行完善和修改，在此基础上，编制并提交最终规划成果。

8. 规划编制

根据《中华人民共和国城市规划法》的规定，城市规划实行分级审批，乡村景观规划也不例外。乡村景观规划编制完成后，必须经上一级人民政府审批。审批后的规划具有法律效力，应严格执行，不得擅自改变，这样才能有效地保证规划的实施。

三、乡村景观规划编制

乡村景观规划编制应根据区域乡村景观规划、乡村景观总体规划和乡村景观修建性详细规划的不同规划阶段和层次的具体要求，编制相应的规划内容。

（一）区域乡村景观规划

区域乡村景观规划是对乡村区域范围内的景观格局所做的整体部署，是对乡村景观资源开发与利用、保护与管理的具体安排。其主要任务是应用景观生态学和生态美学的理论对区域范围内的乡村景观类型、景观价值、景观资源开发与利用方式以及景观演变趋势等进行调查研究，分析存在的主要问题，明确区域乡村景观的整体格局和发展方向，对区域范围内的基质、斑块和廊道提出合理的布局、规模和比例，指导乡村景观总体规划。

1. 范围界定

不同学科对“区域”的概念有不同的界定。对于区域景观规划，区域是根据景观属性和景观空间形态两方面的空间差异性来划分的。景观属性主要是以景观组成要素，如地形地貌、植被、土壤类型和土地利用类型等作为划分依据的；景观空间形态是以描述景观空间格局的斑块、廊道和基质为依据的。因此，区域乡村景观规划原则上是以具有相同景观属性，并具有明显的空间形态特征的区域作为规划研究范围。然而，这与现行城市规划和村镇规划以行政区的划分是不吻合的，这就存在区域景观规划研究的范围可能在一个行政区内，也可能涉及若干个行政区。尤其是涉及若干个行政区时，就会出现与相关规划的衔接和协调问题。因此，在实际规划操作中，按照现行的行政区划分进行区域乡村景观规划更具有现实意义。

目前，中国进入城市化快速发展阶段，发展小城镇成为提高城市化水平的有效手段。小城镇被认为是介于城市和乡村的过渡阶段和地区，而县域城镇体系规划涉及的城镇包括建制镇、独立工矿区和集镇，是对县域范围小城镇体系的全面部署和安排，因此，县域城镇体系规划最能全面反映城市化对乡村地区和乡村景观的影响。综合考虑乡村概念的界定以及城市化对乡村景观的影响，区域乡村景观规划范围按城镇体系规划最低层次的规定，一般按县域行政区进行划定。这不仅符合区域规划把城市、村庄及永久农业地区作为区域综合体组成部分的原则，也能与现行的城市规划和村镇规划更好地衔接和协调。根据国家和地方发展的需要，可以编制跨县行政区的区域乡村景观规划。在实际规划中，也需要考虑区域景观规划的特点，可在县域行政区范围的基础上适当放大，尽量考虑景观区域的完整性。

2. 具体内容

区域乡村景观规划应以相应区域的国民经济和社会发展长远计划、农业区划、县域规划、土地利用总体规划为依据，并同县域城镇体系规划相协调，具体的工作内容包括以下几方面。

（1）研究区域内城镇体系的布点、等级、规模和结构，研究城镇的历史文化、性质、人口规模、建设用地发展规模与发展方向、交通联系。

（2）研究区域内城市化发展的水平和趋势，包括近期和远期的小城镇发展状况、城市化对乡村景观格局与布局的影响以及乡村景观演变的趋势。

（3）研究区域内大型国家基础设施，如高速公路、国道、铁路、发电厂、变电所、输油（气）管道、水库、水坝等的分布以及对乡村环境和景观的影响。

（4）研究区域内斑块、廊道规模、大小和布局。城镇体系规划一般分为全国城镇体系规划，省域（或自治区域）城镇体系规划，市域（包括直辖市、市和有中心城市依托的地区、自治州、盟域）城镇体系规划，县域（包括县、自治县、旗城）城镇体系规划四个基本层次。城镇体系规划区域范围一般按行政区划划定。

（5）研究区域内乡村地区产业结构的比例、多种经济发展状况以及当地乡村居民的收入水平和生活水平。

（6）研究区域内乡村景观的类型、分布与特点，以及景观资源利用现状和发展潜力。

（7）研究区域内乡村生态环境的基本状况，确定基本农田、林地、草场和水系等保护范围。

（8）区域乡村景观总体规划布局。

3. 成果要求

区域乡村景观规划的成果包括规划说明书和规划图纸两部分。

（1）规划说明书。区域乡村景观规划说明书主要表述调查、分析和研究成果，特别是规划图纸无法表述的内容。规划说明书的编写必须表述清楚、简练、层次分明，资料分析透彻，目标预测准确并具有前瞻性，有具体的规划实施措施。对于内容较多的规划，可撰写若干专题说明。规划说明书的内容主要包括：① 现状；② 分析与评价；③ 目标预测；④ 总体规划布局；⑤ 规划实施措施；⑥ 专题规划说明。

（2）规划图纸。规划图纸包括：① 区位图（包括地理位置和周围环境）；② 规划范围图；③ 现状图（包括中心镇、一般集镇、中心村、基层村分布位置，土地利用，基础设施，道路、水系分布，农作物分布，环境污染等。根据内容多少，可合并或分开表示）；④ 景观分类图；⑤ 用地评价图；⑥ 规划布局总图。图纸比例 1∶500 000~1∶100 000。

（二）乡村景观总体规划

乡村景观总体规划是指乡级行政区域内的景观总体规划，是对规划区内各景观要素的整体布局和统筹安排。其主要任务是根据所在地区的区域乡村景观规划格局，研究该地区的乡村景观吸引力、生命力和承载力，预测乡村景观的发展目标，进行乡村景观的结构布局，确定乡村景观的空间形态，综合安排生活、生产和生态各项景观建设。它是乡村景观详细规划的依据。

1.具体内容

乡村景观总体规划是以区域乡村景观规划、乡（镇）域规划、农业区划、土地利用总体规划为依据，并同村镇总体规划相协调，包括乡（镇）域村镇体系规划、中心镇和一般镇的总体规划。其具体的工作内容包括以下内容。

（1）确定规划期限。乡村景观总体规划应与村镇总体规划期限相适应，一般为 10 ~ 20 年。

（2）研究区域内村镇体系的布点、等级、规模和结构，建设用地发展规模与发展方向，以及村镇之间的交通联系。

（3）进行农作物土地适应性评价。提出农业经济发展方向，在满足生产、生活要求的基础上，提出农作物改种的建议。

（4）研究区域内的历史文化，当地居民的价值观念、生活方式以及要求和愿望。

（5）研究当地的建筑布局、特征、风格、材质和色彩，并提出规划或更新建议。

（6）制定区域内生态环境、自然和人文景观以及历史文化遗产的保护范围、原则和措施。

（7）研究区域内居民点、农田、道路、绿化、水系和旅游等专项景观规划。

（8）明确分期开发建设的时段和项目，确定近期建设的规划范围和景观项目。

（9）乡村景观规划建设的投资与效益估算。

（10）提出实施规划的政策和措施。

2. 成果要求

乡村景观总体规划的成果主要包括规划文件和规划图纸。

（1）规划文件。根据城市规划编制办法，乡村景观总体规划文件包括规划文本和附件。其中，规划文本是对规划的目标、原则和内容提出规定性和指导性要求的文件；附件是对规划文本的具体解释，包括规划设计说明书，专题规划报告和基础资料汇编。规划设计说明书应分析现状，论证规划意图和目标，解释和说明规划内容。

（2）规划图纸。乡村景观总体规划图纸主要包括以下几方面。

① 区位图（包括地理位置和周围环境）；② 现状图（包括地形地貌、道路交通、水系分布、土地利用等现状，根据需要，可分别或综合绘制）；③ 乡村景观分类图；④ 土地适宜性评价图（主要包括聚落建设用地和农业生产用地评价）；⑤ 乡村景观 AVC 评价图；⑥ 景观生态网络图（合理确定区内斑块、廊道规模、大小和布局）；⑦ 土地利用规划图；⑧ 总体规划布局图；⑨ 农业景观规划图（合理确定农田斑块和廊道）；⑩ 道路景观规划图；⑪ 水系景观规划图；⑫ 绿地系统规划图；⑬ 分期开发建设图（确定规划期内分阶段开发建设的景观项目）；⑭ 维护与管理控制图（确定规划范围内需要维护与管理的景观资源或项目）。

根据乡村景观资源特点以及开发利用方式，可增加乡村景观旅游项目规划图。

（三）乡村景观详细规划

详细规划包括控制性详细规划和修建性详细规划。对于乡村景观，乡村景观详细规划一般是指乡村景观修建性详细规划，这是针对村镇规划中的建设规划这一层次。乡村景观修建性详细规划是指具体村庄、集镇范围内不同类型乡村景观的具体规划设计。其主要任务是根据乡村景观总体规划布局，对村庄、集镇范围内近期的景观建设工程以及重点地段的景观建设进行具体的规划设计。

1. 具体内容

乡村景观修建性详细规划是以乡村景观总体规划、村镇总体规划为依据，并同村镇建设规划（村庄、集镇建设规划）相协调。其编制内容的核心是空间环境形态和场地设计，包括整体构思、景观意向、竖向设计、细部处理与小品设施设计等，具体的工作内容包括以下内容。

（1）空间形态布局。根据土地利用性质和景观属性特征进行景观总体空间形态布局。

（2）场地设计。主要是指竖向规划设计，根据场地使用性质，对地形进行处理，满足施工建设的要求。

（3）详细景观设计。对不同乡村景观类型进行详细规划设计，包括居民点、道路、绿化、农田和水系等，具体内容根据具体的条件和要求确定。

（4）乡村景观修建性详细规划工作还包括工程量估算、拆迁量估算、总造价估算以及投资效益分析等。

2. 成果要求

乡村景观修建性详细规划的成果主要包括规划文件和规划图纸。

（1）文件。根据城市规划编制办法，乡村景观修建性详细规划文件为规划设计说明书。

（2）规划图纸。规划图纸主要包括以下内容。

① 区位图：规划地段在村（镇）范围中的位置。

② 现状图：按规划设计的需要，在规划地段的地形图上，分门别类绘制建筑物、构筑物、道路、绿地、农地和水系等现状。

③ 分析图：反映规划设计构想和意图。

④ 规划总平面图：标明各类用地界线和建筑物、构筑物、道路、绿化、农地、水系和小品等的布置；根据需要，也可标明哪些是保留的，哪些是规划的。

⑤ 竖向规划图：标明场地边界、控制点坐标和标高、坡度，地形的设计处理等。对于道路，还要标明断面、宽度、长度、曲线半径、交叉点和转折点的坐标和标高等。

⑥ 反映规划设计意图的立面图、剖面图和表现图：其内容和图纸可根据具体的条件和要求确定。

一般来说，规划设计深度应满足作为各项景观工程编制初步设计或施工设计依据的需要。图样比例一般用1∶500～1∶2000。

四、区域乡村景观规划

区域乡村景观规划是宏观的乡村景观规划。其大小可能包括几个村的中尺度小区域乡村景观，根据需要也可以包括地区、省区和大区域的大尺度乡村景观。在这些乡村景观中，除了各种类型的农田、牧场、人工林和村庄等景观单元外，河流、湖泊、山脉和大的交通干线也将作为其中的景观单元。开展区域乡村景观规划研究，可以为区域发展规划提供依据。

（一）规划思路

区域乡村景观规划是区域开发的一个重要组成部分，规划要树立尊重自然的思想，顺应大自然的生态规律，努力维护和恢复良性循环的自然生态系统，并构建同自然生态系统相协调的人工生态系统，构成具有优越生态功能的自然—人工复合生态系统。区域乡村景观规划的基本规划思路和方法是：首先，对规划区域范围做详细的景观调查和评价；其次，在分析自然因素和社会经济因素的基础上，结合该区域的发展目标，预测景观格局的发展趋势和主要问题；第三，根据规划目标，针对实际问题，做出综合景观规划方案。

（二）规划目标

乡村景观规划的目标主要有以下五个方面。

（1）确定合理的区域景观格局。以景观生态学理论为基础，完善城市景观—乡村景观—自然景观三位一体的景观格局。

（2）建设乡村高效人工生态系统，实行土地集约经营，保护集中的耕地斑块，尤其是基本农田斑块。

（3）控制乡村建设用地盲目扩张，建设具有宜人景观的乡村人类聚居环境。

（4）重建植被斑块，因地制宜地增加绿色廊道和分散的自然斑块，补偿和恢复乡村景观的生态功能。

（5）在工程建设区要节约工程用地，重塑环境优美、与自然系统相协调的乡村景观。

（三）规划原则

乡村景观规划有以下五项规划原则。

（1）人地关系协调原则：既保证人口承载力又要维护生存环境，达到区域开发与资源利用、环境保护和人口增长相适应、相协调。

（2）系统综合的原则：综合考虑各景观要素，将局部同区域整体景观结合起来，力求区域景观整体系统的优化。

（3）生态美学原则：在保护乡村生态系统的同时注重景观的美学价值，达到生态功能价值与美学价值的统一。

（4）远近结合原则：根据区域发展的目标和发展方向，重视原有乡村景观资源的利用和改造，对区域内景观格局进行合理布局，并在时序上做出安排，分步骤完成。

（5）技术经济可行有效的原则：用最少的投入换取最佳的生态效益和景观效果。

（四）规划框架

划定规划区的范围和边界，对规划区内景观的各构成因素做调查和评估。分析评价的内容有：① 自然生态因素，包括土地、水、大气、地貌、生物和矿藏等；② 社会经济因素，包括社会、经济、人口、建筑物、各种基础设施、文化设施、技术经济和历史文化等；③ 视觉因素，包括视阈、视点、视线和视景等方面的分析评价。在景观因素评价的基础上，对景观的整体功能与结构现状做出分析，然后根据区域开发的方向和景观格局建设目标，确定区域景观建设的任务，编制该区域景观规划的总体框架。

总体框架应指出该区域景观现状基础，指明该区域土地利用方向和保护、景观建设的原则，划分出三类区域：① 景观保护区，这类区域是严格禁止开发的，依据完整的自然景观过程和格局特征，维持自然生态系统的特征。② 景观控制区，这类区域可以有限制地开发，但必须开发与保护并重，形成良好的生态循环。③ 景观建设区，这类区域可供开发，开发强度大于景观控制区，但也要开发保护，构成自然—人工复合的良性运转的生态系统。

在总体规划框架下，对控制区和建设区内景观格局、土地利用方向、斑块的大小和布局、廊道宽度和布局等做出指令性的规定，作为下一层次规划的依据。区域乡村景观规划框架属于宏观的和粗线条的，但是它是乡村景观的基础。

五、乡村景观总体规划

乡村景观总体规划就是通过对原有景观要素的优化组合，调整或构建新的乡村景观格局，以增加景观异质性和稳定性，从而创造出优于原有景观生态系统的社会、经济和生态效益，形成高效、和谐的人工自然景观。

（一）乡村景观空间格局

乡村是高度人工化的景观生态系统，其景观结构斑块、廊道和基质的空间分布格局直接决定了乡村景观的空间格局。乡村景观空间格局应充分尊重生态规律，维护和恢复乡村景观生态过程及格局的连续性和完整性。由于不同地区的经济发展水平、地理环境、人文特性和历史背景等各不相同，乡村景观空间格局也应该是多种多样的。

从乡村地域角度来讲，农田构成了景观格局的基质，而乡村聚落是景观中最具有特色的斑块，其他的斑块还有：林地斑块、湖泊（池塘）斑块、自然植被斑块等；河流、道路、林带和树篱则构成了乡村的廊道。景观生态学的研究内容较为广泛，与乡村景观空间格局联系较密切的是斑块和廊道。

1. 斑块

景观中斑块单位面积上的数量和斑块形状的多样性对乡村景观空间的合理配置，斑块与景观多样性优化空间结构具有重大影响。从某种意义上讲，减少一个自然斑块，就意味着一个动物栖息地的消失，从而减少景观或物种的多样性。因

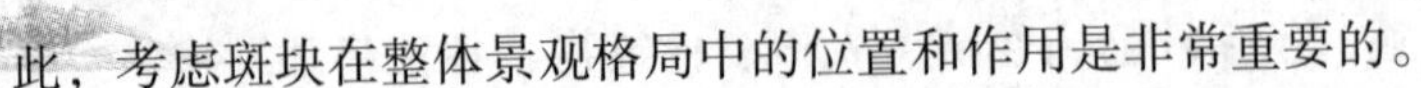

此，考虑斑块在整体景观格局中的位置和作用是非常重要的。

在乡村景观空间格局中，首先，对于单一的农田景观，适当增加林地斑块、湖泊斑块的规划（池塘）斑块或自然植被斑块，都可增加物种多样性和景观多样性，补偿和恢复景观系统的生态功能，促进农业生态系统健康持续地发展。其次，严格控制城市和乡村聚落建设用地斑块的盲目扩张，以免导致景观的破碎化和景观斑块空间格局的不合理性。最后，合理、有效地增加乡村景观类型多样性（指景观中类型的丰富度和复杂度）。乡村景观类型多样性就是要多考虑景观中不同景观类型（农田、森林、草地、建筑和水体等）的数目和它们所占面积的比例。

2. 廊道

道路、河流、沟渠和防护林带是乡村景观中主要的廊道系统。对于农业生产来讲，廊道（防护林带）可以有效地减少自然灾害对农业生产造成的损失，提高农业产量。

对于生物物种来讲，廊道同样会提供栖息地和物种源，并会成为物种的避难所和集聚地。对于城市景观来讲，通过楔形绿地、环城林带等生态廊道将乡村的田园风光和森林气息带入城市，可实现城乡之间生物物种的良好交流，促进城市景观生态环境的提高和改善。此外，廊道还是斑块之间的连接通道，与斑块一起形成网络。

在乡村景观空间格局中，首先，对于原有的廊道应加以保护，由于其生态系统廊道的规划比较稳定，在景观格局中仍然发挥重要的作用。其次，对不能满足生态功能要求的廊道应加以改造，如加大廊道的绿化力度、增加廊道的宽度等。最后，廊道应与其周边的斑块、基质有机地连接，如道路两侧的绿化尽量避免等宽布局，而应与农田、水塘等结合起来考虑。

（二）乡村聚落的空间布局

乡村聚落不仅是广大的人类聚居地，也是乡村重要的生态系统。乡村聚落生态系统的结构和功能不但受制于自然法则，且强烈受诸如宗教信仰、道德观念和经济活动等人文因素的影响。乡村聚落景观的空间布局是指在一定的乡村地域范围内，根据聚落的性质、类型、作用以及它们之间的关系，科学合理地进行布局，指导乡村聚落景观的建设。

1. 乡村聚落的层次划分

乡村聚落的层次划分是按照聚落在乡村地域中的地位和职能进行划分。目前，自下而上划分为基层村（自然村）、中心村（行政村）、一般集镇和中心镇四个层次，这四个层次构成了乡村聚落结构体系。

2. 乡村聚落规模

按照《村镇规划标准》(GB 50188-1993),乡村聚落的四个层次根据常住人口数量分别划分为大、中、小型三级，如表 7-2 所示。

表 7-2　乡村聚落规模划分

规划分级		村　庄		集　镇	
		基层村	中心村	一般镇	中心镇
常住人口数 / 人	大型	>300	>1 000	>3 000	>10 000
	中型	100~300	300~1 000	1 000~3 000	3 000~10 000
	小型	<100	<300	<1 000	<3 000

3. 影响乡村聚落布局的因素

乡村聚落布局影响着乡村整体景观格局，影响乡村聚落空间布局的因素有以下几个方面。

(1)自然条件：地形、地貌、水文、地质和气候等自然条件以及地震、台风和滑坡等自然灾害制约着乡村聚落的布局。例如，平原地区聚落分布较稠密，山区较稀疏，河网地区较稠密，干旱地区较稀疏等。

(2)资源状况：由于土地、矿产、水、森林和生物等乡村资源的性质、储量和分布范围不同，极大地影响着乡村聚落的布局。一般来说，乡村资源丰富的地区，聚落分布较稠密；反之，则较稀疏。

(3)交通运输：对外交通运输的发达程度直接影响乡村聚落的经济繁荣，决定了其是否具有吸引力，从而有可能改变它们在空间上的布局。

(4)人口规模：乡村聚落的形成和发展与人口规模有直接的关系，人口规模大的地区，聚落分布密度也较大；反之，则密度较小。

(5)区域经济：区域经济对乡村聚落布局的影响来自两个方面：一个是周边城市的辐射能力，另一个是乡村区域原有的经济布局。

4. 乡村聚落与生产环境

对于以农业生产为主的乡村聚落，耕作制度和耕作方式是影响乡村聚落规模和布局的主要因素。一般来说，对于耕作制度，南方的稻作农业区，劳动强度大，耕作半径小，聚落规模小，密度大；北方的旱作农业区，劳动强度轻，耕作半径较大，聚落规模也较大。对于耕作方式，以手工为主的耕作方式，耕作半径

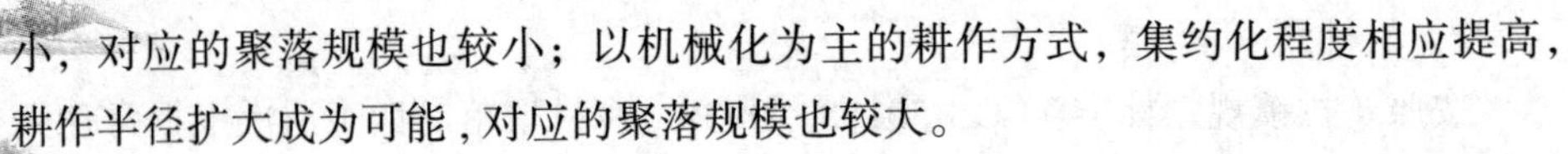

小，对应的聚落规模也较小；以机械化为主的耕作方式，集约化程度相应提高，耕作半径扩大成为可能，对应的聚落规模也较大。

目前，各地开展拆村并点工作，聚落和人口规模有所扩大，聚落之间的间距也相应增大。这不仅是土地资源优化配置的要求，也是城市化的必然过程，同时也与现代农业生产方式相适应。

5. 乡村聚落的布局形式

乡村聚落的布局主要依据其在结构体系中的层次、规模和数目来确定，同时考虑聚落之间的联系强度、经济辐射范围以及用地的集约性，并与乡村道路网、灌排水系统相协调。目前，乡村聚落的布局形式主要有以下几种。

（1）集团式。集团式是平原地区普遍存在的形式，布局紧凑、土地利用率高、投资少、施工方便、便于组织生产和改善物质文化生活条件。但由于布局集中、规模大，造成农业生产半径大。这种方式比较适合机械化程度较高的平原地区。

（2）自由式。自由式是指乡村聚落在空间布局形态上呈现无规律分布的一种格局，在乡村地区比较常见，分布也比较广泛，尤其在受地形、交通等条件限制的丘陵山区。这种布局形式较能体现人与自然协调发展的聚居模式，反映小农经济的生产方式，但对于组织大规模生产、改善乡村物质文化生活是十分不利的。

（3）卫星式。卫星式是一种由分散向集中布局的过渡形式，体现了聚落结构体系中分级的特征。其优点在于现状与远景相结合，既能从现有生产水平出发，又能兼顾经济发展对乡村聚落布局的新要求。

（4）条带式。条带式主要是聚落沿着山麓地带、河流和公路等沿线呈条带状分布的一种布局。这种布局方式决定了耕作范围垂直于聚落延伸方向发展，耕作半径较小，便于农业生产。但是建设投资较大，资源较集团式浪费。

不同的布局方式有其优缺点，不能因某种方式缺点较多而加以否定，每一种方式的存在都有其特定的环境和历史原因。在城市化快速发展的今天，根据社会经济发展的需要，乡村聚落适当集中，有利于资源利用最大化，有效增加常用耕地面积，缓和人地矛盾。同时，也要保存乡村聚落形态发展、演变的历史文脉，因地制宜地选择合适的乡村聚落布局形式，丰富乡村聚落的空间景观格局。

三、土地利用分类

土地利用类型的多样性决定了乡村景观的丰富度和复杂度。按照《村镇规划标准》（GB 50188-1993）规定，村镇用地按土地使用的主要性质划分为：居住建筑用地、公共建筑用地、生产建筑用地、仓储用地、对外交通用地、道路广场用地、公用工程设施用地、绿化用地、水域和其他用地 9 大类、28 小类。

在《城市用地分类与规划建设用地标准》(GBJ 137–1990) 中，城市用地分类也包括村镇的用地。相比之下，《村镇规划标准》中关于绿化用地、水域和其他用地小类显然与《城市用地分类与规划建设用地标准》在同类划分上存在一定的差异。造成这种差异的原因，一方面是两者分类方法并不完全统一；另一方面《城市用地分类与规划建设用地标准》在用地上划分为大、中、小三类，而《村镇规划标准》只划分大和小两类，这不能完全表达乡村土地利用类型。因此，解决这一问题的办法就是统一分类标准，在相同类别保持一致的前提下增加不同的类别，并且《村镇规划标准》在用地上也采用大、中、小三类进行划分，如表 7–3 所示。

表 7–3　关于乡村绿化用地、水域和其他用地的分类

类别代号			类别名称	范　围
大类	中类	小类		
G			绿　地	各类公共绿地、附属绿地、生产绿地、防护绿地；不包括园地和林地
	G1		公共绿地	面向公众、有一定游憩设施的绿地，如公园、街巷中的绿地、路旁或临水宽度等于和大于 5 m 的绿地
	G2		生产绿地	提供苗木、草皮和花卉的圃地
	G3		防护绿地	用于安全、卫生、防风等的防护林带和绿地
	G4		附属绿地	公共绿地之外各类用地中的附属绿化用地。包括居住建筑用地、公共建筑用地、生产建筑用地、仓储用地、对外交通用地、道路广场用地、基础设施用地、特殊用地
		G41	居住绿地	各类居住建筑用地内除公共绿地外的绿地
		C.42	公共建筑绿地	各类公共建筑物及其附属设施用地内的绿地
		G43	生产设施绿地	独立设置的各种所有制的生产性建筑及其设施的内部绿地
		G44	仓储绿地	仓储用地内的绿地
		G45	对外交通绿地	对外交通用地内的绿地
		046	道路广场绿地	道路广场用地内的绿地，包括行道树绿带、广场和停车场绿地

（续 表）

类别代号			类别名称	范围
大类	中类	小类		
G		G47	基础设施绿地	基础设施用地内的绿地
		C.48	特殊绿地	特殊性质用地内的绿地，包括军事、外事、保安等设施用地内的绿地
	G5		其他绿地	对乡村生态环境有直接影响的绿地，包括耕地、菜地等用地内的自然绿地
E			水域和其他用地	除以上各大类用地之外的用地
	E1		水　域	江、河、湖、海、水库、苇地、滩涂和渠道等水域，不包括公共绿地及单位内的水域
	E2		耕　地	种植各种农作物的土地
	E3		菜　地	种植蔬菜为主的耕地，包括温室、塑料大棚等用地
	E4		园　地	果园、桑园、茶园、橡胶园等园地
	E5		林　地	生长乔木、竹类、灌木、沿海红树林等林木的土地
E	E6		牧草地	生长各种牧草的土地
	E7		弃置地	由于各种原因未使用或尚不能使用的土地，如裸岩、石砾地、陡坡地、塌陷地、盐碱地、沙荒地、沼泽地、废窑坑等
	E8		露天矿用地	各种矿藏的露天开采用地
D			特殊用地	特殊性质的用地，包括军事、外事、保安等设施用地；不包括部队家属生活区、公安消防机构等用地

第四节　新农村景观的分项设计

一、新农村建筑景观规划设计

建筑景观在新农村景观规划设计中有着重要的作用，建筑作为景观的重要构成部分，是农村的主体物，是焦点。

新农村建筑一般分为居民住宅、公共建筑、生产建筑和农业建筑等。其中公共建筑包括学校、卫生所、公共活动建筑等；生产建筑一般为小型的加工厂或工厂；农业建筑一般为大棚、猪舍、鸡棚等植物栽培和牲畜、家畜养殖类简单建筑。

中国由于地域广大，民族众多，建筑样式丰富多样。在新农村建筑景观规划设计中，要照顾地域特征和历史文化因素，以此作为建筑景观设计的重要依据。

在新农村居民建筑景观规划设计上要注意以下几个方面。切忌盲目地新建现代高层小区。不能千篇一律地去进行建筑景观改造和建设。农村建筑空间的设计切忌片面求大，“室雅何须大，花香不在多。”“何如一室小景，有情有味，历久弥新乎？”只要是设计得有“味道”便可，如果都是大空间，反而显得空荡，温暖和谐的农村气氛不容易表现。建筑理念上要追求生态的、低碳的、环保的建筑样式，采用自然光，利用太阳能、风能、地热能等，通过使用大窗户、太阳能烧水与取暖、风力发电及扬水、地热能取暖等可以充分利用能源，做到低碳、环保。

中国的农村建筑样式本来就多种多样，如西北地区的窑洞、江南地区的粉墙黛瓦建筑、北方地区的四合院等。新农村建筑景观设计也要突出建筑样式的多样性，山村有山村的特色，高原有高原的特点，平原有平原的样式。新农村的建筑设计样式要追求现代的简洁性，贴近自然，“宜简不宜繁，宜自然不易雕斫。凡事物之理，简斯可继，繁则难久”。要遵循自然规律，如建筑的朝向要坐北朝南等；要有人性化的空间尺度，以人机工程学指导新农村建筑景观设计，避免空间过大或者过小；结合当地建筑材料，达到以当地材料为主体的统一，突出建筑所能传达出来的地域特色和地域文化。在表现建筑景观特色时，要立足当地的历史文脉，根据当地建筑的历史特征进行设计改造，在设计中既不能固守自封，抓住“老”字不放，又要运用现代的设计手法，在施工中运用本土材料。对乡村建筑进行新农村景观的改造可采取以下三种方式。① 保护具有历史或文化传承性较强的旧建筑。让有历史文化韵味的建筑作为当地历史发展的“活化石”，这样可以使建筑景观更好地与当地环境融合。② 改建农村居民自行修建的景观混乱的建筑，在尽量保持原有建筑样式的基础上，对于建筑样式和装饰样式进行统一的规划。③ 拆除与当地环境不协调的和与当地历史文化传承相悖的无用建筑。因为这部分建筑不但影响整体的文化元素的传承，也是对周围良好环境的破坏和制约，无益于新农村建筑景观的整体表现。通过这些方面的改造，建筑中既有地域文化元素，又有现代设计手法和当地材料，自然会形成“门庭雅洁，室庐清靓”的美好的人居环境，创造出自己的“品牌”。例如，山东章丘朱家裕，建筑样式是典型的北方民居样式，材料大部分是土坯、毛石、红砖、红瓦，“长城”、指示标示等的设计是当地石材和现代设计语言的结合。在建筑改造上，运用了保护、改建、拆除处理，达到了较好的效果。

生产建筑与公共建筑的式样也应同整体的建筑样式相协调，将建筑景观统一地组织到一起，使得广场、学校、村委会、休闲活动中心等公共建筑样式与居民建筑样式尽量做到一致。例如，在色彩上运用江南民居特色的黑白灰建筑色彩，或者在材料的使用上都使用相同或相似的建筑材料，这都是使公共建筑与周边建筑环境相协调的手段和方式。有了好的建筑样式，还要进行整体的规划布局，如果把建筑看作一个点，那么布局就是实现点、线、面、体的整体性规划。新农村建筑布局与形态的好坏直接影响新农村建设的总体面貌。

农村地区的布局形式经过若干年的发展，目前的布局形式已经较为科学化，在功能性上考虑得比较周密，如依山傍水，临近水源、充足光照等。在布局方式上，一般沿河流排列、沿道路排列、田块式布局等。但是在布局上还有许多需要改进的地方。

在居民建筑布局上，样式的统一和协调格外重要，包括建筑样式、建筑材料、建筑色彩、景观规划的统一。比如，北方山区农村，建筑材料以石材、木材、红瓦等为主，色彩为自然材料的色彩，规划上依照地形起伏，将居民建筑安排到不同的海拔高度，这样既自然，又具有美感。平原地区也要以统一和协调为目标，平原地区的乡村布局常为对称式的团块状分布，在布局上缺乏中国园林式的布局美感，这是需要进行改进的地方。西北地区的窑洞建筑，整体样式统一，只是在外观上还需要通过绿化等对建筑立面进行整体的装饰和绿化，使其更加美观和协调、更具地域特色。国外发达国家的乡村建筑布局在这方面是优秀的代表。例如，荷兰的乡村，建筑样式统一美观，布局科学合理，与优美宜人的环境仿若一体，仿佛建筑就是从周围的环境中长出来的，人情味浓厚，气氛温馨恬静。

在公共建筑的布局上，要综合考虑公共建筑的服务半径、主要使用人群情况、交通组织等内容，结合当地景观特色，使其和谐地融入宏观景观中。比如，老年活动中心的设置，要考虑到其服务对象为活动不便的老年人，所以在位置上要尽量选择与老年住所较近的位置，同时还要考虑地形的影响。商店、广场尽量设置在村中心、交通便利的位置。学校、村委会等的布局一般在相对安静的地段。学校出于安全的考虑，不能安排在地形险要的位置。农村卫生院要设置在交通便利的道路旁边，环境幽静，整洁卫生，空气清新。

乡村聚落是乡村居民的聚居地，是他们居住、休憩、交往以及从事部分生产活动的场所。乡村聚落景观以人文景观为主，主要由乡村聚落形态、乡村建筑形态以及乡村环境构成。然而，由于地域自然条件、历史演化过程以及生活方式的不同，乡村聚落景观也存在显著的差异。

对一般人而言，乡村聚落景观是一种外在的表象，即人们对其特征和形象的认识与了解，也即视觉所感受到的环境物质形态。除了物质形态层面外，乡村聚落景观还包含了精神文化层面，也即乡村居民的行为和活动以及其中所蕴含的意义。这对乡村居民而言，具有更深一层的含义，就是这些表象下所体现的乡土文化，他们对聚落景观存在着一种切身的归属感与不可分的整体感。因此，乡村聚落景观的整体内涵，是形态、行为和文化三者的统一，它们有形或无形地影响着乡村聚落景观。

从历史的角度来看，乡村聚落的发展过程带有明显的自发性。随着城市化进程和乡村居民生活水平的提高，大批乡村聚落面临改建更新的局面。按照以往的做法，每家每户根据经济条件自行改造更新，造成乡村建筑布局与景观混乱的现象。乡村更新没能有效地保护和继承乡村聚落的固有风貌，反而造成更多景观上的新问题。总结以往的经验教训，乡村聚落景观规划与设计一定要摆脱一家一户分散改造更新的模式，采用统一规划、统一建设和统一管理的办法。

乡村聚落景观规划与设计的目的：① 营造具有良好视觉品质的乡村聚居环境；② 符合乡村居民的文化心理和生活方式，满足他们日常的行为和活动要求；③ 通过环境物质形态表现蕴含其中的乡土文化；④ 通过乡村聚落景观规划与设计，使乡村重新恢复吸引力，充满生机和活力，聚落布局和空间组织以及建筑形态体现乡村田园特色并延续传统乡土文化的意义。

（一）乡村聚落整体景观格局

乡村聚落景观面临更新的局面，传统聚落在当今社会与经济发展中，已经很难满足现代生活中的各种需要。另外，也并非传统聚落的空间元素和设计手法都适用于聚落景观更新的规划与建设。尽管今天的聚落已不可能也不应该是早先的聚落，但它必定带有原有聚落的基本特征，其中的一些重要特质和优点在今天的生活环境中，仍然是良好的典范。例如，聚落与乡村环境肌理的和谐统一；可识别的村落景观标志；宜人的建筑和空间尺度；良好的交往空间等。

国外在这方面有很多成功的经验，如在乡村聚落更新中，德国在创造新的景观发展和新的景观秩序时，非常注意历史发展中的一些景观特性，很好地保持了历史文化的特性，表现为：① 聚落形态的发展与土地重划及老的土地分配方式相吻合，使人们能够了解当地的历史及土地耕作过程（辐射型）。② 对于丧失原有功能的建筑，引入新的功能，使其重新复活。③ 对外部空间的街道和广场空间进行改造，使其重新充满生机。④ 在对传统建筑认识的基础上，创造了新的建筑形式与使用模式，如生态住宅。⑤ 对已经遭到生态破坏的乡村土地、水资源，通过景观生态设计又重新找到了补救的方法。

对于需要更新改造的乡村聚落，在对其特色、价值及现状重新认识与评价之后，确定乡村聚落景观的更新方向，为聚落内在和外在的同步发展起导向作用。比如，聚落中心的变化和边缘的扩展，都必须朝向一个共同的第三者，即不再是原来的传统聚落，也不是对城市社区的粗劣模仿。这意味着在聚落内部需要有创新的措施，来适应居民当前的要求；在聚落外部要有一个整合的计划，以使其在聚落景观结构及建筑空间上更好地与周围的景观环境及聚落中心相协调。乡村聚落只有持续地改进其功能与形式，才能得以生动地保护与发展。聚落的发展需要表现其在历史上的延续性，这种延续性会加强聚落的景观特色及不可替代性。因此，在乡村聚落景观格局的塑造上：① 聚落的更新与发展充分考虑与地方条件及历史环境的结合；② 聚落内部更新区域与外部新建区域在景观格局上的协调统一；③ 赋予历史传统场所与空间以具有时代特征的新的形式与功能，满足现代乡村居民生活与休闲娱乐的需要；④ 加强路、河、沟、渠两侧的景观整治，有条件地设置一定宽度的绿化休闲带；⑤ 突出聚落入口、街巷交叉口和重点地段等节点的景观特征，强化聚落景观可识别性；⑥ 采用景观生态设计的手法，恢复乡村聚落的生态环境。

在城市化和多元文化的冲击下，乡村聚落整体景观格局就显得格外重要。乡村聚落的景观意义在于景观所蕴含的乡土文化所给予乡村居民的认同感、归属感以及安全感。只有在乡村居民的认同下，才能确保乡村聚落的更新与发展。

（二）乡村建筑

乡村建筑是以传统民居为主的乡村建筑。中国具有丰富的乡土建筑形式和风格，乡村建筑面临的问题无不反映着当时当地的自然、社会和文化背景。乡土建筑在长期的发展过程中，一直面临着保护与更新发展的问题，但却有着良好的传承性，使人们从中把握到历史的发展脉络，这种传承性，直至工业文明尤其是现代主义泛滥之后才出现裂痕。当前，城市建筑形式不断侵蚀着乡村聚落，新建筑在布局、尺度、形式、材料和色彩上与传统聚落环境及建筑形式格格不入，乡村建筑文化及特色正在丧失。乡村建筑更新与发展需要统一的规划，确定不同的更新方式。

在乡村聚落内部，即保留的区域，乡村建筑更新与发展面临三种方式。① 保护。对于有历史或文化价值的乡村建筑，即使丧失了使用功能，也不能轻易拆除，应予以保护和修缮，作为聚落发展的历史见证。② 改建。对于聚落中一般旧建筑应视环境的发展及居住的需求，在尽量维持其原有式样的前提下进行更新，如进行内部改造，以适应现代生活的需要。对聚落中居民自行拆旧建新造成建筑景观混乱的建筑，如建筑形式、外墙装饰材料及颜色，更需进行改建，这也是目前乡村聚落中普遍存在的问题。由于经济方面的原因，改建很难完全与整体的聚落环境相协调，但可以改善和弥补建筑景观混乱的现象。③ 拆除。对于无法改建的旧建筑，应予以拆除。

在乡村聚落外部，即新的建设区域，相对来说，乡村建筑具有较大的设计空间，但需要用从当地传统建筑中衍生出来的新的可供选择的建筑语言来替代那些毫无美学品质的媚俗的新建筑，这同样适用于拆村并点重新规划建设的乡村聚落。

（三）行为活动与场所空间景观

杨·盖尔在《交往与空间》一书中，将人们在户外的活动划分为三种类型：必要性活动、自发性活动和社会性活动。对于乡村居民，必要性活动包括生产劳动、洗衣、烧饭等活动；自发性活动包括交流、休憩等活动；社会性活动包括赶集、节庆、民俗等活动。在传统村镇聚落中，有什么样的活动内容，就会产生相应的活动场所和空间。① 必要活动。如井台和（河）溪边，这里不仅是人们洗衣、淘米和洗菜的地方，而且是各家各户联系的纽带。因此，人们在井边设置石砌的井台，在溪边设置台阶或卵石，成为人们一边劳动一边交往的重要活动场所。虽然形式简单，但是内容丰富，构成了一幅极具生活情趣的景观画面。② 自发性活动。门前或前院是人们与外界交流的场所，路过见面总会打个招呼或寒暄几句。街道的“十字”“丁字”路口具有良好的视线通透性，往往是人们驻足、交谈活动较频繁的场所，人流较多。而聚落的中心或广场，有大树和石凳，成为老年人喝茶、聊天和下棋的场所，在浙江楠溪江的一些聚落还有专供老人活动的“老人亭”。对于儿童，一堆草、一堆砂和一条小溪都是儿童游戏玩耍的场所。③ 社会性活动。供人们进行此类活动的场所并不特别普遍，它往往伴随集市、宗祠和庙宇等形成而出现。集市不仅是商品交易的场所，也是人们交流、获取信息等的重要途径，同时还是村民休闲、娱乐的好地方。民俗活动，如节庆、社戏和祭祀，由于参与的人多，必须有足够的场地，往往结合祠堂、庙宇和戏台前的场地设置，成为聚落重要的公共活动场所。聚落入口不仅具有防御、出入的功能，还具有一定的象征意义，这种多功能性，使之成为迎送客人、休息和交谈等公共活动的场所。

可见，中国传统聚落的场所空间与人们的行为活动密不可分。随着生活水平的提高，乡村居民的生活方式与活动内容发生了一定改变，传统村镇聚落的一些场所已经失去了原有功能，如井台空间，自来水的普及，使人们无须再到户外的井边或河（溪）边洗衣、洗菜。对于这样一些与现代生活不相适应的空间场所，并不意味着要把它完全拆除，它是聚落发展的一个历史见证；可以通过对井台环境的改造，使之成为休闲交流的场所，让其重新充满活力。

现代乡村居民除了日常交往外，对休闲娱乐的需求日益增加，如健身锻炼、儿童游戏、文艺表演、节日庆典和民俗活动等，这就需要有相应的活动场所。对于新建的乡村聚落，场所空间的景观规划设计应体现现代乡村生活特征，满足现代生活的需要。

1. 街道景观

乡村聚落街道景观不同于城市街道景观，除了满足交通功能外，还具有其他功能，如连接基地的元素，居民生活和工作的场所，居民驻留和聊天的场所。景观规划设计既要满足交通功能，又要结合乡村街道特征，如曲直有变，宽窄有别，路边的空地，交叉口小广场及景点等，体现乡村风味。影响街道景观的元素不仅仅是两侧的建筑物，路面、人行道、路灯、围栏与绿化等都是凸显街景与聚落景观的重要元素，因此，必须把它们作为一个整体来处理。

（1）路面。大面积使用柏油或混凝土路面，不仅景观单调，而且也体现不出乡村的环境特色，因此需要根据街道的等级选择路面材料。对于车流量不大的街道，选用石材铺装，如小块的石英石，显得古朴而富有质感。对于无人行道的路面两侧边缘，不设置过高的路缘石，路边侧石与路面等高或略高出路面一点。

（2）人行道。除非交通安全上有极大的顾虑，否则人行道应尽量与路面等高或略高一点，通过铺装材质加以分隔或界定。材料最好选用当地的石材。

（3）路灯。灯具是重要的街道景观元素。乡村街道照明方式与城市不同，不适宜尺度过高的高杆路灯。小尺度的灯具不仅能满足照明，而且与乡村街道的空间尺度相吻合，让人感觉亲切与舒适。灯具的造型也要与环境相协调，体现当地的文化内涵。

（4）围栏。对于乡村环境，不宜用混凝土或砖砌的围墙。围栏最好以木材、石材或绿篱等自然材料，给人简单、自然、质朴的感觉，它们永远适合于乡村地区。

（5）绿化。路面或人行道两侧与绿化交接处不用高出的侧石作为硬性分隔，而是通过灌木丛或草坪塑造自然柔性的边界。除非地形因素，一般不采用砌筑的绿化形式，如花池。另外人工的花坛、花盒、花盆也是一样，除非绿化条件困难而采用这种方式作为补救措施，一般最好不要使用。

2. 亲水空间

水空间是传统乡村聚落外部交往空间的重要组成部分，这不仅在于水是重要的乡村景观要素，更主要是其实用价值和文化内涵，主要满足生活、灌溉、防火以及风水的要求。除了自然的河、溪流外，没有自然条件的聚落，也采取打井、挖塘来创造水空间。

浙江杭州滨江区浦沿镇东冠村有450多年的历史，村内散布着四个大小不一的池塘，分别为安五房大池、宣家大池、傅家大池和曹家大池，当时修建这些池塘是出于两个原因：一是几大家族为解决村民生活、生产用水而修建的；二是风水上的需要。随着现代乡村居民生活方式的改变，这些池塘由于失去了原有的功能而逐渐废弃。然而，这些池塘的生态、美学及游憩价值并没有丧失，仍然能成为适合不同人群的交往活动场所和空间。目前，东冠村结合聚落的更新，对这些池塘进行分批改造，为居民营造多个休闲游憩的亲水空间，使其重新充满生机和活力。已经治理改建的曹家大池，修建了驳岸和亭子，成为聚落的公共活动场所，但在景观生态设计方面还比较欠缺。对于新开发建设的乡村聚落，应根据自然条件，结合原有的沟、河、溪流和池塘设置水景，避免为造景而人为开挖建设的水景。

河（溪）流与游憩活动。相对来说，乡村河（溪）流具有多样化的水流形态的特征，因此各式各样的水域及水岸游憩活动，都可能在此寻得合适的空间环境作为活动发展的依托。例如，中国台湾乌溪流域乡村溪流景观游憩空间设计，更多的是从乡村旅游的角度，满足人们日趋增长的休闲游憩的需求。溪流游憩空间的设计目标，应随基地环境的不同而有所差异，然而，溪流环境本身具备自然资源廊道、脆弱的生态等相同的环境基本特性。因此，其整体设计目标又有共同性，既可以满足游客休闲游憩的需求，又可以保护溪流的生态环境。该项目把溪流游憩活动特性总结为三类。① 水中活动，包括游泳戏水、捉鱼捉虾、潮溪和非动力划船；② 水岸活动，包括急流泛舟、休息赏景、打水漂和钓鱼；③ 滩地活动，包括骑自行车、野餐烤肉和露营。在游憩项目设置上，根据不同地段溪流特性来确定具体的游憩活动。在生态环境保护上，对溪流驳岸栖地提出了改善策略，主要有通过改变水体状态、配置躲避空间、增减水岸遮蔽物、增加事物来源以及复合处理等方式。体现在景观生态设计上有5类（堆石法、植栽法、浚潭法、枯木法和设施法）13种方法。这些方法不是消极扮演环境保护的角色，而是结合景观设计，使之成为游憩设施的一部分，这不仅在于增进生态平衡的价值，也在于提供更多高品质的溪流游憩机会。

3. 老年中心

传统乡村聚落虽然有许多老年人的活动场所，但是都在室外，受气候等自然条件影响较大。如今，由于年轻人外出打工以及生活水平和医疗条件的改善，现代乡村聚落中也开始出现老龄化现象，因此，乡村聚落在更新时，结合当地的条件，设置老年中心很有必要。例如，1998年，浙江柯桥镇新风村投资270万元修建了具有江南园林风格的村老年活动中心，面积近6 000平方米。老年活动中心是新风村实施的一项“夕阳红工程”，集小桥流水、假山石径、楼台亭阁、鱼池垂钓、四季花木和休闲娱乐于一体，设有棋牌、影视、书报和茶座等项目，已成为全村重要的休闲娱乐场所。

4. 儿童场地

传统乡村聚落没有专供儿童娱乐的活动场所，水边、空地和庭院成为他们游戏玩耍的主要场所。乡村聚落的更新应考虑儿童的活动空间，满足他们的需要。儿童场地应具备相应的游戏玩耍设施，如滑梯、秋千、跷跷板、吊架和沙坑等。考虑儿童喜水的特点，可以结合浅缓的溪流、沟渠设计成儿童涉水池。具有自然性和生态性的农用水道景观，也能成为儿童的游憩场所。

5. 广场

服务于现代乡村居民的娱乐、节庆和风俗活动的往往是乡村聚落的广场。与传统不同，现代乡村聚落广场往往与聚落公共建筑和集中绿地结合在一起，并赋予更多的功能和设施，如健身场地和设施、运动场地和设施等。乡村聚落的广场必须与乡村居民的生活方式和活动内容结合起来，严禁在乡村地区仿效城市搞所谓大广场等形象工程。这种现象在一些乡村地区已有出现，广场大而空，多硬质铺装少绿化，不仅占用大量的土地，而且很不实用，与乡村环境极不协调。2004年2月23日原建设部、国家发改委等四部委公开发布了《关于清理和控制城市建设中脱离实际的宽马路、大广场建设的通知》，各地城市一律暂停批准红线宽度超过80米（含80米）城市道路项目和超过2公顷（含2公顷）的游憩集会广场项目。这种不切实际、盲目建设的现象在乡村地区得到一定遏制。

（四）乡村聚落绿化

绿化能有效地改变乡村聚落景观。目前村镇建设中，乡村聚落绿化总体水平还比较低，建设也相对比较滞后。从现状看，大多数还停留在一般性绿化上，该绿的地方绿起来，但缺乏规划，绿化标准低，绿化档次低。乡村聚落绿化需要整体的规划设计，合理布局，不仅为乡村居民营造一个优美舒适、生态良好的生活环境，而且也要充分利用有限的土地，最大限度地创造出经济效益，增加乡村居民的经济收入。由于地域的自然、社会和经济条件不同，乡村聚落绿化要坚持因地制宜、适地适树和尊重群众习俗的原则，充分体现地方特色。乡村聚落绿化指标不能一概而论，对于有保护价值的传统聚落，要以保护人文景观为主，不千篇一律强调绿化覆盖率；对于旧村更新改造，要照顾到当地的经济实力，实事求是，做到量力而行；对于新建的乡村聚落，可相应提高绿化标准，绿地率要达到30%以上。

1. 乡村聚落绿化类型

乡村聚落绿化类型一般分为：① 庭园绿化，包括村民住宅、公共活动中心或者机关、学校、企业和医院等单位的绿化；② 点状绿化，指孤立木，多为古树名木，成为乡村聚落的标志性景观，需要妥善保护；③ 带状绿化，是乡村聚落绿化的骨架，包括路、河、沟、渠等绿化和聚落防护林带；④ 片状绿化，结合乡村聚落整体绿化布局设置，主要指聚落公共绿地。

2. 村民庭院绿化

对于目前大多数乡村居民庭院，绿化与庭院经济相结合，春华秋实，景致宜人，体现出农家田园特色。庭院除种菜和饲养家禽外，绿化一般选择枝叶展开的落叶经济树种，如果、材两用的银杏，叶、材两用的香椿，药、材两用的杜仲，以及梅、柿、桃、李、梨、杏、石榴、枣、枇杷、柑橘和核桃等果树。同时，在房前道路和活动场地上空搭棚架，栽植葡萄。对于经济发达的乡村地区，乡村庭院逐渐转向以绿化、美化为主，种植一些常绿树种和花卉，如松、柏、香樟、黄杨、冬青、广玉兰、桂花、月季和其他草本花舟。此外，还可用蔷薇、木槿、珊瑚树和女贞等绿篱代替围墙，分隔相邻两家的庭院。

屋后绿化以速生用材树种为主，大树冠如泡桐、杨树等，小树冠如刺槐、水杉和池杉等。此外，在条件适宜的地区，可在屋后种淡竹、刚竹，增加经济收入。

3. 聚落街道绿化

街道绿化形成乡村聚落绿化的骨架，对于改善聚落景观起着重要的作用。根据街道的宽度，考虑两侧的绿化方式。需要设置行道树时，应选择当地生长良好的乡土树种，而且具备主干明显、树冠大、树荫浓、树形美、耐修剪、病虫害少和寿命长的特点，如银杏、泡桐、黄杨、刺槐、香椿、楝树、合欢、垂柳、女贞和水杉等乔木。行道树结合经济效益考虑时，可以选用银杏、辛夷、板栗、柿子、大枣、油桐、杜仲和核桃等经济树种。由于街道宽度的限制而无法设置行道树时，可以选用棕榈、月季、冬青、海棠、紫薇、小叶女贞和小叶黄杨等灌木，或结合花卉、草坪共同配置。

4. 公共绿地

公共绿地是目前许多乡村聚落景观建设的重点，各种农民公园成为公共绿地的一种主要形式。公共绿地应结合规划，利用现有的河流、池塘、苗圃、果园和小片林等自然条件加以改造。根据当地居民的生活习惯和活动需要，在公共绿地中设置必要的活动场地和设施，提供一个休憩娱乐场所。除此以外，公共绿地强调以自然生态为原则，避免采用人工规则式或图案式的绿化模式，植物选择上以当地乡土树种为主，并充分考虑经济效益，以体现乡村自然田园景观。

例如，浙江余姚市泗门镇小路下村是“宁波市园林式村庄”“宁波市生态村”和“浙江省卫生村”。2005年10月，被正式命名为“全国文明村”。自2002年起，小路下村先后兴建了“一大两小”三座绿色公园，分别是新村公园、南门公园和文化公园。新村公园位于新建好的新村住宅区，占地0.67公顷。南门公园位于该村南大门。

文化公园位于村中心位置，占地面积达3.3公顷，投资300万元，是余姚市档次最高、规模最大的村落文化公园。公园以绿色为主题，有文化宫、小桥凉亭、石桌、戏台和广场等设施，有香樟、香椿、广玉兰等树木花草上百种。另外，还有一棵高达20 m，树龄达150年以上的银杏树。文化公园的建成，为全体村民和广大外来员工提供了一个休闲、娱乐和健身的高雅场所，也进一步提高了文明村和园林村的品位。

5. 聚落外缘绿化

乡村聚落外缘具有以下特点。① 它是聚落通往自然的通道和过渡空间；② 与周围环境融为一体，没有明显的界限；③ 提供了多样化的使用功能；④ 表达了地方与聚落的景象；⑤ 是乡村生活与生产之间的缓冲区，它能达到平衡生态的目的。

目前新建的大多数乡村聚落，绿化建设只注重内部绿化景观，而不注重外缘绿化景观，建筑群矗立在农业景观之中，显得非常突兀，与其周围环境格格不入。每幢建筑物独立呈现，与地形缺乏关联性，与田间地块缺乏缓冲绿带，这是村镇建设中聚落破坏自然景观的一种突出现象。

乡村聚落应注重外缘绿色空间的营造，但并不意味着围绕聚落外缘全部绿化，而是因地制宜，利用外缘空地种植高低错落的植被，并与外围建筑庭院内的植被共同创造聚落外缘景观，形成良好的聚落天际轮廓线，并与乡村的田园环境融为一体。一般聚落入口是外缘绿化的重点，这在传统村镇聚落景观中得到充分体现。外缘绿化一般考虑经济树种为宜，如栽桑种果，选择栽植干果的树种，有银杏、板栗、柿、枣和山楂等，除美化环境外，还能取得较高的经济效益。为防风沙侵害，聚落外缘绿化还具有护村的作用，一般在迎主风向一侧设护村林带，护村林带可结合道路、农田林网设置。

二、新农村田野景观规划设计

美丽的稻田、青青的麦苗、碧绿的菜畦、遍地的黄花、阵阵的花香、清新的空气、拂面的微风、清脆的鸟鸣、山林野趣，这是田野景色给人的感受，人们都向往这种亲和力强的、养眼的、多种生物生息的、宁静的、地域感强的自然景色，田野是新农村景观规划设计的面的组成部分，田野主要是村民进行耕作和野外生产活动的场所，田野不但能够为人们提供生存必需的物质资料，而且还具有防风固沙、防止水土流失、净化空气等生态意义，同时也是农村地区的特色景观之一，随着季节的交替，表现出不同的景致（见图 7–3）。

田野景观规划设计，一是要注意整体性。要将田野作为一个整体进行设计，使田野景观的整体和谐共生。这种整体性包括了农田和林木等的整体性，在作物种植和林木选择上要协调一致，如在北方地区作物为小麦、玉米等农作物，林木一般种植杨树、柳树等。二是要尽量保持田野原貌。要提倡“大脚美学”，倡导自然的美，在保持自然原貌的基础上进行现代设计形式的改造。田野中大地和植被的肌理、植被的色彩本身就带有天然的美感。所以，我们在进行新农村田野景观规划设计时要坚持生态原则，即尽量维持景观原貌。三是要强调地域因素的表现，农村田野景观的景观格局对于地域性的表现有着重要的作用，如丘陵上的梯田景观、北方的平原种植景观等。农田作物的种植业体现出地域性的差别，如北方的甜菜和南方的甘蔗、北方的小麦和南方的水稻等都能体现出地域的差异。植被对于田野景观的地域性也有重要的作用，北方的植被多为落叶类植物，南方的多为常绿类植物。四是要将形式美规律融入设计中去。将重复与渐变、对称与均衡、统一与对比、节奏与韵律等形式美法运用到田野景观设计中去，同时考虑当地人的审美习惯。五是在新农村景观规划设计中，要考虑设计的便利性。田野景观的设计，特别是农田景观要考虑生产的要求，是不是便于农民进行生产活动，农业机械是否顺利地进行耕作等，不能只追求美观而使得生产的进行受到影响。

图 7–3　田野景观

在农村田野景观中往往有墓地，当前农村的墓地一般没有统一的规划格局，在田野中非常零散，影响了田野总体景观的营造，造成土地资源的浪费和植被的破坏，也不利于生产的进行，所以对于新农村田野景观中的墓地要进行统一的规划和设计，要将生态公墓作为规划设计的目标。科学地进行墓地的选址，根据节约能源、节约资源、生态环保、以人为本的原则进行景观设计布局。使得新农村墓地景观成为社会效益、生态效益和经济效益的综合统一体。

农村田野景观是人类长期与自然界相互作用的产物。从中国农业景观发展所经历的三个阶段（原始农业景观、传统农业景观和现代农业景观）来看，原始农业景观和传统农业景观是一个自给自足、自我维持的稳定系统，人地矛盾并不突出，农业景观是在农业生产中自发形成的。目前，中国正处于从传统农业向现代农业转变的过渡阶段，由于片面追求经济的发展，长期以来人们几乎把“高生产性”作为农业环境的唯一评价标准，这与人们对物质的需求分不开。不合理的土地利用方式已经导致了传统农业景观中生物多样性的降低和自然景观的破碎化，农业景观的美学和生态效益遭受到严重损害。农业景观作为乡村的重要资源，应注重其长期的生产性，同时兼顾生态利益和美学利益。农业可持续发展不仅对生产方式提出了新的发展方向，而且和审美有着紧密的联系。因为这种与自然相协调的土地利用过程对提高农业景观的审美质量具有至关重要的作用，农业景观在可持续发展模式中会变得更有审美吸引力。因此，对农业景观资源进行合理的规划设计，促进农业的可持续发展具有重要的现实意义。

（一）农田景观生态规划与设计

从传统审美角度来看，农田是乡村的象征，农田景观是乡村地区最基本的景观。从景观生态学的角度，农业景观通常是由几种不同的作物群体生态系统形成的大小不一的镶嵌体或廊道构成。农田景观规划设计是应用景观生态学原理和农业生态学原理，根据土地适宜性，对农田景观要素的时空组织和安排，制定农田景观利用规则，实现农田的长期生产性，建立良好的农田生态系统，提升农田景观的审美质量，创造自然和谐的乡村生产环境。

1.影响农田景观的因素

影响农田景观的因素有以下三个方面：① 轮作制。轮作是中国农业的传统，合理的轮作对于保持地力、防治农业病虫害和杂草危害以及维持作物系统的稳定性极为重要。为了实行合理的轮作，在一个农田区域中必须将集中参与轮作的农作物按一定比例配置，显然，这样的按比例配置成为制约农田景观的重要因素。② 农业生产组织形式。不同的农业生产组织形式，其生产规模和生产方式有很大的差异，而这些差异又直接影响到农田景观特征。例如，大型的农场，由于采用机械化和高劳动生产率，由此形成了由单一农作物构成的可达几百亩的农田景观。而对于绝大部分实行联产承包责任制的广大乡村，土地分割给每户，农户又按自己的意愿种植不同的作物，其结果是农田景观的各地块面积大大缩小，而地块的种类和数目却大为增多。③ 耕作栽培技术。中国广大乡村地区实行作物间套作，这些耕作栽培技术对于改善农田生态系统的生产力，增强其生态和经济功能很有意义的。例如，北方农田中可以看到不同作物呈行式或带式间作的农田景观。从小尺度景观的角度，可以认为由不同作物形成的廊道，而该农田景观就由这些相互平行的不同类型的廊道构成。东北平原广泛采用每隔两行玉米种一行草木樨的间作系统。辽宁西部和南部则呈春小麦与玉米或其他作物带状套种的农田景观。

2. 农田景观规划设计的原则

（1）整体原则。农田景观由相互作用的景观要素组成，规划设计应把其作为一个整体考虑，使之达到生产性、生态性和美学性三者的统一。

（2）保护原则。农田最基本的功能是为人类提供生存所必需的农产品。人多地少是当前主要矛盾，规划设计首先要保护基本农田，优化整合，满足人类生活的需要。

（3）生态原则。改变农业生产模式，发展有机农业、生态农业和精细农业，建立稳定的农田生态系统。同时，结合农田林网的建设，增加绿色廊道和分散的自然斑块，补偿和恢复景观的生态功能。

（4）地域原则。根据不同地域的自然地理条件，合理地确定农田景观格局，突出地域特色，例如，南方的鱼米之乡，华北平原的小麦玉米农田景观，东北地区的玉米—高粱农田景观，云贵高原的梯田景观等。

（5）美学原则。农田景观具有独特的审美体验价值，不仅作为生产的对象，而且还作为审美的对象，作为景观呈现在人们眼前。规划设计应注重农田景观的美学价值，合理开发利用，提高农业生产的经济效益。

3. 农田景观规划设计的步骤

农田景观规划设计的一般步骤是：① 确定农田规划设计范围；② 农田景观勘测与资料的收集；③ 农田景观现状图的编制；④ 农田景观适宜性分析；⑤ 农田景观规划与设计；⑥ 制定农田景观利用规则；⑦ 农田景观规划实施和调整。

4. 农田景观规划设计的内容与方法

（1）斑块规划设计。

斑块大小。大型农田斑块有利于提高生物多样性，而小型农田斑块可提高景观斑块多样性。最优农田景观是由几个大型农作物斑块组成，并与众多分散在基质中的其他小型斑块相连，形成一个有机的景观整体。然而，农田斑块的大小由社会经济条件、农业生产组织形式等决定。从景观生态学的角度，农田斑块的大小应根据农田景观适宜性、土地需求和生产要求综合确定，以充分发挥景观优势。农田斑块的大小取决于田块的大小，田块的长度主要考虑机械作业效率、灌溉效率和地形坡度等，一般平原区为 500 ~ 800 米；田块宽度取决于机械作业宽度的倍数、末级沟渠间距和农田防护林间距等，一般平原区为 200 ~ 400 米，山区根据坡度确定梯田的宽度。平原区田块的规模为 10 ~ 32 公顷。

斑块数目。斑块数目越多，景观和物种的多样性就越高。大尺度斑块数目规划设计，由农田景观适宜性决定；小尺度农田景观斑块数目取决于田块的规模，平原区一般为 3 ~ 10 块 / 公顷。农田景观的多样化分布较单一景观相比生态稳定性高，不仅可以明显减轻病虫害的发生危害，而且对田间小气候具有显著的改善作用。

斑块形状。除了受地形制约外，考虑到实际田间管理的需要和机械作业的便利，田块的形状力求规整。因此，人们通常见到的农田斑块形状大多为长方形、方形，其次是直角梯形和平行四边形，而最不好的是不规则三角形和任意多边形。

斑块位置。农田斑块的位置基本由土地适应性决定。一般以连续的农斑块位置田斑块为宜，这样有利于农作物种植和提高生产效率。

斑块朝向。农田斑块朝向是指田块长的方向，对作物采光、通风、水土保持斑块朝向和产品运输等有直接影响。实践表明，南北向田块比东西向种植作物能增产 5% ~ 12%。因此，田块朝向一般以南北向为宜。

斑块基质。斑块基质优劣，直接关系到农作物生长量和经济效益。斑块基质斑块基质条件主要包括土壤、土地平整度、耕作方式等。需对质地差的斑块基质进行土壤改良设计、施肥设计；土地平整程度直接影响耕作集约化、灌溉、排水、作物通风和光合作用，一般以平坦为宜；耕作方式以提高地力为目的，安排作物轮作方式和间作方式。

（2）廊道规划设计。在农田景观中，廊道主要是指河流、防护林、树篱、乡村道路、机耕路和沟渠等，其中，农田林网对农业景观影响最大，被视为农田景观中的廊道网络系统。

实践表明，农田林网能有效地减少旱涝、风沙、霜冻以及冰雹等自然灾害，并能有效地改变农田小气候（风速、温度、湿度、土壤含水量、水分增发量等）。在正常条件下，农田林网能提高小麦产量 20% ~ 30%，提高玉米产量 10% ~ 20%，提高果品产量 10% ~ 20%，每亩棉花增产 20~35 千克，在自然灾害频繁年份，其保产增产效应更加明显。同时，农田林网也是乡村经济的一个重要组成部分，所提供的林特产品，如木材、水果、干果、桑和乌桕等，具有较高的经济价值，增加了乡村居民的经济收入。农田林网具有防止水土流失、保护生态环境，净化空气、降低空气污染，消除噪声、增加生物多样性和景观多样性的作用。

农田林网应根据自然地理条件，因地制宜设置林带。农田林网分为主林带和副林带，主林带应与主要风向垂直，副林带垂直于主林带。林带通常与河流、沟渠、道路等结合布置。

林网规模。主林带的间距大小主要取决于林网的高度，通常为林网高度的20~30倍，副林带的间距是主林带间距的1.5 ~ 2.0倍。例如，皖中沿江地区农田林网模式是：主带距为450 ~ 600米，副带距为500 ~ 900米，网格面积在20 ~ 53.3公顷，林带结构以疏透度为0.3左右为宜。这样既能达到良好的防护效果，又能满足农机具的使用效率要求。

林带宽度。林带树木行数过多或过少，对防护效果均有不利影响，实践证明林带宽度，一般采用2 ~ 4行效果最好，行距2 ~ 4米。

树种选择。农田林网的树种应根据设计要求和农田作物的生态要求、对自然条件的要求考虑。可选择材质好、树冠小、树形美和侧根不发达，适宜营造乔、灌、针和阔混交林的树种。树种的搭配应按乔灌结合、错落有致的原则，路渠配以防护性速生乔木，田埂配以经济高效的小乔木灌木，既突出生态效益，又兼顾经济效能。同时，注重在生物学特性上的共生互补，注意避免可能对农作物生产带来危害的树种。

（二）林果园景观规划与设计

现代林果园地是农业景观的重要组成部分，已超出传统生产意义上的果园，而是集生产、观光和生态于一体的现代林果园。乡村林果园景观规划设计是以乡村果树林木资源为基础，根据市场的需求，发展乡村经济，协调人与环境、社会经济发展与资源之间的关系。

1.林果园植物

不同果树是果园的主要植物。果树的种类和品种是按果树区域化的要求和适地适种类与品种树的原则来确定。果园种植果树的种类可以是一种或多种，这取决于人们以及市场的需求。果树的品种要良种化，以便其具有长期的竞争力。

为了充分利用地力，可以在果树定植后1 ~ 4年，利用果树行间间种矮杆作物、瓜、间作方式蔬菜等，不仅提高果树的产量，而且增加果园的经济效益。间作方式主要有：① 果树与农作物间作，如枣粮间作、果树与豆科作物间作等；② 果树与瓜菜间作，如葡萄与黄瓜间作，苹果与西红柿、茄子间作等；③ 果树与牧草间作，利用果树行间为完全遮阴区，间作牧草，如果园间作紫花苜蓿等。

除了间作外，果园可以采用立体复合栽培，进一步提高土地利用和经济效

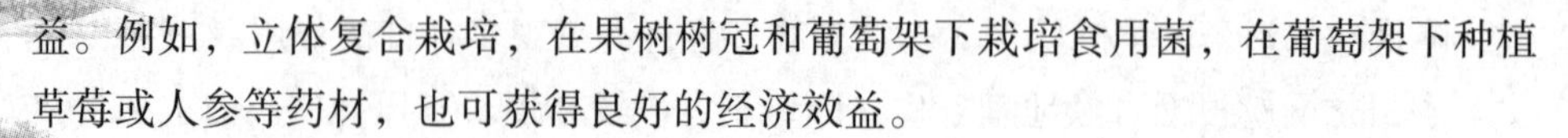

益。例如，立体复合栽培，在果树树冠和葡萄架下栽培食用菌，在葡萄架下种植草莓或人参等药材，也可获得良好的经济效益。

2. 林果园景观与旅游开发

目前，各地乡村林果园资源非常丰富，加之便捷的交通，逐步开发并形成了农业生态休闲旅游生态休闲旅游，成为一种乡村旅游形式。

浙江省台州市螺洋休闲果园规划用地为16.25公顷，现状属缓坡山地和部分平地，以种植枇杷、柑橘和杨梅等果树为主，夹杂零星旱地和稻田。近年来，随着当地经济的高速增长，人均收入和居民生活水平迅速提高，旅游经济显露出作为新的经济增长点的巨大创业潜力。因此，充分利用螺洋在台州区域经济中的自然景观优势及果树资源优势，将其转化为特色鲜明的旅游休闲产品。该休闲果园规划旨在运用农业高科技手段，引进名、特、优、稀、新品种，创造景色秀丽、终年花开、四季果香、融生产经营与生态旅游于一体的大型休闲观光果园。全园规划充分利用自然山水景观基础，以植物造景为主，辅以园林建筑、小品和服务设施，构成一个景观丰富和科学内容相兼容的经济实体。全园共规划有五大景区。① 鲜果迎宾区：入口接待区，除了接待设施外，还建有一条特色果品商业街，经营本园的各色时令新鲜水果。布局采用传统与现代手法相结合，使之既有浓厚的乡土气息，又具有时代特征。② 桃林春风区：以种植名、特、优、新品种的桃树为主，春天赏花、夏天品果，并在其中心部位设置供游人品茗休息的设施。③ 金果映日区：遍植橘树，以秋季赏橘、品橘为特色。景区建有富有当地民居建筑风格的“乡村果吧”，不仅为游客提供新鲜的水果、果汁和果茶等特产果品，而且还向游客展示传统的果脯制作工艺。④ 梨园舒雪：园内除栽植各色名优品种梨树，而是还是全园活动的中心，根据果树不同成熟时间，举办梅花节、桃花节、梨子节以及橘子节等。另外，园内还在室内种植各地的奇珍异果。⑤ 梅景弄月：以梅为主题造景，游人在此品茗赏梅，欣赏诗赋。

林果园的景观旅游开发，使农业生产用地向乡村经营型游憩绿地转化，有助于实现乡村景观的社会、经济和生态效益三者的统一，更为重要的是丰富了多种经济方式,发展乡村经济，提高乡村居民收入，有助于新农村的建设。

（三）庭院生态景观规划与设计

庭院生态经济是农户充分利用庭院的土地资源，因地制宜地从事种植、养殖、农副产品加工等各种庭院生产经营，不仅增加了乡村居民的经济收入，而且还丰富了庭院景观。

庭院经济是在传统自给自足的家庭副业基础上演变发展起来的一种农业经营形式。目前，庭院生态模式很多，归纳起来有以下4种模式：① 庭院立体种植模式；② 庭院集约种养模式；③ 庭院种、养、沼循环模式；④ 庭院综合加工模式。例如，山东省西单村的庭院建设生态工程于 1983 年开始规划实施。根据规划，每个农户庭院占地为 25 米 ×16 米，其中可利用面积 272.6 平方米。庭院内部部分面积栽种蔬菜，正门到大门的走廊栽种两排葡萄。厕所一般用隔层分为上下两层，上面养鸡，鸡粪作为下面猪的饲料。庭院前是一个 16 米 ×4 米的藕池，藕池与厕所相连，每天猪排出的粪便冲入藕池作为肥料。院墙外四周分别种植葡萄、丝瓜和云豆等藤本植物。此设计保证了从地面到空中，从庭院到四周，从资源利用到经济产出和环境改善等多方面多季节综合效益的获得，实现庭院生态系统的良性循环。

根据不同的认识阶段、经济水平和发展趋势来看，庭院景观分为三种类型，即方便实用型、经济效益型和环境美化型。方便实用型是农户根据自己的喜好，种植蔬菜和瓜果，除了满足自身需要，还能获得部分收入。经济效益型的特点是农户充分利用自己的技术特长，根据市场变化，组配高产高效的经济模式，如前面提到的庭院立体种养，经济效益较好。环境美化型是将环境改造作为庭院建设的主要目标。

随着国家加强对农村宅基地的控制和管理，乡村庭院面积较以前大为减少。目前，每户村民的宅基地在 120~150 平方米不等，除去住宅占地、交通、活动面积外，只剩几十平方米的场地，发展庭院经济比较困难。在经济发达的乡村地区，乡村居民逐渐将环境改造作为庭院建设的主要目标，这为每户村民施展造园才能提供了发展空间。

从实地调查来看，庭院景观设计还处于起步阶段，目前每户只是限于简单的硬质铺装和绿化，并没有过多的艺术追求。

三、新农村公共空间景观规划设计

农村公共空间一般是指农村中面向所有村民和游客开放的公共场所。包括广场、公园、景观小品、商店、集市、道路和停车场等构成形式。对于公共空间的景观规划设计有助于提升地区的整体形象，提高村民及游客的生活质量。

新农村景观小品的表现。广义的新农村景观规划中的景观小品包括的内容广泛，包括交通类小品、市政类小品、生态类小品、宣传类小品、服务类小品、休憩类小品、装饰类小品和商业类小品等。指示标识、雕塑、水体景观、服务设施、乡村小型广场、招牌、幌子、停车场、电话亭等是农村景观小品中常见的形式。新农村景观规划设计景观小品设计对于活跃空间气氛，加强空间联系、视觉引导、心理疏导有着重要的作用。新农村景观小品的设计要以“虽由人作，宛自天开”的中国传统美学思想为指导，加入地域文化的特色。文化的融入不会削弱它的作用，反而会因为独有的特色而使人眼前为之一亮，印象深刻。在材料运用上以当地材料为基础，可以体现当地的历史文化和地域特色。中国古代就十分重视对当地材料的运用，宋代的王禹偁就曾在《黄冈竹楼记》中提到：“黄闪之地多竹，大者如椽。竹工破之，刳去其节，用代陶瓦。比屋皆然，以其价廉而工省也。”例如山东省费县芍药山乡小湾村休闲广场的设计上，具有浓郁的沂蒙山特色，在广场中加入了石碾、石磨、杵、秋千等沂蒙山区的地域文化构件，当地石材建造的现代感的休闲舞台，为村民提供了放松身心的场所，非常具有地方特色，又“价廉工省”。广场内还设有一些儿童娱乐设施和运动设施，体现出了小山村中也有“奥运”，表现出现代中国新农村景观的新貌。

商店和集市的设计要选择恰当的地点，农村的商店多为小型的家庭式的商店，在地点选择上应当尽量靠近中心布局，同时在旅店等周围也应适当地设置商店，以方便村民和游客的生活。集市是农村最常见的商品交易形式，对于促进农村经济的繁荣和农村地区的商品生产具有重要意义。但是由于缺乏恰当的地点和组织，农村集市往往有脏乱差的问题，容易造成生态破坏、环境污染和交通拥堵等现象，所以合理地规划农村集市非常必要。在集市的规划设计上，地点的选择应该是固定的场地，没有固定场地条件的乡村应当选择非主干道的道路旁边，这样就会减轻或避免出现交通拥堵的现象。集市所在地应当适当地绿化，如种植一些高大的乔木等，这样可以提供人员乘凉的场所，提高商品交易时的舒适度，同时美化环境。在集市设施设置上，在集市较为频繁的地区设置固定的摊面，这样便于商品摆放和交易，也会使得集市井然有序。在集市上还要设置临时性的车辆看管场所，这样可以保证车辆的安全和避免车辆进入集市造成的拥堵现象。在集市上要设置垃圾收集设施，可以将集市交易产生的商品垃圾及时收集处理。

四、新农村道路景观规划设计

（一）概述

乡村道路是乡村经济发展的动脉。加快乡村道路的建设，对促进区域经济、发展乡村道路涵盖范围、提高乡村居民的生活水平、改善乡村消费环境有着十分重要的战略意义。目前按使用性质，道路分为国家公路（国道）、省级公路（省道）、县级公路（县道）、乡村道路以及专用公路五个等级。乡村道路是指主要为乡（镇）村经济、文化、行政服务的公路以及不属于县道以上公路的乡与乡之间及乡与外部联络的公路。对于乡村景观来说，乡村道路涵盖的范围比较广，不论何种等级的道路，只要位于乡村地域范围内，都应该作为乡村道路景观规划设计的对象。

农村道路肩负沟通地区与地区的联系功能，“要致富先修路”突出强调了农村道路对于经济的促进作用。道路就像人的血管，源源不断地为农村的“身体”输送着养料。同时，道路作为农村地区景观的廊道，兼具美学价值和生态价值。道路景观设计要在保证驾驶者的人身安全，因地制宜地进行道路设计，抵制完全柏油路或混凝土的做法，乡间小路等可用石材铺设等形式，石缝的杂草等是更好的自然表现形式。道路沿线进行景观绿化和景观美化，设置与道路景观配套的指示标识等。在道路设计时，避免出现割断生态环境空间和视觉景观空间，避免出现自然保护区的破坏。在新农村道路景观规划设计上，可运用乡村道路绿化、废弃地景观生态修复、道路斜坡景观生态恢复、道路边的森林外缘修复、生态廊道修复、雨水滞留区湿地景观设计等方法进行。

道路景观并不是现代的概念。早在我国周朝，就已经出现了道路景观的思想。根据《周制》记载：“列树以表道，立食以守路”，说明当时人们已经认识到道路建设应结合自然条件，提出了路旁种树与美化道路的问题。19世纪后半叶，在西方一些发达国家的城市规划中，设计师们也开始注意街景问题并产生了道路景观的概念。1907年，美国开始组织道路工程师和景观建筑师协作设计道路景观，考虑和利用沿线景观资源。自20世纪30年代德国开始修筑高速公路以来，道路与周围景观的协调问题便在工程实践中逐渐形成了系统的道路美学理论。美国在道路工程实践中，也提出了公路美学理论。1965年，美国国会通过了《道路美化条例》(Highway Beautifuration Act of 1965)，该条例严格管制州际道路旁的路牌与广告牌，取消了路旁废物堆置场。1975年，苏联制定了《公路建筑和景观设计规范》。1976年，日本制定了《公路绿化技术标准》。之后，公路美学得到了真正的发展。世界上大多数国家在公路工程技术标准、设计和施工规范中，都有关于公路景观设计方面的技术规定。一般都要求在满足公路安全通畅的行车功能的同时，充分考虑其审美需求。道路选线应尊重地形地貌，并与周围环境、地区规划等融为一体、协调配合，保持适当比例，合理设置屏障、标志标线等，提高其美学质量。

在当今道路快速发展的中国，景观规划设计师在道路景观规划设计中所起的作用是被动的，还仅停留在比较初级的“美化”层次，也就是在道路建成后，做一些“美化”工作，这与西方国家20世纪20—30年代的情况有着惊人的相似。然而，景观规划设计师在道路的选线、安全使用与愉悦、环境保护与生态设计等诸多方面，有着不可替代的作用。正如1940年S·赫伯特·哈尔所表达的：“真正的机会……是用一种有机的方法，把景观设计的原理运用到道路的选址、直线道路及道路的交叉分级问题上……为的是把‘美’设计进高速公路，而不是在高速公路建成

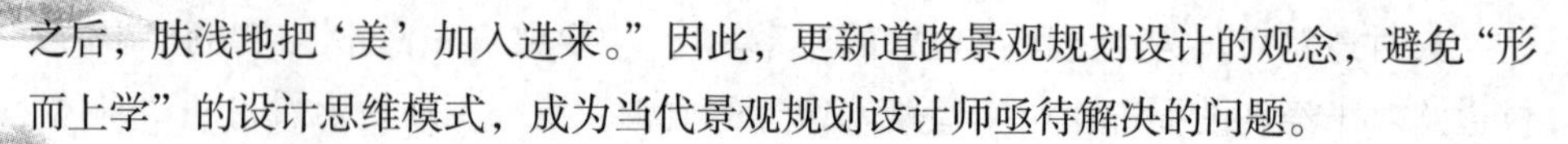

之后，肤浅地把‘美’加入进来。”因此，更新道路景观规划设计的观念，避免“形而上学”的设计思维模式，成为当代景观规划设计师亟待解决的问题。

（二）乡村道路景观规划设计原则

1. 安全原则

任何等级和使用性质的乡村道路的首要前提是满足安全的要求，缺乏行车安全的道路，再如何谈论景观都毫无意义。安全性不只是道路本身设计的问题，道路景观也会间接地影响道路的安全性，如沿线景观对司机视线或视觉的影响，因此安全性是道路景观规划设计的前提和基础。

2. 整体原则

乡村道路景观规划设计同其他建设密切配合，把道路本身、附属构造物、其他道路占地以及路域外环境区域看成一个整体，全盘考虑，统一布局。

3. 乡土原则

乡村道路景观不同于城市街景，其主体是以自然环境和田园环境为背景的乡村景观。而不同的地域其地形、地貌、植被和建筑风格等又各不相同，因此，道路景观规划设计要因地制宜，使之成为展现道路沿线地域文化和乡村景观的窗口。

4. 生态原则

乡村道路景观建设应尊重自然，服从生态环保要求，结合生态建设和环境保护，弥补和修复因道路主体建设所造成的影响和破坏。并通过景观生态恢复，达到乡村地区自然美化的目的。

5. 保护原则

乡村道路景观规划应保护乡村景观格局及自然过程的连续性，避免割断生态环境空间或视觉景观空间。对旅游风景区、原始森林保护区、野生动物保护区以及文物保护区等自然景观，应避开受保护的景观空间。对自然生态景观空间（如河流、小溪、草原、沼泽地）和视觉景观空间（如村庄、集镇等乡村聚落），要避免从中间经过，切断它们之间的联系。

（三）乡村道路的景观组成

从景观生态学的角度出发，根据乡村道路所经过的区域，可以划分出四种景观类型：① 自然景观，如风景区、自然保护区等；② 半自然景观，如林地景观、灌丛草坡地景观、河漫滩景观等；③ 农业景观，如水田景观、旱地景观、果园景观、盐田景观等；④ 人工建筑景观，如以乡村居民地为主的村镇景观、矿区景观等。

从道路景观空间的角度出发，根据道路两侧绿化界面的连续性，道路景观分为封闭型、半封闭半开敞型和开敞型三大类。

从人的视觉感受出发，乡村道路景观包含了三个层次。① 近景：道路两侧的绿化景观，对于不同等级的乡村道路，由于车速不同，一般在距路边 20 ~ 35m 的范围内属于近景；② 中景：田园景观，包括农业景观和乡村聚落景观，它们共同构筑了以乡村田园风貌为基调的景观空间，这是道路上流动视点所涉及的主体景观，对于车速较快的高等级乡村道路更是如此；③ 远景：山地景观，这是以山体和绿化为主的自然景观，作为道路沿线的视觉景观背景。乡村道路景观的中景和远景虽然可以通过道路选线来达到一个比较理想的效果，但同时受到道路途经地区的地质、经济和生态等条件的制约，无法完全兼顾。而对于乡村道路景观的近景，完全可以通过景观规划设计实现。

（四）乡村道路景观规划设计的基本方法

道路景观已成为当今景观规划设计的热点，关于道路景观的文章也层出不穷，这些对今后道路景观的建设和发展具有一定的指导作用。然而，对已经建成的道路，尤其是乡村道路的景观整治和生态恢复却涉及不多。对于道路生态恢复，就是通过人工辅助的方法，使自然本身具有的恢复力得到充分发挥。这里结合目前国内乡村道路景观的实际现状，参考国外的一些成功案例，提出改善的构想和建议。

1. 乡村道路绿化

乡村道路绿化一般包括中央分隔带绿化、路侧绿化（包括公路路基边坡、平台、公路禁入栅、绿化带等）和重点景观绿化（如出入口、隧道、服务区、管理区等）。乡村道路绿化应满足安全驾驶、美化和环境保护的要求。植被的选择除满足功能要求外，应优先选择当地的乡土植被。

对于乡村道路来说，一般在高速公路或其他高等级公路中才有中央分隔带绿化，宽度 1 ~ 10 米不等，具有分车、防眩、诱导视线和美化等多种功能。由于中央分隔带土层薄、土地条件差，防眩树种的选择常常以抗逆性强、枝叶浓密、常绿、耐寒、耐旱和耐修剪为原则，色彩以深绿色、浅绿色、淡黄绿色等各种不同绿色进行搭配，在一定限度内充分表现植物的季相变化。按防眩效果和景观要求，中央分隔带防眩遮光角控制在 8° ~ 15° ，树木高度控制在 1.6m 为宜，单行株距 2.0 ~ 3.0m，蓬径 50cm。根据有关研究表明，中央分隔带每隔 10 ~ 15km 变换植物种类、种植形式或改为其他形式能显著改善公路沿线景观，增加韵律感，调节驾乘人员心理。绿化模式采用防眩树种与花灌木相结合的形式，分隔带地表应种植草坪和地被植物，可以有效覆盖地表，防止土层污染路面。

高大、整齐、排列有序的行道树是一般道路景观的基本特征。对于乡村道路，却不能一概而论。为避免割断生态环境空间或视觉景观空间，乡村道路两侧的绿化应避免大面积的平面化设计，也应避免沿路全线平行等宽设置，而是结合道路两侧用地状况以及外围空间环境的景观需要设置绿化，因地制宜地设置绿地的平面形状，使其自然地穿插于路边的农田之间，与周围环境融为一体。因此，乔灌木不是沿路全线种植，而是根据具体情况加以布局和点缀，这在乡村道路两侧绿化中极为重要。不同等级的乡村道路，两侧绿化的要求也不一样。对于高速公路，越靠近路边越不宜种植过多或过高的树木，尤其是落叶树木，否则驾驶员会因车速过快而在视觉上产生不适感，影响行车安全，同时也影响车内乘客的视觉感受。对于一般的乡村道路，除了因需要保留的一些树木外，在道路断面和路旁空地许可的情况下，应将树木种植在路旁草坪、灌木丛后或路旁的高坡上，这样不仅使道路与树木之间有宽敞的视觉空间，而且有利于路边生态空间的营造。

对于服务区、管理区等地方，其绿化设计主要是通过空间划分和植物配置，以建筑物为主体，结合现代景观表现手法，达到休闲、游憩和提高环境质量的目的，从整体上营造建筑、场地与绿化交融掩映的氛围。

2. 废弃地的景观生态恢复

在乡村道路沿线，经常可见一些不具有经济价值的荒地或绿地，它们不仅景观单调，而且没有发挥其应有的生态价值和美学价值。对于这些地方，经过适当的景观生态恢复，不仅能改善和丰富道路沿线的景观面貌和层次，而且对改善乡村地区的生态环境有着重要的意义。

对于那些无法避免或已经被乡村道路切断的原有的生态环境，同样需要进行景观生态修复。例如，德国巴伐利亚州在修建外环路时，一些草原被从中切断。为减少草原森林的破坏，在道路旁边辟建了 1.8 公顷的湿地。一年后湿地景观已初见成效。原先被道路切断的水域，又长满了新的植物。接近路边新设置的栖息区，植物任其自然发展与生长。一年后经调查，有 142 种植物，35 种鸟类以及一些动物，达到了生态保护与自然美化的目的。

3. 道路斜坡景观生态恢复

乡村道路通过丘陵山地，经常出现大面积的斜坡，或者破碎岩石裸露，或者涂敷混凝土的挡土墙，给人一种人工开凿的痕迹，对此应进行景观生态恢复。①对于砾石土壤的斜坡，在施工完成后，对上面的砾石材进行清理，然后覆盖地表土壤。这类斜坡只有在坡面上方可以生长一些树木，其他部分通过种植草坪和地被植物来绿化。通过人工栽植和由风力传播的树木种子自然生长，数年后形成自然生态的绿化景观。② 对于坡度较缓的斜坡，在覆土后，在坡顶密植当地品种的树木，而斜坡内侧不进行任何树木的移植，任其自由发展。为了协助其植物生长的发展，在最初三年人工种植了一些野草，而六年后，斜坡面上新生长的树木（由风力传播的种子长成）与人工密植的树木融为一体。③ 对于岩石的斜坡，绿化需要特殊处理。目前，有 6 种岩石边坡绿化方法。其中，喷混绿化法和厚层基材喷射法是当前工程创伤的岩石边坡生态修复的最新模式，是岩石边坡工程防护与生态绿化并重的新技术，能使植物在短时间内快速生长覆盖。其基本原理就是使用经改进的混凝土喷射机将拌和均匀的植被混凝土（土壤、肥料、有机质、保水材料、植物种子、水泥等混合干料加水）或厚层基材混合物（绿化基材、纤维、植壤土及植被种子的混合物）按设计厚度喷射到岩石坡面上，通过植被根系的力学加固和地上生物量的水文效应，达到护坡和改善生态环境的目的。二者的不同之处在于采用的黏结材料不同，前者为水泥，后者为高分子材料。具体的施工方法是：边坡修整，挂网并安装锚杆，喷混（前者）或喷射基材混合物（后者），铺无纺布养护（前者）或养护（后者）。经过养护后就能生长出茂密青草，同时解决岩石边坡防护和绿化的问题。

4. 道路边的森林外缘修复

乡村道路经过或穿过森林地时，需对道路边的森林外缘进行修复。典型森林外缘空间的自然形式，它是逐渐由森林中的树木、经灌木丛区和地被植物，然后与道路衔接。由于存在多重植物层级，因此森林外缘成为最有价值的动植物生存场所。然而，森林外缘常常被视为“无用”的过渡空间而被忽视，这些有价值的生态栖息区在逐渐减少。因此，要避免道路开发建设过程中将其铲除和破坏。

为了维护森林外缘的基本功能，在道路与灌木丛之间至少保持 3m 的缓冲距离，也就是在道路与森林边缘应留有适当的距离。需要砍伐时，应留有 10 ~ 15m 较为宽松的宽度，以便修复森林边缘空间的生态机能，营造一个新的森林外缘空间。一般，可采用以下几种方法：① 对于较不通风或缺少日照的区域，以带状方式砍伐树木，任其搁置于外缘区，不加任何处理，作为动植物的栖息场所；② 在外缘区种植一些当地的植物与落叶树，原则上，落叶树种在靠近森林区的内侧，而灌木丛配置在森林外缘区的外侧，这些新种植被的种类与原有森林间最好以交错间植的方式来种植，而不是以直线的方式来进行，一些适合的树群可混种在一起，以形成未来不规则的森林外缘区景象。只有在土地不足的情况下，森林外缘区才可种植较少的树木。

5. 生态廊道修复

从景观生态学的角度来看，道路工程在修建前与周围的环境具有连续性。在修建后，会形成廊道，起运输作用。这个新形成的景观要素基本上不存在生物量，道路工程的修建会降低所经地区景观生态学功能的稳定性。道路工程明显可以看作是对景观结构的干扰。其一，它会改变景观要素结构，对物种运动造成障碍；其二，它会影响周围的生物多样性。因此，在生态环境良好和动植物种群丰富的乡村地区，道路景观规划时，必须对道路穿越地区的动植物种群分布做深入调查，全面掌握种群的生长、迁徙规律。在此基础上，在路线的合适位置和合适高度修建专供昆虫、爬行动物穿越道路的生态廊道（涵洞），避免因道路修建而人为阻断动物的活动空间，不利于种群的繁衍与壮大。

在丘陵或山区，许多乡村道路选择路堑而不是隧道方案，以减少建设成本，其结果是阻断了道路两侧的动物活动空间。1985年，该隧道上方的植被与自然成长的树林彼此交错，不仅达到了自然美化的效果，更重要的是重新营造了一个完整的生态廊道。在韩国，除了在隧道上修建生态廊道外，还定期对生态廊道进行监测，以评估其实际的效果。具体做法是，通过观察冬季雪地上爬行动物的足迹，了解动物种群的迁徙活动情况，再与该地区动物种群的种类和分布做对比，评估新建生态廊道所起的作用，为生态廊道是否需要进一步改善提供依据。

6. 道路边的雨水滞留区

对于高等级公路，由于路基较高，在交流道旁会形成自然雨水滞留区。国内通常的处理方法就是绿化，在满足排水的前提下，通过几何绿化图案加强该区域的景观视觉效果。这种处理方法只是简单的道路美化，缺乏生态经济价值。

对于道路两侧的雨水滞留区，它是作为雨水排放时的缓冲空间，它还可以对冲刷道路所产生的污水进行净化，有效地降低对环境的污染，并减少水处理时对有害物质的净化工作。因此，雨水滞留区应作景观生态处理。例如，雨水滞留区可处理成小型湿地景观，利用芦苇等水生植物对道路排水进行生物式与机械式的净化处理。并通过设置小岛、水岸处理、植物配置，进行自然美化。施工完成后，在短时间内，就可以预见到一个自然丰富的生态景观。

五、新农村绿化景观规划设计

新农村绿化景观作为新农村景观规划设计的重要组成部分。绿化景观规划设计主要是指在新农村建设中对植物等进行配置，使得建筑景观、公共空间景观和绿化景观融为一体，取得更好的景观视觉效果。

绿化景观可以运用日本的进士五十八先生的“舒适设计”的五个舒适环境标准进行设计。① 功能、机能性。植被具有净化大气、气候调节、地表、土壤保全、生态基础、缓冲、遮挡功能。② 景观视觉性。植被在新农村景观规划设计中的标示、诱导、雕像、缓冲遮挡、背景屏幕、区划、环绕、调和融合作用。③ 自然性，生态循环性，生物性。植被可以制造氧气、提供食物和生息地。④ 社会性。植被可以展现农村地域性、历史性、教育性、保健性、生产性、公共性、法律性等。⑤ 精神性。植被具有存在性价值，可以为居民和游客提供舒适性、审美性、神秘性和趣味性的绿化环境。

在舒适环境的标准基础上，在全局上进行新农村绿化景观规划设计，绿化景观要建立在整体的基础上，从整体到局部进行景观设计。同时兼顾生态，植被的配置要以有益于当地的生态环境和生物多样性的繁衍为目标。绿化景观规划设计要遵循空间适度、密度尺度、模度尺度、行为尺度等。适当的空间尺度和密度尺度。植被配置以人的视觉感受为重点，同时兼顾听觉、触觉、味觉、嗅觉等感官体验的设计。使人的行为和情感得到最大限度的愉悦。遵循尺度原则，既便于施工，又可以使人在美的比例下感到舒适。人在景观环境中有不同动作，这些动作决定了植被的设置要充分考虑人的行为习惯，如绿地的设置要考虑到人的“趋近”习性和进入休憩的习惯。

农村景观区别于城市景观的重要区别是自然景观，而植物是自然景观最重要的组成部分，同时由于植物具有造景、生态、文化和经济等多方面的功能，所以在色彩美和形式美的基础上对农村景观绿化空间进行设计就显得尤为重要。新农村绿化景观包括建筑周围景观绿化、滨水区景观绿化、公共活动区绿化等。

第一，新农村绿化景观设计要突出植物的造景功能，植被种类繁多，不同种类植被所表现出来的景观肌理效果不同，给人的五感体验也不尽相同。春天的勃勃生机，夏天的郁郁葱葱，秋天的金黄遍野，冬季的草木凋零。利用植物的季节性可以表现出景观的时序特色，这是建筑等景观所不具备的。植被可以分割空间、构成空间、扩大或缩小空间，植被的造景功能还体现在植被的高低错落、疏密结合、穿插、色彩差异所形成的空间变化的营造上，此外还可以借助植被的视觉阻碍效果突出或隐藏建筑等景观因素，达到重点突出的效果。在景观绿化设计上，要坚持地方性原则和自然化原则。选择地方性植物为主，尽量采用自然化的规划设计方法，以“大脚美学”作为绿化景观的美学指导，同时增加现代设计语言，如现代的平面构成形式或现代的材料对花坛、护栏等绿化辅助设施进行设计。在树种的选择方面，采用乔木、灌木和草本植物综合布局，增加场地的绿化景观的层次性和丰富性。在植物的色彩配置上，尽量保留原有野生植被的基础，可选择特殊颜色植物或开花类植物进行色彩上的丰富。

第二，强调植被的生态功能、经济功能和医疗功效。植被具有净化空气、防风固沙、调节气候、降低噪声、生物多样性、提供食品和木材等原料等重要的生态经济功能。此外，还具有促进身体健康、治疗疾病和心理放松等功效，特别是国际上流行的“园艺—森林疗法”，如松树等植物散发的气味对于某些疾病具有辅助的治疗作用，对于患者的身体机能的恢复和保养具有重要的价值。因此，在新农村绿化景观规划设计中，就应该充分关注植被的生态功能、经济功能和医疗功效，例如，在道路旁的植被绿化和设置防护林、游憩绿化区、富氧大道等，同时适当种植果树、经济林等经济类植物，既可美化环境，又可增加当地的经济收入。有利于地区生态和地区经济的发展，也有助于居民及游客的身体健康。

第三，文化是园林绿地空间的内涵与秉性，园林绿地是文化的重要载体。新农村绿化景观设计要突出的就是文化因素的传承和表达，绿地景观是新农村景观规划设计中的一个重要组成部分，是农村景观生态平衡的重要载体。只有对新农村绿地景观进行详尽的规划设计，才能更好地体现当地的特色，将文化元素衬托得更加鲜亮。将具有特定地域特征的文化融入景观绿化中去，建成特有的“绿色历史长廊”“绿色文化斑块”“绿色文化节点”等，使观者获得美好的心理感受，使当地居民的生活质量得到极大的提高。例如，费县芍药山乡的新农村景观改造中，将芍药作为绿化中突出表现的典型植被进行表现，既美观大方，又突出了地方特色，“芍药”与“芍药山乡”的结合，更加使人对当地的景观过目不忘。新农村绿地景观规划设计要重视绿化的农村性和整体性的营造，以把生态系统的完善、保护和重建作为重点，将生态文化和人文文化相结合，可以利用当地特定的绿廊、绿楔、绿道和节点，融入农村当地的历史文化，这种文化可以是以畜牧业为基础的民族文化，可以是以耕作为基础的民族文化，也可以是以渔业为基础的民族文化。运用适宜本地区生长的植物进行景观绿化，在绿化中要突出当地特有的植被，使之具有独到的品牌效应。如果当地缺乏地方特征的绿化景观，可以通过优秀的设计创造出具有强烈地方特色的“品牌”。比如，滨州市博兴县的寨郝村，家家户户种植葡萄树，葡萄枝干爬满庭院，到了果实成熟时节，串串硕果挂满庭院，形成了特有的“葡萄景观”，既丰富了当地的建筑绿化，又提高了村民的生活水平。

六、新农村水体景观规划设计

西蒙兹曾说：“人们向往水，希望悠闲地沿着河流或湖泊漫步或旅行，在水边休息，以享受其声其景，或穿过河流到达彼岸，这是一种本能的倾向。”水的这种兼具阳刚与阴柔的特性，使得中国人自古就对水情有独钟，中国古代文明也是沿黄河流域发源。农村地区的水体景观主要由自然水体——河溪、湖泊、涌泉等和人工水体——沟渠、人工湖、人造喷泉等组成。

农村水系统具有很多功能：水利功能上，为农村生产和生活提供水资源供给，特殊地区还可用水发电；环境功能上，提供生物生息所，提供运动娱乐场所，形成水景观，提供水上运输，水质净化，维持地下水位，土石生产，调节小气候，提供清洗场所等；社会功能上，提供良好的居住环境，形成观光产业等立地条件，形成地域骨架，对居民心理效果影响，提供艺术活动的题材与舞台，文明、文化的创造与对后世的传承。此外，水的风景价值也是农村景观重要的组成部分之一，水的景色和声音，水的味道和气味，接触水时的感觉，这种对于人类五种感官的刺激会大大激发人们的愉悦感。

在水体景观的规划设计上要注意以下几点。第一，保证安全，特别注意老人和小孩在水边的游憩或嬉闹时的安全性。驳岸的设计不要太过湿滑，可在危险处设置栏杆和警示标志。第二，保护其自然特性和生态特性。对水体的改造和设计必须要与原有天然水景观相融合，保持协调一致。要在土地和水资源的承载力范围内进行现代形式的改造和设计，保证草木虫鱼等水生生物的栖息场所不受破坏，使其能够更好地繁衍生息。第三，人性化的设计。水体的设计要以人的体验的愉悦性作为目标。在水体设计时，增加对于人类的五种感官的直接或间接刺激，使得游人获得更为丰富的身心感受。可以通过在滨水区设置垂钓区、水车体验、独木桥、漂流探险、戏水区、游泳区、拓展训练、演出活动甚至是集市等，增加群众参与设施或通过群众参与性活动增强对当地的印象。第四，水体合理利用。将河溪等的灌溉水利功能应用于农业生产中去，但又要防止过度使用，要在水体的承载力范围内进行开发利用。

水体是指在地面、地下或空中以不同形态存在的一定量的水体积；而水域是指由定量的水体占据着的地域。前者侧重于水的数量和体态，后者侧重于水面面积和位置地面水域，主要指江河、湖泊、沼泽、水库、海洋、雪原和冰川等。

（一）水与乡村景观

水是人类赖以生存的最基本资源。最早的人类聚落，都是以“逐水草而居”来选择居住地。在《诗经》中，就有不少反映我们的祖先依水生息的民谣，像“关关雎鸠，在河之洲”“河水洋洋，北流活活”“汶水滔滔，行人儦儦”“泉源在左，淇水在右”“淇水悠悠，桧楫松舟”“坎坎伐檀兮，置之河之干兮，河水清且涟漪”等。无论从中国古代聚落遗址（如西安半坡遗址）还是现存众多传统乡村聚落的空间布局，都可以看出大多数的乡村聚落都是依山傍水、靠近水源。而且，中国众多的村落常以泾、滨、港、沟、滩、浦、渡、桥、塘以及堰等来命名，这些足以说明乡村聚落与水资源存在着密切关系。这不仅在于水是人类生存的最基本要素，而且还在于水具有心理、观念和美学的作用，以及生态上的功能。因此，水资源是影响乡村聚落最直接、最深刻的自然因素，其他自然因素直接或间接地通过水环境来影响乡村聚落。在村镇发展中，水成为乡村景观的重要元素。在江南平原地区，许多村镇或依水而建，或沿水两侧而建，或

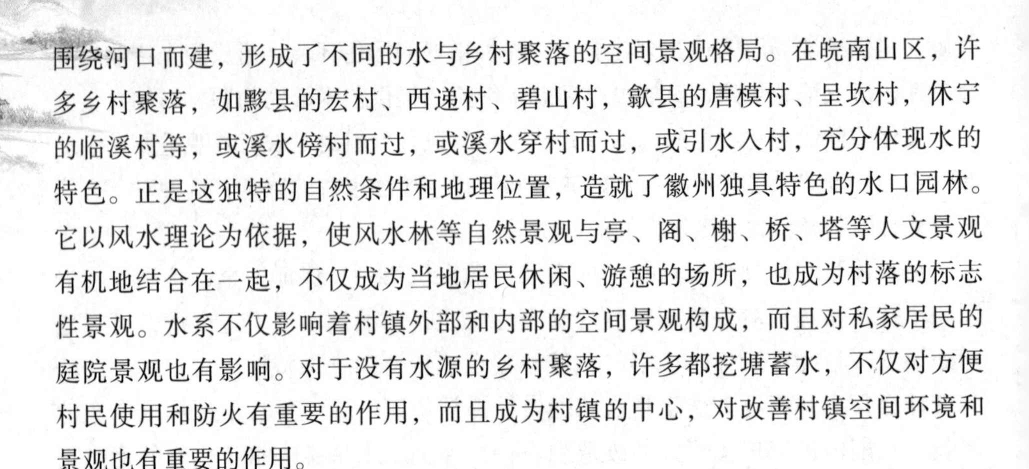

围绕河口而建，形成了不同的水与乡村聚落的空间景观格局。在皖南山区，许多乡村聚落，如黟县的宏村、西递村、碧山村，歙县的唐模村、呈坎村，休宁的临溪村等，或溪水傍村而过，或溪水穿村而过，或引水入村，充分体现水的特色。正是这独特的自然条件和地理位置，造就了徽州独具特色的水口园林。它以风水理论为依据，使风水林等自然景观与亭、阁、榭、桥、塔等人文景观有机地结合在一起，不仅成为当地居民休闲、游憩的场所，也成为村落的标志性景观。水系不仅影响着村镇外部和内部的空间景观构成，而且对私家居民的庭院景观也有影响。对于没有水源的乡村聚落，许多都挖塘蓄水，不仅对方便村民使用和防火有重要的作用，而且成为村镇的中心，对改善村镇空间环境和景观也有重要的作用。

（二）乡村水系功能与形式

1. 乡村水系功能

一般，传统村镇水系具有饮用、灌溉、浣洗、运输、排水、排洪、调蓄、美学、生态、防火和防御等多种功用。尽管现代村镇水系的功能有所减少，但是其生态和美学功能却更为突出。

2. 乡村水系形成

一般，乡村水系包括湖泊、江河、溪流、水库、池塘和沟渠等形式，其中，河（溪）流、池塘和沟渠等形式在乡村中较为普遍，也是乡村水系景观规划设计的重点。

（三）乡村水系景观规划设计原则

在景观规划设计中，乡村水系的不同类型所涉及的问题可能不尽相同，需要具体问题具体解决，但规划设计所遵循的基本原则相同。

1. 整体规划原则

乡村水系是一个复杂的系统，系统中某一因素的改变，都有可能影响到景观面貌的变化。因此，在进行景观规划设计时，首先应从整体的角度，以系统的观点进行全方位的考虑，例如，控制水土流失、调配水资源使用、对重大水利和工程设施进行环境评价、综合治理环境污染等。这些问题的解决，是乡村水系景观规划设计的基本保障。

2. 目标兼顾原则

乡村水系具有多种功能，景观规划设计不仅是解决一个生态问题或一个美观问题，同时也需要从水系所具有的不同功能综合考虑。

3. 生态设计原则

依据景观生态规划设计原理，既要满足乡村水系的使用功能，又要尽可能地恢复其自然生态特征，增加景观异质性，保护生物多样性，构建乡村景观生态廊道，实现乡村水系的可持续发展。

4. 自然美学原则

与城市水系景观相比，乡村水系景观具有更高的自然美学价值。形态上，规划应保持水系的自然形态；选材上，规划既要考虑植物的喜水特性，又要满足造景的需要；材料上，规划应以当地的天然材料为主，与乡村环境协调统一。

（四）乡村水域景观生态规划设计的基本模式

1. 河流（溪流）

河流和溪流都属于自然流动的水域，而且水位都会随着季节而变化，因此在景观生态规划设计上具有相似性，这里以河流作为代表。

在如今的乡村地区，已经很难找到依旧保持自然面貌的河流，出于实用性和安全河流改造性的考虑，大部分河流都被改造。河流水域空间的改变，使得动植物赖以生存的空间产生了变化：一是原有的一些生存区在逐渐消失；二是又会出现新的栖息区，这些都是河流改造的结果。因此，对于过度开发的河流水域予以重新美化和维护，是恢复乡村多样性景观的唯一出路。

（1）河道平面。在乡村河道改造中，一般采取拓宽、取直、筑堤的方式——“河流渠道化”以解决防洪的问题。然而，防洪是一个系统工程，关键在于需要建立完善的水域体系和生态体系，仅靠河流渠道化不能完全解决，相反，却破坏了河流的生态环境和自然美学价值，美国的基西米河改造工程就是很好的例子。一个自然的河道，其生态承载力由水量、流速和污染程度等因素决定。河水在宽度与弯度不一的河道中冲积形成不同形态的沙洲、小岛以及不同流速的水域，不仅营造了不同的动植物生存环境，而且极大地丰富了河流景观。因此，在河道平面的处理上，第一，解决河道局部的瓶颈现象；第二，根据水文状况，可以对局部河湾进行扩大，不仅有益于防洪，而且对于生态和景观都有重要的意义；第三，对于其他河段应保持河道的自然平面形态。

（2）河道断面。河道断面与水位有着密切的关系。对于自然的河道，位于高低水位之间的河床区随着季节水位高低的变化，使得河岸与水有了弹性的接触空间，成为一些动植物特别的栖息区。这一区域生长着各式各样的植物，从水生植物、芦苇、湿地到野草及树木。因此，对于自然河道的断面，在保证河道畅通的基础上，有目的地设置不同深浅的水域，既能营造不同水位时的河道景观，也能为动植物提供不同的生存空间。对于人工河道，由于季节性水位落差较大，当处于枯水期时，河道景观就显得不够美观。既要满足防洪需要，又要满足景观需求。河道断面可以根据不同水位采用台阶形式，根据不同台阶水位滞留时间的长

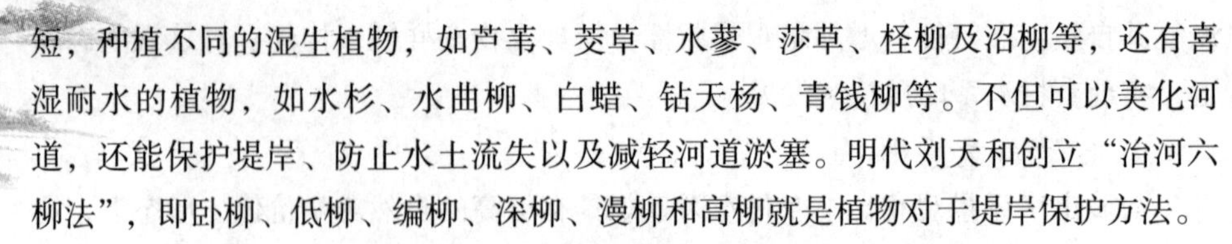

短，种植不同的湿生植物，如芦苇、茭草、水蓼、莎草、柽柳及沼柳等，还有喜湿耐水的植物，如水杉、水曲柳、白蜡、钻天杨、青钱柳等。不但可以美化河道，还能保护堤岸、防止水土流失以及减轻河道淤塞。明代刘天和创立“治河六柳法”，即卧柳、低柳、编柳、深柳、漫柳和高柳就是植物对于堤岸保护方法。

（3）驳岸。驳岸是河道景观生态规划设计的重点。目前，对于乡村河道驳岸，国内外的发展生态驳岸及其功能趋势是生态驳岸。生态驳岸是指恢复后的自然河岸或具有自然河岸“可渗透性”的人工驳岸，它可以充分保证河岸与河流水体之间的水分交换和调节功能，同时具有一定的抗洪强度。生态驳岸除护堤抗洪的基本功能外，对河流水文过程、生物过程还有如下促进功能：① 滞洪补枯、调节水位；② 增强水体的自净作用；③ 生态驳岸对于河流生物过程同样起到重大作用。

根据目前常用的生态护坡技术，如发达根系固土植物、土工材料复合种植基以及生态驳岸类型植被型生态混凝土等。生态驳岸一般可分为以下三种。① 自然原型驳岸：主要是参照自然状态下河流驳岸的生态环境，利用植被群落的根系稳固驳岸，防止水土流失，保持自然河流的生态特性。一般，此类驳岸的植被组成包括：沉水植物——浮水植物——挺水植物——草地——灌木——林地。自然原型驳岸抵抗洪水的能力相对较差，多用于河流两岸有泛洪区或洪流量不大的乡村地区。② 人工自然驳岸：此类驳岸除了种植植被外，还利用石材、木材等天然材料加固驳岸底部，以增强驳岸的抗洪能力。具体做法为：在坡脚采用石笼、木桩或浆砌石块（设有鱼巢）等保护坡底，然后其上再筑有一定坡度的土堤，并种植植被，通过人工和植物根系共同固堤护岸。③ 多种人工自然驳岸：植被型生态混凝土是日本在河道护坡方面做出的研究，主要由多孔混凝土、保水材料、难溶性肥料和表层土组成。其做法为：首先用植被型生态混凝土等生态材料护坡，然后在稳定化的坡上种植耐涝植物。河道可以利用生态混凝土预制块体做成砌体结构挡土墙或直接作用为护坡结构。

（4）河道衍生带。衍生带位于河岸边缘，在生态系统中所发挥的作用不可低估，又被称为生态储备区，对维系生态平衡有极大的帮助，对人类也非常重要。衍生带是由乔木、灌木、草地和湿地组成的生态廊道，表现为物种丰富、结构复杂的自然群落形式。由于地处水陆交界边缘，这里物质和能量的流动与交换过程非常频繁，具有丰富的生物多样性和景观异质性。它不仅为动物提供了良好的栖息区，而且对于防止河流两岸的水土流失，保护和美化河岸都发挥着重要的作用。

（5）河流生态恢复案例。西方国家在河流生态恢复方面已经有几十年的经验，具体实施措施也比较成熟，包括重建深潭和浅滩、恢复被裁直河段、束窄过宽的河槽、拆除混凝土驳岸及涵洞。其步骤一般是：利用河流地貌学的基本原理，采取各种非结构化或结构化手段，让诸如深潭、浅滩、自然形状的河床以及混合的可渗性河底基面等自然河道特征重新形成，或通过保育、恢复措施促进其自我恢复，在此基础之上再进行生物和美学方面的恢复工作。

基西米河的生态恢复工程是美国迄今为止规模最大的河流恢复工程，从规划至今已经经历 20 余年。美国基西米河位于佛罗里达州中部，由基西米湖流出，向南注入美国第二大淡水湖——奥基乔比湖，全长 166 千米，流域面积 7800 平方千米。流域内包括有 26 个湖泊。河流洪泛区长 90 千米，宽 1.5 ~ 3 千米，还有 20 个支流沼泽，流域内湿地面积 18000 平方千米。为促进佛罗里达州农业的发展，1962 年到 1971 年期间在基西米河流上兴建了一批水利工程。这些工程的目的：一是通过兴建泄洪新河及构筑堤防提高流域的防洪能力；二是通过排水工程开发耕地。其结果为，90 千米直线型的人工运河取代了原来蜿蜒的自然河道，建设了 6 座水闸以控制水流，大约 2/3 的洪泛区湿地经排水改造。连续的基西米河被分割为若干非连续的阶梯水库，同时农田面积的扩大造成湿地面积的缩小。然而该水利工程对生物栖息地造成了严重破坏，主要表现在以下方面：① 自然河流的渠道化使生物环境单调化；② 水流侧向联通性受到阻隔；③ 溶解氧模式变化造成生物退化；④ 通过水闸人工调节，使流量均一化，改变了原来脉冲式的自然水文周期变化；⑤ 原有河道的退化。据统计，保存下来的天然河道的鱼类和野生动物栖息地数量减少了 40%。人工开挖的运河，其栖息地数量比历史自然河道减少了 67%。其结果是生物群落多样性的大幅度下降。据调查，减少了 92% 的过冬水鸟，鱼类种群数量也大幅度下降。

基西米河被渠道化建成以后引起的河流生态系统退化现象引起了社会的普遍关注。自 1976 年开始，历经 7 年的研究工作，提出了基西米河被渠道化的河道的恢复工程规划报告，并经佛罗里达州议会作为法案审查批准。规划提出的工程任务是重建自然河道和恢复自然水文过程，将恢复包括宽叶林沼泽地、草地和湿地等多种生物栖息地，最终目的是恢复洪泛平原的整个生态系统。为进行工程准备，1983 年州政府征购了河流洪泛平原的大部分私人土地。

河流生态恢复的主要项目包括：在人工运河中建设一座钢板桩堰，将运河拦腰截断恢复生态内容，迫使水流重新流入原自然河道；连续回填人工运河共 38 千米；拆除 2 座水闸；重新开挖 14 千米原有河道；同时重新连接 24 千米原有河流；恢复 35000 平方千米原有洪泛区。

基西米河生态恢复工程的经验告诉我们，按照传统的水利工程设计方法造成河流影响与代价渠道化，会对河流生态系统带来哪些负面影响，为减轻对于河流

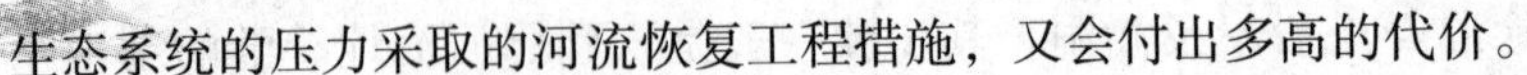

生态系统的压力采取的河流恢复工程措施，又会付出多高的代价。

河道景观生态规划设计改变了原来就水利而搞工程的传统观念，要把河道整治与环境保护和自然美化结合起来。由于每一条河流的生态系统都不一样，所以统一制定河流生态标准没有意义，并且可能因土地使用目的的改变，造成单调的河道景观。因此，河道空间的自然美化要与其周边的自然环境相互结合发展。在一些缺乏水域动植物栖息区的地方，要尽量去创造它。一般，河道水域空间的自然美化需要扩大的空间，因此是否能取得所需的土地就成为能否成就生态环境的关键。河岸边既有的动植物栖息区，其生态体系及环境比新辟的栖息区来得持久且效果要好，所以在河岸水域边的这些自然生态栖息地应尽可能地保留，在进行自然美化时，应仅做环境质量上的改善或栖息区的扩充，不要影响到既有的生态系统。

2. 池塘

池（水）塘属于静水区。与流动水域相比，静水区的生态系统接近于封闭状态，其生态系统中的生物链环环相扣。

在乡村地区，除了位于聚落中的池塘以及用于水产养殖的池塘外，散布着大小、数量、深浅不一的接近自然的池（水）塘，它们对乡村生态环境发挥着重要作用。这些池塘不仅是重要的动物栖息区，也是影响局部小气候的重要因素，具有生态、美学、休闲等多重功能。这类静水区的过度利用或破坏，均会导致当地生态平衡的失调，因此对于它们应以自然维护为主。

为了恢复乡村地区良好的自然生态环境，除了恢复已有池塘的生态功能外，还可以利用荒地或废弃地营造接近自然的人造池塘。对于人工开挖的池塘，即使缺乏人为的照顾，也能发现许多自然的植物与动物种群。在这些具有生态发展潜力的环境中，这些池塘的开发应尽量采用粗放式，留给它们自然发展的空间，也即对于新设置的池塘，考虑到一些特定植物族群具有较大的生态扩充性，在建设初期，可以通过播种或种植一些植物来协助该池塘的快速发展。应该注意，这些生态设施的设置基本上应与当地典型的自然形式相配合，并具有良好的生态功能。此后，可以任其自然发展，根据需要进行适当的维护。

1984年，德国巴伐利亚邦为了改善乡村地区的生态环境，为两栖类动物提供良好的生存环境，兴建了一片不规则的、深浅不一的小水塘区，并在建设初期，人工在水边播种或种植了一些植物。一年后池塘生态环境已初具规模，岸边植物自然生长。同样，由于修建高速公路，切断了两栖动物活动的通路，为避免它们在穿越高速公路时发生意外伤害，重新设置小水塘，提供它们必须的生活空间。这些人工兴建的池（水）塘不仅改善了乡村生态环境，丰富了当地的物种，同时也美化了乡村自然环境。

3. 沟渠

在乡村，灌排沟渠是乡村中最为普遍的水利设施，在农业生产中发挥着重要的作用。从排水形式上，一般分为明沟（渠）和暗沟（管）两种。从材料上，一般分为软质沟渠（如土质沟渠）和硬质沟渠（预制砌块沟渠和现浇混凝土沟渠）。田间地头基本上属于软质沟渠，而主要干渠多为硬质沟渠。

软质沟渠（土沟）在乡村是仅次于湿地的最自然区域。由于土沟及其周边有利于动植物的生长，所以，这一人工沟渠在乡村景观中扮演了很重要的生态保护与维护功能。

硬质沟渠具有减少渠道渗漏、提高渠道的抗冲能力、增加输水能力、减少渠道淤积等优点，因此它们对农业和乡村经济发展所做的贡献值得肯定，但是在乡村生态环境保护方面完全没有加以考虑。

在景观生态规划设计中，乡村灌排沟渠从田间至于河应按系统逐级排放，以土沟为主。土沟的设置不应仅从水利的观点来设计，还应重视其生态功能，土沟排水断面的计算应适当放大，有利于形成土沟生态区。土沟作为人造的乡村景观，需要定期地维护来维持其排水功能的畅通，尤其在农业密集的乡村地区，但不宜过于频繁，否则会导致土沟变为生态贫乏区，使得各类土沟变为同一类型。对于已经建成的硬质沟渠，需逐步对其进行景观生态恢复。在这方面，国外已经有许多成功的案例值得借鉴。

如其他乡村地区一样，德国巴伐利亚邦最初也是采用预制混凝土来修建灌排沟渠，这是当时产业结构工业化的结果，没有考虑乡村生态环境保护。1984 年，巴伐利亚邦及联邦政府分别制定了自然环境保育法，将宪法的精神形成具体可行的重要法令。其中，第一类第二项：水域的开发应顾及动植物生存区的维护；野生动植物的群居生活区应受到保护。必要时，应重新营造新的生存区。这些开发行为若无可避免地会对自然生态环境产生破坏，应研拟具体可行的补救措施。这些在巴伐利亚乡村发展计划中，对生态环境恢复具有相当重要的意义。因此，依据自然生态观念对原有预制混凝土灌排沟渠进行重新设计，在满足使用的前提下，不仅改善了乡村生态环境，营造了动植物的生存区，而且还丰富了乡村景观的自然田园风貌。

河溪的景观规划设计，要以合理地利用河溪水资源进行农业灌溉等，现在的河溪改造程度已经接近或者超越了其自身的承载力，这样会造成生态破坏，使生物生境面临毁灭性的打击，因此必须防止过度开发和改造。对于河流和溪流尽量多地运用平滑的曲线，平滑的曲线具有柔美性，具备流动的动感，同时还能防止河流和溪流对于土壤的侵蚀，曲线变化丰富，水的流速等发生变化会使得水体形成小岛、沉积等自然景观，生物的多样性会逐渐增多，形成局部的生态环境。河道剖面设计上，可增加河底的高差变化，种植适宜水生的植物，如香蒲等。生物会随高差的变化呈现不同的种类，丰富了河道生物的多样性。同时也会使水体形成瀑布、跌水等景观。河流驳岸的设计是河溪景观设计的重点，也是景观的重点表现区域。驳岸的设计应当注重节奏感与韵律性，重点突出。生态驳岸是农村河道驳岸的最佳选择，在自然驳岸的基础上进行原生石材、木材及鹅卵石等的安置，增加驳岸的趣味，如人工植被的选择上应当注重植被多样性的选择，加入文化性植被和人文景观的融入。湿地景观，作为河道的衍生带，对于自然生态和生物多样性的保护和保持具有重要的作用，同时也是农村水景观的重要表现形式。对于湿地景观，要再发现其景观价值，可将其改造为生态湿地公园等形式。在河溪沿岸和湿地景观的沿线，适当地设置休憩设施和群众参与性娱乐设施，在材料运用上，需是与周围环境相协调的现代材料或自然材料制作的设施。这不仅增加趣味性，而且还与现代形式进行了一定的交融。

湖泊和池塘等静水水体景观要注重保护和恢复，由于是静水景观，所以更容易受到污染，污水的排入、垃圾的倾倒等都会对湖泊或池塘的生态环境造成重大的破坏。对于已经造成污染或生态破坏的湖泊池塘，要进行治理，清除污物，进行植被修复和补充，必要时进行水体更新。可以在湖中或池塘中养殖鱼类等，既可增加经济效益，又能增加生物的多样性。在湖泊和池塘的近水地区，可以设计游憩景观，公共服务设施，如石质或木质等自然材料的休息椅等。植被种植如垂柳等植物。适当地设置夜间照明设施，以供居民和游客晚间游憩的照明使用。设置亲水平台、木栈道等设施，使村民和游客最大限度地接触自然水体。人工湖在设计营造的初期可以种植植物或养殖鱼类等，加快其成为生态湖的速度，让其随着时间的推移逐步发展为生态湖。其基本的景观设施同自然湖泊或池塘的设置相似，以增加群众游憩休息设施和参与设施等为主。

自然的涌泉在设计上要以实用和美观为主，农村的涌泉一般作为村民的生活用水，这些涌泉一般水质清澈甘甜，村民用泉水洗衣做饭，因此要设计适宜的取水环境，来保持泉水的清洁。同时，也可作为景观来设计，使其成为农村景观中重要的景观节点，如泉水可尝、可触、可听、可视、可嗅，设置泉水体验区，使人们耳之情欲声，目之情欲色，鼻之情欲芬芳，口之情欲滋味，肤之情欲抚触。

沟渠和蓄水池等水利设施。沟渠有软质和硬质之分，软质的一般为土沟，硬质的一般为预制件砌成或混凝土浇灌而成。沟渠对于农业生产和灌溉具有关键作用。只有软质沟渠会造成水资源的浪费，只有硬质沟渠会造成生态的贫乏，所以在进行沟渠设计时，采用以软质的土质沟渠为主，软硬结合的方式。蓄水池一般作为农村灌溉用水源或饮用水源。在蓄水池的设计上，应该与当地地形和文化结合起来，防止没有任何特征的水泥池子千篇一律地出现，不但景观单调，同时也不利于生物的生息，破坏农村的生态性。

喷泉等人造水体景观在以自然景色为主的农村中一般较少，一般出现在个别地区的新农村住宅小区或旅游观光区。喷泉的规模不应过于庞大，以尽可能地节约资源，达到愉悦身心的目的即可。在造型方面应该向当地文化特色靠拢，如当地的特产或风俗，都可作为喷泉设计时的创意点。如果是音乐喷泉，音乐可选择当地民众习惯接受的。

七、乡村旅游开发与景观规划设计

合理开发乡村景观资源对促进乡村产业结构的调整，带动乡村经济的发展，增加乡村旅游开发，促进乡村剩余劳动力的转移，维护乡村社会的稳定具有重要的意义。但并不是所有的乡村都能发展乡村旅游，只有具有旅游开发价值的乡村景观才具备发展乡村旅游的潜力。

（一）乡村景观的旅游价值

乡村景观是一个完整的景观空间体系，包含了生活、生产和生态三个层面，即乡村综合旅游价值聚落景观空间、生产性景观空间和自然生态景观空间，它们既相互区别，表现出不同的旅游价值，又相互联系、相互渗透，在现实中通过联合体现综合的旅游价值。

1. 乡村聚落景观的旅游价值

乡村聚落景观的旅游价值主要针对具有浓郁乡土气息的传统村镇聚落而言，表现在以下三个方面。① 聚落形态。传统村镇聚落选址布局十分讲究，如徽州黟县宏村的“牛形”聚落形态，永嘉苍坡村“七星八斗”“文房四宝”的立意构思，无不反映出人们杰出的规划思想，以及他们创造出富有想象力的乡土环境的独特意境，充分体现了古代耕读文化的形态特征。宏村的象形聚落形态被誉为当今世界历史文化遗产的一大奇迹，因此吸引了大量中外游客。② 民居建筑。由于自然条件和社会因素的差异，中国的民居建筑呈现不同的形式和风格，如徽州民居、浙江民居、北方四合院、闽南土楼、西南吊脚楼和傣家竹楼等。除了形式和风格的差异，凝结于建筑中的文化，如建筑理念、艺术装饰、文学作品等，都是聚落建筑旅游的主要凭借。③ 民俗文化。中国是一个多民族的国家，民俗文化丰富多彩。作为一种活动的文化形态，民俗文化包括语言、服饰、礼仪礼节、节庆活动、民俗活动等，对游客产生极大的吸引力。例如，江西的流坑村就是以民俗风情作为旅游开发的一个切入点。其中，一幅古村落老妇人打铜钱的摄影作品在海外发表，就引来了大批日本游客，民俗文化所具有的魅力可见一斑。正是这些形态、风格、文化差异较大的乡村聚落，提供了丰富多彩的乡村旅游资源，成为乡村旅游产品中的亮点和看点。

2. 乡村生产性景观的旅游价值

生产性景观是乡村景观的主体，农业景观是其主要形式。从旅游开发的角度，农业景观的旅游价值表现在以下三个方面。① 参与性强。农事活动是一种比较自由、松散、悠闲的自然型生产劳动，适合都市人群放松的需求。游客通过参与诸如耕锄、种植、采撷、捕捞等农事活动，获得一种轻松、愉悦的劳动体验。② 观赏性强。乡村生产性景观是生产劳动成果的形态表现，如梯田、莲田、果园、花卉园以及牧草地等都是人地长期相互作用的成果，具有景观季节变化明显、观赏性强的特点。观光农业、观光果园、观光花卉园等都是以生产性景观资源开发的乡村旅游类型。③ 农耕文化。乡村生产性景观虽然是一种经济活动，但其中却蕴含着丰富的文化内涵，如南方的水稻梯田，反映了当地精耕细作的耕作文化以及对丘陵山地土地资源充分利用的经营思想。云南的红河和元阳地区、广西的龙胜地区都成功地开发了“梯田文化”旅游。

3. 乡村生态环境的旅游价值

按照中国传统文化所特有的风水观和价值观，中国传统村镇聚落的选址大多依山傍水，追求一种理想的生存与发展环境，也就是生态环境。背山面水、坐北朝南是传统聚落和建筑选址的基本原则和基本格局，这样形成的聚落环境，本身就是一个典型的具有生态学意义的例子，加之与自然环境巧妙地结合为一个有机整体，更赋予了乡村良好的生态环境和田园风光，而这种恬静、优美的环境正为都市人群所缺少和渴望的，符合他们的心理需求。乡村生态环境通过与乡村聚落游、现代农业游相结合，成为更丰富多彩的旅游产品。

（二）乡村景观旅游开发类型

综观目前国内的乡村旅游，名目繁多，但其主要产品形式可以概括为两大类：一是乡村聚落旅游；二是现代农业旅游。乡村聚落旅游是以传统村镇聚落为主要旅游吸引物开展的旅游活动；现代农业旅游是以现代农业生产方式、现代农业景观、现代农业生活为主要旅游吸引物开展的旅游活动。

相对而言，传统村镇聚落因保留完好的聚落形态、古建筑以及独特的风土民情，具有比较稀缺或特殊的旅游资源，能够吸引远程的旅游客源。而现代农业旅游并不是稀缺的旅游资源，因此一般只对其附近的城市会产生吸引力，难以吸引远程的旅游客源。

（三）乡村聚落旅游开发与景观规划设计——以黟县宏村为例

宏村地处安徽省黟县东北部，始建于南宋绍熙年间（1131年），至今800余年。它背倚黄山余脉，云蒸霞蔚，恰似山水长卷，融自然景观和人文景观为一体，被誉为“中国画里的乡村”。由于宏村独特的聚落景观旅游资源，具有极高的旅游开发价值。20世纪80年代中期开始发展旅游业，进入20世纪90年代，宏村入境游客人数每年都在快速增长，其中又以港台及海外游客为多。2000年11月30日，被联合国教科文组织列入了世界文化遗产名录。

1.乡村聚落旅游开发的景观资源凭借

黟县宏村旅游开发的主要景观资源凭借有三个方面的因素。① 独特的聚落形态。古代村落在选址方面，往往着意使聚落轮廓按照某种图案构筑，以表达特定和空间意境的心理趋向或空间意向，于整体形象中寄托强烈的心理追求和特定的精神象征。宏村正是这种象形聚落的典范。“山为牛头树为角，屋为牛身桥为腿，圳为牛肠塘为胃”，形象地描绘了宏村独特的聚落形态特征——牛形村落，整个聚落宛如一斗牛静卧在青山绿水之中。在这独特的聚落形态中，水系发挥着重要的作用，不仅为居民生产、生活用水提供了方便，解决了消防用水，而且美化了环境，创造了一种“浣汲未妨溪路边，家家门前有清泉”的良好生态环境。② 精美的民居建筑。宏村民居是徽派建筑的典型代表，至今保存完好的明清徽派建筑140多幢。其中有精雕细镂、飞金重彩的被誉为“民间故宫”的承志堂、敬修堂，气度恢宏、古朴宽敞的东贤堂、三立堂，水园民居德义堂、树人堂、居善堂、碧园等。徽派建筑风格特色浓郁，粉墙黛瓦、鳞次栉比，外简内秀，砖、木和石三雕艺术精湛。徽派建筑布局之工、结构之巧、装饰之美、营造之精令人叹为观止，具有很高的研究和观赏价值。③ 丰富的空间意境。宏村的建筑、街巷、溪流、月沼和南湖布局相宜，聚落空间变化有致，与周边的自然山水融为一体，营造了丰富的空间意境。宏村的“南湖春晓”“雷岗秋月”“西溪雪霭”“月沼风荷”“黄堆秋色”“石赖夕阳”“东山松涛”“梓路钟声”“睢阳亭榭”“画桥积雪”“九折十家”和“以文家塾”十二景至今仍熠熠生辉，给人以“山深人不觉，全村同在画中居”的美好意象。

2.乡村聚落景观规划设计

尽管宏村具有独特的景观旅游资源，但是也存在房屋质量老化、居住环境恶化、基础设施陈旧等问题，不利于旅游开发。乡村聚落旅游作为旅游项目，其旅游产品在很大程度上经过了大量的加工，因此需要对乡村聚落进行景观规划设计，以提升旅游形象，满足旅游开发的需要。

（1）建筑整治。建筑整治是传统聚落寻求发展必须面对的问题，应分类实施整治。按建筑的历史年代、形制、保存环境形态的完整性，分析其科学、文化、艺术价值，确定分类标准。根据《黟县古民居保护管理办法》将其分为保护建筑（传统建筑）和整治建筑（非传统建筑）两大类。保护建筑分为三级：一级是完全保护型，严格保护，加强维修，并严格控制和整治周围环境；二级是复原型和活用型，复原型要求内外恢复原貌，而活用型要求内外基本保持原貌，两者都要求定期维修；三级是再生型，重点保护外观，内部可适当调整、更新，以满足现代生活的需要。整治建筑也分为三级：一级是指稍加改建、整治外观即可与周围环境协调的非传统建筑；二级是指与周围环境很不协调，而且平面及立面需进行改造调整的建筑；三级是指与周围环境格格不入的非传统建筑，应进行全部或局部拆除。

（2）空间整治。由于对发展旅游的片面理解和认识，以及浓重的商业气息侵蚀着传统聚落的原真性，对聚落的空间应进行必要的景观整治。① 西溪河两岸的整治。根据空间结构分析，西溪河沿河街道的四座桥地段与河有多种组合关系，分别对应于不同的用途。对于这种关系的整治要充分考虑到与街河两岸建筑物的功能协调，并利用水埠、栏杆、沿廊等水乡独特的构件保持优美的视线走廊空间。② 识别性节点的整治。街河的交叉、村口、村落的转折处、大门停车场和售票口等形成识别性节点。对于这种空间节点要更多考虑空间的尺度和质感，把握好古村落风貌和街巷的宜人尺度，保持沿街建筑高度与路面宽度的良好比例关系，对户外广告、门面、招牌的材料、色彩、形式和尺度等要制定相应的规范。③ 村落游览线路的空间整治。该地的水管、燃气管道和空中电力线、电话线等，已有碍观瞻和欣赏古民居群的建筑风格，应加以改造，充分利用清渠绕户，青石路面的有利条件，采取地下铺设管网的方法，保护游览的视觉审美空间。④ 村落空间环境的绿化整治。古村落一般较少植树，自然色调以青、黄为主。绿化整治主要是运用中国园林的水际绿化方法，既以疏朗取胜、营造水乡诗意景观，以柳和碧桃间植来代替香梅，用槐、女贞来代替梧桐，同时栽植松柏、古槐等，以体现古村落的悠久历史和千年遗存的理念。

水是宏村的生命线。目前宏村整体水环境保护较好，宏村外围没有污染性工业设施的存在，但村内居民的生活污水大都直接通过户前的水渠直接排放到南湖，旅游者的旅游垃圾等均是不容忽视的污染源。宏村应该注意旅游容量问题的研究，避免在宏村周围建设旅游宾馆、饭店、娱乐设施。宏村离黟县县城很近，旅游者可在县城解决“食、住、娱、购、行”等问题。这样有利于减少旅游垃圾污染源的数量，也有利于古村落整体氛围的营造，淡化古村落商业气息，能有效控制古村落旅游流量的空间扩散、疏导，有利于减少游客对旅游区的负面影响。

（3）视觉形象系统。旅游区视觉形象系统的直接要素构成包括：区徽、标准色、标准字体、服装以及员工的视觉性规范行为，固定景点的视觉识别和活动型因素的视觉识别等，以形成强烈的内外感应气氛，并通过明确而又符合社会心理要求的形象，运用一定的传播程序，把旅游产品推向社会，形成轰动效应和持续效应。古村落整体旅游形象视觉设计应突出古村落的文化内涵，即具体表现为对宏村历史演变中遗存的“牛形”古村落布局、明清古建筑、传统街区、街道、古村落文脉以及代表性的人口、人文和自然环境，这些均应予以重点保护和整体保护，特别是强调保护在历史发展中代表了古村落的记忆和印象、值得纪念和保护的物质和非物质形态，维持古村落历史环境的延续性和历史性。

（四）现代农业旅游与景观规划设计——以浙江奉化腾头村为例

现代农业旅游形式多样，包括以现代农村为原型的旅游开发，如宁波奉化腾头村；以农业景观为原型的农业主题公园，如广东三水的莲花世界；以生态果园为原型的生态农业旅游，如江西南丰的里陈农场；以花舟盆景培育基地为原型的园艺旅游项目，如江西大余的金边瑞香园。其中，浙江宁波奉化腾头村具有比较特殊的意义，它不是以某一种原型作为旅游开发，而是以多种原型的农业综合旅游开发为特点。

1. 概况

腾头村位于浙江省奉化市城北 6 千米处，地处剡江流域的水网平原，距宁波市区 27 千米。现有村民 296 户、767 人，49.4 公顷耕地、12.7 公顷果园、10.4 公顷山林以及 4.4 公顷水面。

原来的腾头村是一个远近闻名的贫困村，耕地大多是坟墩沙丘。腾头村的真正发展建设可以追溯到 20 世纪 60 年代。历时 15 年进行土地重整，改土造田。1979 年，腾头村开始编制村镇规划，并按照“功能分区，分步实施”的原则，先后建起了工业区、文教商业区和村民住宅区，为以后村庄的发展打下了良好基础。20 世纪 90 年代中期，随着村庄规模的扩大和经济社会事业的发展，村里及时委托宁波村镇规划建筑设计院编制了村庄发展规划。

2. 生态和农业观光旅游开发

浙江省奉化腾头村几十年的发展过程，也是一个保护环境、美化家园的过程。从 20 世纪 60 年代初期开始的历时 15 年的改土造田，初步奠定了腾头生态农业发展的基础。1993 年，腾头村被联合国环境署授予“全球生态 500 佳”称号。除此以外，腾头村还先后获得了“首批全国文明村”“全国村镇建设文明村”“全国环境教育基地”等 20 多项国家级荣誉，使腾头村的知名度越来越高，前来参观学习的络绎不绝。与此同时，在持续的村庄建设中，村领导逐渐意识到，光靠

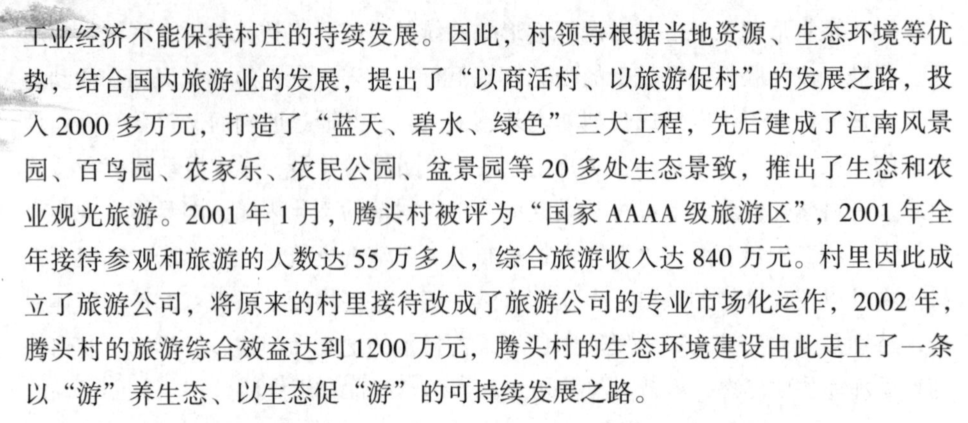

工业经济不能保持村庄的持续发展。因此，村领导根据当地资源、生态环境等优势，结合国内旅游业的发展，提出了“以商活村、以旅游促村”的发展之路，投入2000多万元，打造了“蓝天、碧水、绿色”三大工程，先后建成了江南风景园、百鸟园、农家乐、农民公园、盆景园等20多处生态景致，推出了生态和农业观光旅游。2001年1月，腾头村被评为“国家AAAA级旅游区”，2001年全年接待参观和旅游的人数达55万多人，综合旅游收入达840万元。村里因此成立了旅游公司，将原来的村里接待改成了旅游公司的专业市场化运作，2002年，腾头村的旅游综合效益达到1200万元，腾头村的生态环境建设由此走上了一条以“游”养生态、以生态促“游”的可持续发展之路。

3. 旅游景观规划设计

（1）村口景观。村口有一株苍劲的连理古银杏，这并非是腾头村的历史见证，只是村里投资350万元，新栽植400余棵大树和古树中的一棵，现在已经成为腾头村的入口标志。村口绿地占地约3200平方米，呈三角形，其南是环村的清河，潺潺流过。六角形的攒尖小亭临水而建，在亭和古银杏树周围散落布置了一些四季花卉和假石。

（2）柑橘观赏林。漫步在橘洲路上，西侧是高科技生态农业示范区，肥土沃野耕田成方，绿缎似的麦田如飞机跑道般向外延展。沿田边种植了一排高大的香樟，树下种植灌木和四季花卉。路东侧与环村河之间是柑橘观赏林，这是全国目前最大的柑橘观赏林，共有127个品种，3 400余株，分布在村庄的四周。橘树下面是用于灌溉的暗管，与周边的明沟一起形成了明沟排，暗沟灌，交错成网的格局。

（3）果树花园。果树园位于整个村子的北面，一条东西向的葡萄架贯穿其中，南面是沿环村河的柑橘观赏林，北面是黄花梨基地。“忽如一夜春风来，千树万树梨花开。”每到春花烂漫时，遍野的梨花竞相开放，景象煞是壮观，形成了一幅乡村特有的田园景色。腾头村还根据不同时令推出葡萄、草莓、黄花梨采摘等参与性活动，突出参与农事活动的乐趣。

（4）花卉盆景园。腾头村在抓生态环境建设的同时，已经形成了几大生态环保产业，其中园林绿化是腾头村生态经济中的一大特色产业。村里现有1 000公顷苗圃基地，3000多种花卉品种，三个大小不等的盆景园，园中展示了造型各异、千姿百态的各类名贵盆景1万余盆，成为全国最大的盆景基地。

（5）生态农业示范区。20世纪90年代以来，腾头村党委审时度势，全面实施“科教兴农”战略，调整和优化农业产业结构，初步形成以“精品、高效、创汇、生态、观光”于一体的现代农业生产格局，并建立了“腾头村高科技生态观光旅游农业示范园”，包括高科技蔬瓜种子种苗基地、植物组织培养中心等。为了完善农业示范园区区域功能，搭建了竹廊进行隔离，并在两旁种上北瓜、南瓜、葫芦和佛手等十余种蔬菜瓜果品种，供游客观赏。2002 年，腾头村实现农业产值 625 万元，创汇达 30 万美元，这是腾头人将生态农业与高科技相结合所喜获的成果。

（6）农家乐园。该景观园林是腾头村生态旅游的一个重要组成部分，也是腾头村的一个主要景点，占地约 3 公顷，由耕作园、江南风情园和动物竞技场组成。耕作园分为室内和室外两部分，室内向人们展示了农耕文明以来，从事农业生产和田园生活所用过的一些主要农具和生活用具；室外是由几小块耕地组成，可以让都市人体验播种、插秧、收割等农事活动。江南风情园利用园林中的水池，向人们展示了我们的祖先在水利上的成就，人们既可以观赏，也可以亲自尝试，参与性强。动物竞技场是一个圆形的场地，主要向游人们提供一些趣味性的活动。

在旅游项目策划上，先后开发了脚踏水车、手摇水车和牛拉水车等江南劳作工具系列，先后购入 200 多只野鸭及灰天鹅、鸳鸯、小松鼠等，推出了笨猪赛跑、温羊角力、犟牛决斗、野鸭放飞以及松鼠撒果等动物表演，增添成群白鸽广场飞舞追逐的热闹场面，使广大游客能够与自然和谐共处。

（7）腾头公园。腾头公园是腾头村集中的公共性景观园林，占地 3 公顷多，公园由一大一小两个圆形水面组成，几乎占了整个公园面积的一半。公园内新建了九曲桥，湖中饲养了青鱼、红鲤鱼等，营造了“景衬人、人融景”的江南水乡风光。公园内主体建筑是一个六角形的亭子和一条沿河的竹制长廊，池边种植高大的柳树，游步道边配以龙柏、桂花、美人蕉及含笑等花木。

如今展示在人们面前的腾头村，比起诗人陶渊明笔下的“土地平旷，屋舍俨然，有良田美池桑竹之属。阡陌交通，鸡犬相闻……”那个乡村，实在有过之而无不及。它不仅是一幅亮丽的田园风景画，更是一个欣欣向荣的新农村——中国乡村发展的楷模。

目前，乡村景观规划没有相应的行政法规和技术标准体系，只是通过村镇规划实施，不利于乡村景观规划与建设的展开。因此，探讨乡村景观规划的编制要求和不同层次乡村景观规划的内容和方法具有极为重要的现实意义。

第一，详细阐述了乡村景观规划的任务与内容、目标与原则、阶段与层次和步骤与过程。第二，分别阐述了乡村景观规划的三个层次（区域乡村景观规划、乡村景观总体规划和乡村景观详细规划）的编制要求，包括规划内容和成果要求。第三，阐述了区域乡村景观规划和乡村景观总体规划的基本内容和方法。第四，详细阐述了乡村景观规划设计的主要类型，包括乡村聚落景观规划与设计、

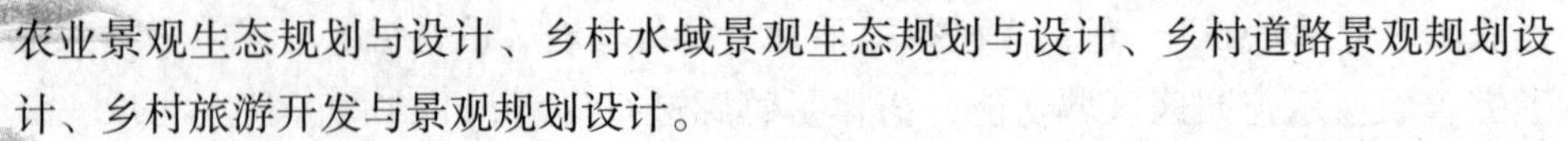

农业景观生态规划与设计、乡村水域景观生态规划与设计、乡村道路景观规划设计、乡村旅游开发与景观规划设计。

乡村景观规划与设计研究，紧紧围绕乡村景观规划的目标：① 保护乡村整体景观风貌和地方文化特色，营造良好的乡村人居环境。② 挖掘乡村景观的经济价值，发展乡村经济，增加乡村居民的经济收入。③ 改善和恢复乡村景观生态环境。实现乡村生产、生活和生态三位一体的发展目标。

第八章　地域文化视角下美丽乡村建设规划实例

第一节　福建省泉州市永春县五里街镇大羽村乡村建设

一、基本概况

福建省泉州市永春县五里街镇大羽村地处永春县城西北部，距县城 6 千米，是名扬海内外的国家级非物质文化遗产永春白鹤拳的故乡。大羽村属亚热带海洋性季风气候，全村有 4 个村民小组，103 户，415 人，党员 23 人。地域面积 2.76 平方千米，2014 年村民人均纯收入 1.42 万元。

大羽村曾先后获得中国咏春拳第一村、中国特色村、全国宜居村庄、省乡村旅游特色村、省生态村、省卫生村等荣誉称号。

2016 年 6 月开展的“2016 福建最美乡村”评选活动中，大羽村当选为 15 个“2016 福建最美乡村”之一。大羽村还荣获 2016 年中国人居环境范例奖。

二、地域文化特色

大羽村（见图 8–1）是名闻四海的永春白鹤拳的故乡，武术文化底蕴深厚。永春白鹤拳于明末清初由方七娘所创。清康熙年间，方七娘与其夫曾四在金峰山设馆招徒授艺。永春白鹤拳以其独特的健身、防身功用和“以德制武”“学仁、学义、学武功”的训诫，造就了一代代风靡世界、德艺双修的高徒。经过“前五虎”“后五虎”“七传人”等几代人的传播，到清朝中叶已传至大江南北、长城内外，并逐步传至东南亚一带。清乾嘉年间，在闽东一带演化成宗鹤、鸣鹤、飞鹤、食鹤、宿鹤五种分支流派，同时由福州传入日本，在日本演变成空手道刚柔流。同期，广东演化成咏春拳（永春拳）。1929 年，由永春白鹤拳名师潘世讽、潘孝德率领的“闽南国术团”在马来西亚、新加坡等地巡回表演献技，传播拳艺，加速了永春白鹤拳在世界各地的传播。如今，100 多个国家和地区都有永春白鹤拳的传人。改革开放以来，世界各地的武术团体、个人纷纷到大羽村交流武术，各地永春白鹤拳社团、传人也纷纷前来寻根谒祖、以拳会友，氛围日趋浓厚。

大羽村除了拥有白鹤永春的特色文化以外，还长期种植芦柑、大橘、赤花梨、橙、茭白以及茶花等果蔬花卉，得益于优良的气候条件和地形，四季花果飘香，颇有收成。

图 8-1 福建省泉州市永春县五里街镇大羽村

三、美丽乡村规划实践及成果

（一）规划实践

2007 年，大羽村被福建省泉州市委、市政府定名为市级新农村建设示范村，各项工作扎实开展，所建项目全部完成。专门聘请福建省社科院为大羽村制定新农村建设五年规划和经济发展规划、组织发展规划、特色文化发展规划等专项规划，调整完善了中心村“六图一书”规划，并按规划组织实施。村两委会、支部大会、村民代表大会一致通过确定了“一个目标、两个工作思路、谋划三篇文章，立足四个高，做好五项工作”的工作计划，力争使大羽村的新农村建设更上一层楼。一个目标：建设富有乡村文化特色的生态园林式新农村。两个工作思路：建设品牌村和精品村。谋划三篇文章：一是保芦柑品牌。二是扩大大羽大橘种植面积，提升大橘质量，唱好大橘品牌。三是投资 180 万元兴建白鹤拳史馆，打响传统文化牌。立足四个高：高起点完善新农村建设规划，高标准打造强村富民工程，高规格建设生态家园，高效率完成新农村建设项目。做好五项工作，就是切实做好全村硬化、绿化、净化、亮化、美化工作，加大新农村建设力度。2008 年，大羽村又着手社区文化建设，投资 10 万元，进行宣传栏、服务室和志愿者服务队建设，并着手建设 800 米“百曲千瓜”长廊，即种植各种观赏瓜果和搭建“闽南民间歌谣”长廊，集农业观赏和民俗文化熏陶为一体，开发生态农业文化项目。谋划成立大羽村生态农业综合开发有限公司，构建生态农业观光园区和世界永春白鹤拳文化交流中心。

（二）建设成果

2008年3月，中国永春白鹤拳史馆组团参加第六届“迎奥运杯”香港国际武术节，在传统南拳、南器械比赛中获得一金三银四铜的好成绩，掀起新一轮武术文化交流的热潮。

近年来，大羽村充分发挥党支部核心引领和党员先锋模范作用，立足优美的自然生态和独特的白鹤拳武术文化，提出“赏白鹤拳、吃农家饭、干农家活、享农家乐”的思路，先后投入1 000多万元，完成中心游览区、叠水景观区、瓜果长廊漫道、茶花观赏园、功夫客栈等一批项目，逐步形成了“赏乡村美景、品地道农家菜、学永春白鹤拳、住四星功夫客栈、摘四季蔬菜瓜果、制本土特色糕点”的精品乡村旅游线路，每年吸引游客20多万人次，“绿色GDP”不断增长，农民日渐增收。大羽村在全县率先实行村部规范化建设，开通了美丽乡村云平台，组建“红色村组网格”，实行党员村干部包组挂户制度，深入开展“三访四解”民情大走访活动，搭建党员联系服务群众平台；成立美丽乡村旅游合作社，设立休闲文化组、游客体验组、花卉管理组、农产品经营组、游客服务组、白鹤拳展示组、功夫客栈组、餐饮服务组等8个功能服务小组，带动村民发展乡村旅游，走出了一条“党建引领、生态养民、文化强民、旅游富民”新路子。目前，大羽村已有白鹤拳表演、农家乐、功夫民宿、功夫茶道、土特产经营、名优水果采摘、糕点制作体验等旅游项目。

四、经验总结

科学规划绘蓝图。大羽村明确了发展特色文化型美丽乡村的建设思路和目标定位，邀请城乡规划专家骆中钊和厦门泛华规划设计院进行规划设计，明确将“白鹤拳文化”和“生态绿色”两大主题贯穿美丽乡村建设过程。

凸显文化增魅力。以白鹤拳文化作为美丽乡村建设的核心，建设中国永春白鹤拳史馆，成立白鹤拳表演队，每年农历六月廿四举办白鹤拳文化节，注册“白鹤拳”商标，开发“功夫美食”“功夫客栈”“功夫吉祥娃”“功夫蜂蜜”“功夫金橘”等一系列功夫产品。

整治环境促宜居。按照环境建设“五清楚”要求，即扫清楚、拆清楚、摆清楚、分清楚、粉清楚，村庄实现全天候保洁，清理大羽溪并建设叠水景观，发动广大村民开展庭院美化整理，推进连片立面装修和坡屋顶改造，呈现浓厚闽南民居特色。

提升服务惠民生。投入180万元完成通村道路硬化绿化、架设路灯120盏、旱厕改造、人饮工程和电力、通信线路整治等民生工程，在全县率先推广美丽乡村云平台，在村部建立“一站式”便民服务站，在人口居住较集中的角落设立便民服务点，让群众足不出户就可享受各项便民服务项目。

创新土地流转模式。引导村民在闲置荒地开发茶花观赏园，村民以土地入股，合同期间茶花销售收入的 30% 归村民所有。

创新村企合作模式。由村集体向村民租赁无人居住的闽南古厝，进行保护性修缮后分别发租，并收集整理典故、传说等闽南古厝文化，有效盘活了古厝经济。

创新资源利用方式。将青石板、旧瓦当、石壁画、石墨、石臼等旧材料应用到景观建设中，收集缸、瓮、簸箕、斗笠等传统元素运用到村庄绿化、景观墙中，既独具韵味又节约成本。

创新“两违”拆除处理方式。在“两违”清理工作中，将拆除后空置出来的土地整理成小菜园，让村民种植蔬菜，不仅提高村庄绿化率，还能缓解村民的抵触情绪。

创新乡村旅游运作模式。成立美丽乡村游服务专业合作社，将从事旅游业的村民纳入合作社，规范打造乡村旅游管理运作平台，实行统一运营模式、统一商品商标、统一管理规范，并进行资金补助和专业培训。

五、地域文化视角下相关可资借鉴做法

科学规划，明确发展特色文化型美丽乡村的建设思路和目标定位，邀请城乡规划专家和有较强实力的规划设计院进行规划设计，明确将地域特色文化和绿色生态两大主题贯穿美丽乡村规划建设全过程。

突出特色文化核心地位和作用，建设主题展馆，成立表演队或宣传队等，定期举办主题文化节，及时准确注册特色文化相关商标，开发特色文化主题饮食、主题客栈、主题吉祥物、主题特产等一系列特色文化主题产品。

环境整治，发动广大村民开展庭院美化整理，推进传统民居保护性改造，力图呈现最原生态的民居特色。

完善公共服务基础设施建设，有力推动乡风文明，让乡村发展成果惠及更多村民。

创新发展模式，有效盘活传统建筑资源，收集整理宣传当地典故、传说等。资源绿色利用方式，将废旧材料转换为独特元素应用到景观及建筑改造和村庄绿化、景观墙中，颇具韵味又可节约资源。

合理利用乡村空间提高村庄绿化水平和景观效果。

发展新型乡村旅游，成立旅游服务专业合作社等，整合乡村旅游资源，统一规范管理，统一运营，统一商品商标，并给予一定补贴和专业培训。

第二节　江西省上饶市婺源县美丽乡村建设

一、基本概况

大儒朱熹曾这样描绘过家乡婺源的优美景色：“半亩方塘一鉴开，天光云影共徘徊，问渠哪得清如许，为有源头活水来。”婺源是古徽州一府六县之一，今属江西省上饶市下辖县，其名意为“地当婺水之源”。位于江西省东北部，赣、浙、皖三省交界处。婺源东邻国家历史文化名城衢州，西毗瓷都景德镇，北枕国家级旅游胜地黄山和古徽州首府、国家历史文化名城歙县，南接江南第一仙山三清山、铜都德兴市。

婺源县拥有 2 947 平方千米的土地面积，共管辖着 10 镇 6 乡、1 个街道办事处、172 个村委会、21 个居委会，婺源县当前拥有 36 万左右的人口，其中农业人口约为 30 万。

婺源的区位优势十分明显，交通十分便捷。其处于我国黄金旅游生态圈的中心，三清山、庐山、武夷山、黄山、景德镇、鄱阳湖等著名旅游胜地分布于婺源四周。目前，境内景婺黄两条高速路纵横婺源，京福高速铁路已全线通车，九景衢铁路也于 2017 年正式运营。因此，婺源县成为江西省对接长三角经济发达区的先锋领地。

婺源县属丘陵地貌，地势大致由东北向西南倾斜，境内重峦叠嶂，溪涧横生，森林覆盖率达 82%。县域位于亚热带中部，有东亚季风区特点，雨量充沛、气候温和、四季分明、霜期较短。境内山峦起伏，走向不一，由于云雾、雨日较多，高山挡光，林木蔽荫，使各地日照时数差异较大，西南乡多于东北乡，平原低丘多于山区。截至 2015 年底，婺源拥有 AAAAA 级旅游景区 1 家、4A 级旅游景区 12 家，是全国 4A 级旅游景区最多的县份，也是全国唯一一个以整个县命名的国家 AAA 级旅游景区。江西婺源篁岭被誉为“全球十大最美梯田”之一，香港著名的摄影家陈复礼曾以此为主题的作品《天上人间》获得了国际摄影大赛金奖，并被赞誉为“中国最美的乡村”。婺源民风淳朴，文风鼎盛，名胜古迹遍布全县。婺源县境内林木葱郁、峰峦叠幛、峡谷深秀、溪流潺潺。婺源以优美风光和保存完好的古文化、古建筑、古树、古洞而被人称为“最后的香格里拉”。

婺源是我国的绿化模范县、江西省园林县城、全国中小城市生态环境建设区、全国首批低碳国土实验区和中国绿茶金三角核心产区。婺源县内有世界濒

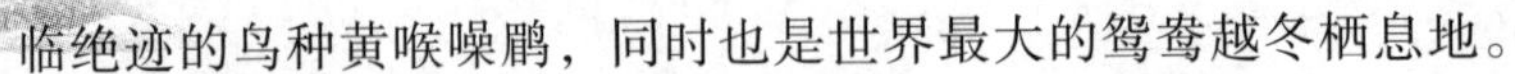

临绝迹的鸟种黄喉噪鹛，同时也是世界最大的鸳鸯越冬栖息地。

婺源森林覆盖率达82.5%，拥有192个自然保护区、一处省级自然保护区、一处国家森林公园，境内有六千多株被挂牌保护的名木古树。自然条件的优势给婺源带来了丰富的地方特产。

婺源是中国古建筑保存数量最多、保存最完好的地方之一，有明清古府28栋、古民宅36幢、古祠堂113座、古桥187座。明清时期的徽式建筑遍布乡野，其中的石雕、木雕、砖雕统称“三雕”。它们不仅在用材上考究颇多、做工上乘，而且风格极为独特，造型也极为别致和典雅。

同时，在古村落的自然生态景观中出现了以山、水、石、竹、亭、桥、涧、滩、舟渡、岩洞等形式多样的组合。它与古朴的人文景观完美契合，协调发展。飞檐翘角、粉墙黛瓦的徽派古建筑或在青山脚下若隐若现，或在平静湖面上荡漾光辉，这些优美的景象充分地体现出天人合一、洗尽铅华的生态景观意境。

二、地域文化特色

婺源是当今中国古建筑保存最多、最完好的地方之一。全县完好地保存着明清时代的28栋古府第、36幢古民宅、113座古祠堂和187座古桥。自1992年自然保护区成立后，古府第、古民宅、古楼台、古祠堂、古桥、古碑、古树、林木、河流和飞鸟珍禽得到了更好的保护，成为全国“生态文化旅游示范县”。婺源既有鸳鸯湖、文公山、灵岩洞国家森林公园等自然景观，又有理坑、江湾等保存较为完好的古居村落，自然景观与人文景观相映成趣。

婺源是徽文化的重要组成部分，其中包括了文化风俗、饮食居住和房屋建筑。其文风鼎盛，人杰地灵。从宋朝到清朝，出进士共有552人，历朝仕宦达2 655人之多，著作有3 100多部，其中于乾隆年间编成的《四库全书》就含有172部；婺源县民间艺术异彩纷呈，有傩舞、茶道、抬阁等艺术文化；历代的名人遗迹及徽派古建筑遍布乡野。全县共有16个省级历史文化名村、2个国家历史文化名村、13处全国文物保护单位，并且有2个古村落列入了世界文化遗产的预备名单中。

文化是婺源的灵魂。婺源自古人才荟萃、文风鼎盛，历代名人遗迹较多，有“吴楚分源”界碑、南宋岳飞吟诗的花桥，还有李白、黄庭坚等留下的遗迹，尤以古文化、古建筑、古树群、古溶洞为主的“四古风韵”著称。婺源历代文才辈出，如南宋哲学家、教育家朱熹，清代音韵学家江永，近代铁路工程专家詹天佑，现代医学家程门雪等。

婺源自古以来便是礼仪之邦，民风淳朴。讲究坐不争上，食不争多，行不争先的“三不”礼节；与人交往，诚信为上；与人交谈，对人尊呼，对己谦称。

婺源徽剧是一个古老的地方剧种。清乾隆年间，“庆昇”“彩庆”“同庆”“大阳春”等徽班先后在婺源搭班演出。婺源当地也先后组建了不少徽班，并以自己的不同特色向外发展，四处巡回演出。1956 年，重新成立婺源徽剧团，经过抢救、挖掘、整理，婺源徽剧重获新生。

傩舞是远古时期举行祭祀仪式时跳的一种舞蹈，它源于原始巫舞。婺源傩舞（见图 8-2），俗称“鬼舞”或“舞鬼”，又称“舞鬼戏”。在古代人们用傩舞来表达的是对祖先的崇拜和敬畏，人们相信表演傩舞能够保护自己的村庄，能够让村里户户平安，五谷丰登，六畜兴旺。每年的春节期间以及重要的节日，婺源都会表演傩舞。婺源傩舞不仅流传广，而且所表演的节目内容也相当丰富。

图 8-2　婺源傩舞

婺源“三雕”艺术主要附着于徽州“古建三绝”（古民居、古祠堂、石牌坊）之上，为砖、石、木三种民间雕刻艺术的总称。婺源“三雕”艺术起源于唐代，明清时期达于鼎盛。“三雕”艺术的应用十分广泛，涉及明清建筑的装饰部件和家居用具等各个方面，且融装饰艺术与建筑结构为一体，互为连缀，相得益彰。

歙砚，因砚石产于婺源县溪头乡的龙尾山而又名龙尾砚，是中国四大名砚之一。唐代，婺源属歙州，因以州名物而习惯称歙砚。龙尾砚石质优良，具有“涩不留笔，滑不拒墨，瓜肤而縠里，金声而玉德”之特点，为历代所推崇。如今，婺源制砚艺人在继承传统的基础上，广泛汲取书画、金石、石雕等艺术门类的营养，生产出更具文化意蕴，同时也更具现代审美意识的砚台，被当代书画家誉为“砚国明珠”。

婺源徽剧（见图 8-3）、婺源傩舞、婺源“三雕”、婺源歙砚制作技艺已列为第一批国家非物质文化遗产名录。此外，婺源茶艺、婺源抬阁、婺源豆腐架、婺源灯彩、婺源纸伞制作技艺、婺源绿茶制作技艺等列入省级非物质文化遗产名录。

图 8-3　婺源徽剧

生态是婺源的基础。婺源人千余年来始终沿袭“杀猪封山、生子植树”的村规民俗，持续封山育林和造林绿化。婺源县有“八分半山一分田，半分水路和庄园”的民谚，县内森林资源丰富，森林面积约 22.7 万公顷，森林覆盖率超 80%。婺源现有 13 221 株挂牌保护名木古树，如汉苦槠、隋银杏、唐香樟、宋牡丹、明香榧和其他历经千余年依旧亭亭如盖的黄檀、楠木、红豆杉、罗汉松等，其中当数“江南第一樟”的虹关古樟和朱熹亲植的巨杉最为著名。婺源的溶洞亦是充满文化气息。婺源县灵岩洞国家森林公园内的灵岩石窟群曾有许多文人骚客前来游览，石窟群内时至今日依然保存有“吴徽朱熹”“岳飞游此”等题词两千余处，实属罕见。

每年秋天，婺源的乡村都有所谓“晒秋”的习俗。晒秋是一种农俗现象，有着浓郁的地域色彩。生活在山区的村民，由于村庄平地极少、地形复杂，只能充分利用房前屋后、窗台和屋顶晾晒农作物，这种习惯逐渐演变为一种传统农俗。这种特殊的场景和生活方式，渐渐成为摄影师和画家创作的素材，并演变出了诗意般的“晒秋”的称呼。“秋”指丰收的农作物和果实。其实晾晒这种农俗现象，并非秋季“专属”，一年四季都有展示，只不过秋天是丰收的季节，“晒秋”表现得更为丰富、更具“神韵”罢了。

三、美丽乡村规划实践及成果

（一）规划实践

2015 年 6 月 15 日，江西省住建厅、发改委、国土资源厅、环保厅联合出台《关于“多规合一”工作的指导意见》，四部门联手齐抓“多规合一”试点工作，破解工作难题。明确统一规划期限，规划近期为2015—2020年，远期为2021—2030年，确定在鹰潭市、萍乡市、乐平市、丰城市、吉安县、湖口县、婺源县、樟树市、于都县9市县开展“多规合一”试点工作。试点市县以市、县城乡总体规划编制为抓手，以城乡规划为基础、经济社会发展规划为目标、土地利用规划为边界、生态保护红线为底线，消除规划空间差异，形成多规统一衔接、集约高效、功能互补、覆盖全域的空间规划体系。试点市县要按照主体功能区规划确定的功能定位，强化空间管控。通过城市总体规划、土地利用总体规划的衔接协调，提出统一的城乡建设用地、城市建设用地、镇建设用地的总量规模。“多规合一”规划确定的中心城区，近期2020年建设用地规模和空间布局要与土地利用总体规划无缝衔接。要根据城市发展目标定位、资源环境承载力，科学确定2030年城市建设用地规模。试点市县要深化规划体制机制改革，真正做到“一个市县、一本规划、一张蓝图”。

“多规合一”的统一空间管控，即：着力于全域管控的一级管控体系，包括科学制定禁建区、适建区、限建区“三区”；城镇建设用地边界、城镇开发边界、重点项目建设控制线、永久基本农田控制线、生态控制线“五线”；着力于城镇建设用地管控的二级管控体系，包括产业集聚区“一区”；绿线、蓝线、黄线、紫线的“四线”。试点市、县加快建设“多规合一”信息管理平台，依托“多规合一”信息平台，按照全省并联审批的改革要求，优化审批流程，提高审批效率，实现审批同平台。形成“多规合一”的常态化管理模式。探索整合各部门空间规划编制事权，加强市县城乡总体规划的实施管控。

具体落实到婺源县规划层面，婺源县“多规合一”试图通过对国民经济和社会发展规划、城乡规划、土地利用规划和生态环境保护规划的综合分析研究，探索形成符合婺源城市发展的“一本规划、一张蓝图”。规划首先形成统一的规划期限：2015-2030年。确定城市发展目标为：坚持可持续发展战略，完善城市功能，发挥中心城区作用，将婺源县建设成为国际一流乡村旅游目的地、全国生态文明先行示范区、全国智慧城市建设样板区。

通过对“土规”和“城规”不同的用地分类标准进行融合统一，形成覆盖全县域的用地分类标准，并将两个系统的坐标系进行统一。

通过坐标系的统一，找出“土规”与“城规”的斑块差异。通过土规和城规的调入调出，最终形成符合在城乡布局的过程中，坚持底线管控的思维方式，通过“三区五线”划定，形成先管控、后布局的规划指导思想。

结合城乡总体规划、土地利用总体规划、国民经济与社会发展规划以及生态环境保护规划等，根据统一之后的建设用地分布，严格遵守“三区五线”的划定范围，最终布局形成覆盖婺源全域的城乡总体规划。

在确保耕地面积和林地面积基本不变的情况下，通过充分开发未利用地，压缩村庄建设用地指标，达到全县总体用地指标的平衡。通过多规融合之后的空间布局，城镇建设用地面积（含乡集镇）从 1 680 公顷调整为 3 379 公顷。其他建设用地（独立景点、风景名胜区、旅游度假区、森林公园等的管理及服务设施等）从 526.8 公顷调整到 1 187.68 公顷。

婺源县期望通过对多规合一的探索，构建一个基础共通、内在协调、具有弹性的规划体系，然后逐步向一本规划过渡，最终实现婺源县“一本规划、一张蓝图”。

（二）建设成果

“国家重点生态功能区、中国国际生态乡村旅游目的地、全国十大生态产茶县、中国氧吧城市、中国全面小康十大示范县……”2016 年，婺源新斩获“国字号”荣誉 10 余项，婺源“中国最美的乡村”已成为全国性的知名旅游品牌。不仅旅游接待人数大幅度上升，而且也成为全国乡村旅游的标杆和典范。婺源成为中国唯一一家全县范围全部是 3A 级景区的县，也就是说，全县近 3 000 平方千米的地域全部构成 3A 景区。这既是婺源的“天生丽质”，也与规划有效落实执行密切相关。婺源上升为国家级乡村旅游度假区，为婺源旅游产业的升级奠定了可靠的基础。景点在质和量上都根据规划进行了有序的开发。例如，彩虹桥从单一的一座桥发展成为一个融食、宿、购、娱为一体的综合景点，内涵大大丰富。规划中的旅游服务区基本建成，旅游服务基本到位，尤其是县城的中心服务区综合配套不仅齐全，而且设施水平大大改善。住宿条件、餐饮服务、交通条件都有了质的飞跃。酒店业已从家庭式接待设施发展到具有四、五星级高档接待条件的酒店。

旅游投资良好。规划前，婺源旅游基本以个人和乡村为独立封闭单位进行建设、经营和管理。规划执行期间，婺源引进外部大集团成立了专门进行旅游投资和管理的公司整体开发，整体经营，使婺源旅游向集约化和科学管理的方向提升。同时，另有诸多大型集团和财团也在逐步商议介入婺源旅游开发，使婺源投资主体呈现多元化趋势。

生态环境得到了有效的保护，在保护与开发之间，坚持“保护优先”的原则。例如，月亮湾是景观绝品，也是可开发的热点。但在规划执行中，坚决保护月亮湾这片净土，保持了完好的生态环境。

乡村旅游推动了一、二、三产业融合发展，带旺了茶叶、山茶油、香菇、干笋等农产品销售。目前，婺源发展了各类农民专业合作社 260 家，并形成了赋春酒糟鱼、大潋山油茶、高砂荷包红鲤鱼等一批农特产品专业村。“甲路纸伞甲天下”，甲路村开发旅游伞、油纸伞、丝绸伞等40多种新品种，年产量50多万把。以生产龙尾砚著称的大畈村，聚集了230余家砚台厂和商铺。

2014年，婺源接待游客1 270万人次，实现旅游综合收入64.7亿元。旅游从业人员约占全县总人口四分之一，农民人均每年从旅游发展中增收1 500元。以“水光山色”著称的江湾镇晓起村，被评为“国家级生态示范村”，2014年仅门票收入就达200万元。而在十几年前，晓起村却是当地有名的贫困村，人均年收入不足1 000元。晓起村是婺源发展的一个缩影。婺源乡村旅游从无到有、从小到大，农村变得更美、农民变得更富，赢得了“中国最美乡村”美誉。

婺源在很大程度上可以说是承载了万千游客乡愁的“梦里老家”。婺源的美，美在生态与文化的完美结合，美在人与自然的和谐相处，美在发展与保护的齐头并进。当很多地方拼命做大GDP的时候，婺源县为了保护生态，关闭了200多家污染和高耗能企业，“十年禁伐”天然阔叶林，森林覆盖率高达82.6%；坚决拒绝污染企业入驻，确保污水达标排放，守住一江清水。

有着500多年历史的篁岭村落，曾因房屋倒塌、村庄空心化一度濒临消亡。2009年，当地政府引进民间资本对篁岭村民进行异地安置，对古民居进行保护性开发。短短几年时间，篁岭就成为婺源热门景点。近年来，婺源县对60余幢古建筑、13座古桥梁进行了修葺，还首创了文化保护小区，推动文化遗产活态传承。

（三）婺源县生态景观模式

1.婺源县构建生态景观的原则

（1）适度原则。根据婺源县本身的地理条件及区位优势，在构建生态景观的工作上，应做到保护生物多样性、保持林木整体性、优化山林地构造性。具体表现在退耕还林、封山育林、植树造林等方面的工作。

（2）本土原则。新农村景观建设中需要充足的风景林木、经济林木、药材林木、花卉苗木等各类植物。江西省气候温暖，光照时间长，降雨量充沛，无霜时间长，为亚热带湿润气候，对植物的生长非常有利。这为婺源县的新农村景观建设提供了强大的“硬件”设施。

同时，也要求在新农村景观建设的过程中，需要控制引进外来的花卉苗木的数量。建设经费在一定程度上减少了，同时保证了新农村景观建设的低碳、生态的有序进行。

（3）历史文化与景观共生原则。历史长河在缓缓流淌着，其衍生出来的文化也是极具独特魅力的。它包括了田野、森林、屋舍、篱笆、水塘、湿地等各具

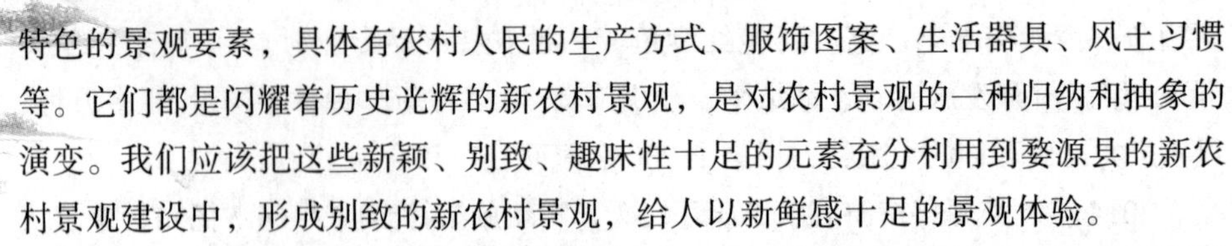

特色的景观要素，具体有农村人民的生产方式、服饰图案、生活器具、风土习惯等。它们都是闪耀着历史光辉的新农村景观，是对农村景观的一种归纳和抽象的演变。我们应该把这些新颖、别致、趣味性十足的元素充分利用到婺源县的新农村景观建设中，形成别致的新农村景观，给人以新鲜感十足的景观体验。

（4）生态景观建设结合新农村发展原则。统筹城乡发展与建设，推动新农村景观建设的工作进程。而构建生态景观是以和谐人居环境建设、新农村经济持续发展为出发点。因此，必须用生态的建设原则来指导社会主义新农村景观建设，充分合理地运用当地自然生态资源，协调好人口与资源和环境的关系，建设成具有当地乡土特色的新农村景观。

2. 农村山区生态景观模式

婺源县在地形上呈现“八分半山一分田，半分水路和庄园”的特征。山地占总面积的83.09%，地势由东北向西南倾斜，东北群山屏立。所以，婺源县的山区生态具有较大的优势，是林业用材林的主要生产区域。其以纯林为主，针阔叶混交林和阔叶林为辅。

婺源县对共建良好的生态林、水源林和风景林三大生态景观区出台了许多具体措施。主要包括对阔叶和风景林进行深入补植，改造低产林的行动也要同时进行，在经济林和药材林方面进行立体种植。拓展切花或者盆花产业规模，开发有药用价值的花卉植物，如百合、唐菖蒲、切花菊花、月季、玫瑰等。在富有阳光山区的道路两旁可以采取立体种植的竖向模式，上部可以采用石榴、厚朴、美国山核桃、梨类等树种，中部以肉桂、卫茅、广东紫珠等树种为主，构建具有自然魅力的生态道路景观。药材花卉同样可以构成地被景观，如白术、益母草、麦冬、大丽花、芍药等药材花卉，而春夏鹃、映山红等花卉植物也不能缺少，这样就弥补了绿多红少的农村景观缺陷。在较为崎岖陡峭的山区道路中，应该选用冠幅较为窄小的台湾杉、松类、柏类等树种，林下可栽种木芙蓉或木槿这一类可食用的花卉植物。

3. 农村丘陵生态景观模式

婺源县丘陵地区基本在西南方向，此类地形上有丰富的杉木和油茶林、湿地松、马尾松等树种。该地区的土壤条件较好，防风、水土保持林位于丘陵上部，可以由湿地松、枫香、马尾松、木荷等树种组成。这样，能够转变农村自然景观和生态环境。而丘陵中部的果树林和药材林可以由广东紫珠、油茶、毛竹、革珊瑚、金银花、瓜栝、黄栀子等树种组成，发展苗木花卉或种植牧草的工作也能一并进行。在丘陵两旁的道路上可以栽植花果两用、具有较高经济价值的树种，如枇杷、丛生竹、板栗、泡桐、刺楸、杨梅、檫树、美国山核桃、木芙蓉、桂花等。

林下的种植同样不能忽视，可栽植百合、瓜栝、薏米等花卉药材。在村民有富余土地的情况下，可以选择摘种花、果、药材或者能够解决薪炭的林木。比如，作为观赏性花果类的植物包括葡萄、石榴、日本甜柿、百合、广东紫珠等；作为薪炭材的林木包括金银合欢、荚竹桃等，它们同样是很好的花卉林木。春夏鹃、重瓣木槿花、火棘、金叶女贞、海桐、石楠、映山红等植物可以用作绿篱；在丘陵地区的农村庭院可以提倡栽种高经济效益的花卉，如凤仙花、各类菊花、鸡冠花、芍药、百合、水仙、美人蕉等。它们不仅具有较高的观赏性，还具备很高的药用价值。

4. 农村滨水之地生态景观模式

婺源县有许多大大小小的河流湖泊，而在临近河流与湖泊的村庄大都面临着这些问题：地下水位较高，庄稼与景观通常会出现涝的情况，从而影响附近景观的效果。所以，在绿化工作的初期阶段，要考虑其树冠的投影是否会造成农作物的减产，是否会造成各类林用地的减少。在婺源通常采用的冠幅较为窄小的树木，此类树木对农作物基本不会产生影响，包括落叶树水杉、翅荚木、池柏。在视野较为开阔的地方可以广泛使用能够在水湿环境下生存的树种，有丛生竹、意大利杨、湿地松、乌柏、凤杨、枫香、柳树等。在临近河流与湖泊的村庄可大量种植枇杷、海棠、葡萄、万寿菊、丹桂、果桃类、大丽花、果李类、鸡冠花、益母草、夹竹桃、蔷薇、梨类、美人蕉、凤仙花等花卉。在条件允许的情况下，可选用本地草，如大叶马根草、铁马鞭、车前草、麦冬等优良的乡土草种。

四、婺源县新农村景观建设具体措施

（一）提高起点，着力提升新农村景观品位

在当前时代潮流发展的背景下，婺源县顺势而为，以科学发展观为新农村景观建设的指导核心。婺源县按照每个自然村不少于 3 000 元的专项规划经费进行发放；并且聘请了江西省城乡规划设计院、深圳大学等景观领域中的佼佼者的规划团队和专家作指导。新农村景观建设工作必须做到全面、协调和整体，包括注重古村落与保护相结合；农民自建房必须要有统一的标准，如在统一徽派建筑基础上，新农村景观规划部门还专门为农村居民提供了三种不同的徽派建筑式样，既统一了风格，又避免了单一。

（二）提高标准，着力打造新农村景观精品

打造高标准的新农村景观建设，营建优良的生态景观环境。婺源县以新农村景观项目为出发点，加紧新农村景观建设，在全县实施“三清六改四普及”的工作，主要内容包括：三清——清垃圾、清污泥、清路障；六改——改房、改水、

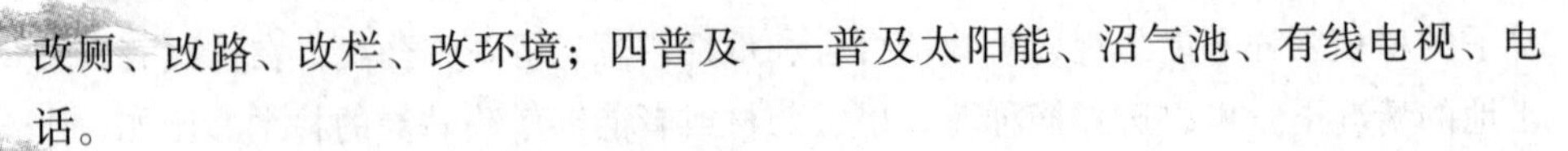

改厕、改路、改栏、改环境；四普及——普及太阳能、沼气池、有线电视、电话。

（三）推进新农村景观建设的道路工程

人类活动的产生进而推动了道路的出现，并且带动周边的道路辐射地区的发展与进步，这是一个历史的符号。在新农村景观建设的过程中，道路所带来的积极影响也是不容忽视的，它促进了地区的经济发展。因此，婺源县新农村景观建设的道路工程的建设是应该立即执行的。它包括路基的改造、路面的改善、道路的硬化、路旁绿化以及改造村庄内主次干道等。

为进一步巩固和深化农村环境卫生治理成果，建设宜居、宜游的秀美环境。各村委会扩大思路，创新举措，精细管理，对各农村的中心环境进行集中整治。

（1）建立村级环境管理队伍。每个村至少配备 1~2 名清洁人员负责全村的公共卫生收集与处理，添置了公用环卫设施，垃圾推行“户集、村收、集中清运焚烧”的处理模式，做到“日产日清”。

（2）建立日汇报、周调度制度。要求对各村每天卫生状况进度实行一天一督办，并且每周对卫生清洁情况进行汇总，将一周情况反馈给村负责人。

（3）严格奖惩，强化落实。乡环境卫生督导小组采取不打招呼、不给通知的形式对各村卫生整治情况进行不定期检查，对检查结果进行评比，达不到卫生标准的，不予发放环境卫生整治补贴。

（四）对农村周边环境进行美化

对砍伐天然针叶林、天然阔叶林和针阔混交林等破坏行动予以全面的打击，全方位推动植树造林和封山育林的工作。目前，共封山育林达 12 万公顷，新造林达 2 000 公顷，高速公路绿化达到 35 千米。并且在各村的主要道路沿线地区实施全方位的净化工作，包括粪坑的搬迁、坟墓的迁移、烟囱的拆除、部分工厂的转移等；对主要沿线的公路建筑和景区建筑进行徽派改造；关闭 100 多家木材加工场和 46 家高污染高耗能工矿企业。为农村周边环境的进一步美化，奠定了基础。

（五）“花开百村”行动

一到婺源，便会看见那红艳艳的杜鹃、如碧玉般翠绿的绿茶、金黄的油菜花，给人一种无限的遐思，带给人一股醉人的香甜。在新农村景观建设的关键阶段，必须按照一村一品、一线一景观的思路来打造花海。在沿线公路、村落周边、农民房前屋后，大力推广栽植具备经济性和观赏性双重特性的植物，包括果梨、李类、观赏桃类和果桃类、石榴、桂花等观赏价值较高的乔木树种。当然，油菜花也是婺源县建设生态景观的最佳绿色资源，常能看见五彩斑斓的蝴蝶与辛勤的蜜蜂在花间起舞，给单调的农村生活带去了一道亮丽的风景线。因此，政府大力引导和鼓励村民栽植油菜花等具备经济性和观赏性双重特性的植物。

五、通过新农村景观建设后的景观演变

（一）秉承传统，体现地域性

尊重农村地域条件和乡土文化特色，因地制宜地建设农村景观，依据地形地貌、河流湖泊、绿地植被、山体坡度以及有特色的民居庭院等，利用其特有的景观资源，尊重并强化原来的景观特征，使新建景观与当地环境协调统一，打造个性化的农村景观，保持本土特色。

近两年来江西省实施的“一大四小”工程在造林绿化方面大量推广乡土植物，因地制宜进行园区绿化、道路绿化、村庄绿化和山上绿化等，建设绿色生态的江西，实现了生态立省、绿色发展的战略任务。在植物配置上遵循因地制宜的配置原则，根据绿地的性质发挥园林植物的综合功能；选择符合当地特色的树种进行合理搭配，乔、灌、草相结合，突出四季景观，符合自然规律，满足生态要求，利用春色叶和秋色叶树种及观光果园丰富庭园的季相，做到绿化、美化、田园化和季相化结合；以地方特色果树（橘、早熟梨、脐橙、桃）和其他经济树种为主，兼顾观赏功能；体现地方文化特色，打造农村文化主题。

（二）尊重历史，凸显生态性

不同的村庄有不同的风俗习惯和文化，可以通过保留古建筑古树，多用乡土树种来体现当地的历史和文化，在规划设计中尽量避免消极文化。尽可能做到人性化规划设计。在浙源乡凤山村有一座查氏宗祠，它是海宁、婺源查氏后裔保存的唯一的一座古祠。该宗祠始创于康熙三年（1664 年），又名“孝义祠”。宗祠建筑宏大，檐柱雕龙画凤，横梁及檐角雕刻着堆花、虫鸟。其文化底蕴深厚，历史价值高，保存较完整。据了解，该乡已开始筹备宗祠修复项目，同时对宗祠周边的景观进行科学规划，突出景观的生态性。

（三）注重特色，开拓创新

树立“民俗文化就是资源，特色品牌就是客源”的理念，结合实际研究特色，挖掘特色，突出特色，用“特色”树立形象，吸引游客。每个项目都需结合农业生产，引导农民参与，体现农村特色，最大限度地挖掘特色风土人情，推出一些参与性强的农事活动，让游客的休闲活动和农业生产、农户的日常生活融为一体。休闲农业是 21 世纪极具发展潜力的新兴产业、朝阳产业。大农业、大旅游、大产业、大市场、大发展正日益深入人心。要以创新的理念、求新的思维指导休闲农业的建设与经营，开创新的面貌，发展特色旅游休闲项目。

六、经验总结

2014 年，婺源抓住成为全国美丽乡村建设试点县机遇，因地制宜，投资 1 亿多元打造各具特色的美丽乡村，基本建成美丽乡村试点示范村 18 个、精品村 10 个。婺源各乡镇选择一个基础条件好、自然禀赋优、文化有特色、产业有支撑、群众积极性高、村组干部得力的村庄作为试点村。

强化规划引领，全面编制和不断完善县域城乡规划，着力构建“做靓中心城区、辐射特色集镇、带动村级发展”的三级框架格局，努力建成老城改造与新区建设承转并进，中心城区和特色集镇相互辉映，文化生态景观村与新农村建设融合发展的生态家园。

村庄如何建、建什么，群众说了算。美丽乡村规划设计方案在上位规划顶层设计的引领下，集思广益，征集群众意见建议 100 多条。根据群众建议，婺源利用农村山水风光秀丽、农耕文化多样、人文底蕴深厚的优势，培育集生态农业观光、农事体验、乡村休闲度假于一体的休闲旅游业；立足土地资源、气候条件和区位条件的优势，培育无公害、绿色、有机农产品基地，发展现代农业经济，实现农产品向旅游商品转变；依托旅游业发展优势，多渠道、多形式组建各类协会及农民专业合作社，进一步延伸旅游产业链。

婺源还将美丽乡村建设与村风民风建设结合起来，弘扬新风正气。通过完善村规民约和朱子家训，建立和谐村组评比会、道德评比会、禁赌协会等群众自治组织，开展好公婆、好儿媳、好党员等群众自评活动，促进乡风文明，涌现出了孝文化村、长寿文化村等各具特色的道德风尚村 30 多个，让淳朴民风得以传承。以创建文明县城为主线，持续开展文明村镇、文明单位、文明社区创建活动，积极开展“村村秀美、家家富美、处处和美、人人淳美”最美乡村主题活动，倡导文明健康的生活方式，促进城乡文明程度的整体提高。以争做“最美婺源人”为抓手，大力开展“最美教师”“最美学生”等十大最美称号评选活动，将争做“最美婺源人”细化深入到全社会各阶层，全方位展现山美、水美、人更美的“中国最美乡村”新形象。

注重细节特色，按照“每一项建设都要体现婺源特色，每一个细节都要符合最美乡村品位”的建设理念，集中打造了一批具有浓郁地方特色、集中体现婺源风光的人文自然景观。通过设立文化生态保护小区等平台，着力加强徽剧、傩舞、三雕、歙砚制作技艺等国家级非物质文化遗产的保护与传承，健全完善古文化保护县、乡、村、组四级联控网络，进行古村落、古文物普查登记和挂牌保护，探索推进了古村落异地搬迁保护工作，弘扬推进了文化与生态文明相融互促。

优化管理机制，以推动城乡公园化、精细化管理为导向，突出抓好县域的“净、花、绿、美、亮”五化工程，健全完善县、乡、村、组、户五级卫生联动管理机制，针对统一徽派风格的需要，在建立县、乡、村三级联动防控体系的基础上，专门设计了数十套农村建房图纸，免费供村民建房使用，有效杜绝了农民建房乱搭乱建现象，不断巩固和优化生态文化大公园的建设成果。

加强生态环境保护，让最美乡村的山更青、水更秀。多年来，婺源县坚持把生态保护作为立县之基，引入绿色 GDP 考核体系，把环境指标作为一个权重大、考核严的重要指标，坚决实行环保目标管理责任制、环境问责制、责任追究制、一票否决制，使政绩考核的导向真正转到科学发展上来，建立起一整套体现科学发展观的政绩考评体系和生态文明建设标准体系。

实施“三大工程”，呵护“青山常在”。全县从政府、社会、群众 3 个层面着手，重点实施资源管护、节能替代、造林绿化三大工程，全县森林覆盖率高达 82.6%。资源管护方面，在全县范围内实行“十年禁伐天然阔叶林”，对人工更新困难的山场实行全面封山育林，将公益林扩大到 10.33 万公顷；在国内首创自然保护小区模式，设立各类自然保护小区 193 个，保护面积达 4.36 万公顷；深入推进林政标准化管理工作，把生态保护纳入干部政绩考核之中，筑就生态环境“安全网”。节能替代方面，在县财政吃紧的情况下毅然关闭近 200 家污染严重、资源消耗量大的“五小企业”；积极推广以林蓄水、以水发电、以电养林的生态保护模式，推行以“改燃节柴、改灶节柴”为主要内容的“双改双节”工程，积极发展农村沼气，全县平均每年减少能源性消耗木材 9 万立方米，相当于每年新增造林 1.2 万公顷，有效打造了资源“减耗器”。造林绿化方面，先后在荒山、园区、乡村、道路等地域实施“一大四小”绿化工程，精选 100 个村推进以绿化、美化、花化为主要内容的“花开百村”工程，迅速做大最美乡村的“绿肺量”。

开展水体保护整治活动，力保“秀水长流”。在全县 1 487 个自然村进行农村清洁工程，实行农村垃圾规范化、标准化收集处理；加强农村餐饮宾招服务业的污水处理，所有规模畜禽养殖场全部实现粪便、污水无害化处理，加强农村工业企业污染整顿，对整改不到位、不达标的企业予以关闭；所有山塘水库全面禁止化肥养鱼，全面禁止毒鱼、电鱼、炸鱼，所有沿河沿溪建设项目要求做到“环保三同时”（即在建设项目中必须做到防治污染的措施与主体工程同时设计、同时施工、同时投产使用）。同时，对所有河道采砂全部纳入规范管理，所有矿山全部进行环境恢复治理。通过以上综合整治措施，切实保障最美乡村的一汪清水。

绿色发展，让最美乡村的业更兴、民更富。围绕富民强县的战略目标，最大限度地把最美乡村的潜在优势，转化为县域经济发展的现实优势，并以此拓宽和带动广大群众的创业、就业和致富渠道。

大力发展以乡村旅游为核心的生态旅游业，坚持把旅游产业作为“核心产业、第一产业”来打造，按照“政府主导、社会参与、规划引领、统筹推进”的思路，成功开发20个精品景区，其中国家5A级景区1个、4A级景区7个，成为全国4A级以上景区最多的县。旅游产业的蓬勃发展，发挥了富民的引领作用，目前全县经营旅游商品生产和销售企业及个体工商户已达400余家，近7万余人通过从事旅游及相关产业实现“门口致富”。以旅游业为主的第三产业占全县GDP的比重达47.2%。

突出发展以低碳节能为方向的生态工业，积极拓展生态工业平台，按照建设循环经济示范园区和生态工业园的要求，积极发展高新技术、旅游商品加工和机械电子加工等产业，创建了全省第一家生态工业园区。先后引进了中科院电子云计算数据运营中心、洁华环保、聚芳永茶叶深加工等一批带动能力强、关联度大的重大项目。依托全省首家旅游商品加工基地，大力发展徽州三雕、龙尾砚台、甲路纸伞等特色生态旅游产品加工产业，带动当地特色旅游产品加工业发展，拉动就业1万多人，婺源也被评为国家可持续发展实验区和全国低碳国土实验区。

着力发展以茶业为龙头的生态农业，立足优美的生态环境，积极推进农业“生态化、品牌化、多元化”发展，逐步形成以婺源绿茶品牌为核心，荷包红鱼、油茶等农产品为支柱的产业体系。其中茶园面积1.13万公顷，加工贸易量3.8万吨，出口创汇3 100万美元，有机茶出口占据欧盟市场的半壁江山，婺源已成为中国十大生态产茶县。同时，通过生态农业与乡村旅游嫁接互动的新型休闲农业模式，农业产业化水平明显加快，目前省、市、县级农业产业化龙头企业分别达到6家、13家和34家，农民专业合作社总数达151家，有力促进了农民增收。

七、地域文化视角下相关可资借鉴做法

婺源县准确把握旅游产业发展规律，科学定位旅游产业发展方向；县委、县政府确立目标定位，坚持一届接着一届干，坚持走文化与生态相结合的乡村旅游之路，与周边旅游区良性互补，联合开发“名山、名水、名镇、名村”的旅游新格局。推行“多规合一”，婺源按照“产业围绕旅游转、结构围绕旅游调、功能围绕旅游配、民生围绕旅游优”的思路，以更准的定位进行全域规划，将全县作为一个开放式的大景区来规划打造。加快推进以旅游规划为轴心的城乡总体规划暨“多规合一”编制工作，进一步强化旅游发展与城乡建设、土地利用、生态文化保护等各类规划的有效衔接。

科学细致地保护良好生态与文化遗存等原生态旅游资源，并进行整体规划，

牢固树立“保护生态环境就是保护生产力，改善生态环境就是发展生产力”的理念，始终把生态环境作为发展全域旅游的重要基础，切实做好“治山理水、显山露水”的文章，确保各项环境指标只升不降。深入开展“天然阔叶林长期禁伐”工程；深入落实“河长制”工作，扎实推进乡村生活污水治理、山塘水库承包养殖管理整治等工作；突出抓好农村垃圾处理工作，加快推进建制镇的垃圾收运系统建设，切实让“最美乡村”的山更青、水更绿、土更净。大力发展以旅游业为核心的绿色经济，着力推进以旅游商品、机械电子、鞋服家纺、中医药为主导的生态工业和以茶产业为主导的特色农业，着力打造有机品牌，实现保护与发展的协调统一。

加快完善县域景区规划，对旅游资源分布、旅游要素安排等进行全面统筹，重点对标识标牌、停车场、旅游公厕等基础设施进行部署安排，为游客出行提供更多便利，城市建成区达 15.6 平方千米，城镇化率达 46.2%。扎实推进秀美乡村和新农村建设，如打造秋口镇官桥村、太白镇玉坦村、清华镇洪村等一批“零门票”秀美乡村，成为婺源乡村旅游新名片。大力推动国土、城建、农业、水利等相关职能部门融入全域旅游发展格局，通过出台一系列纲领性文件，进一步明确职责与定位，营造全县各部门凝心聚力、共谋发展的良好局面。

大力实施“旅游战略，推进旅游与农业、文化、体育、医疗养生等相关产业深度融合，构建了乡村旅游、农业观光、休闲养生、互动体验等差异互补的全域旅游格局。例如，“旅游 + 体育”蓬勃发展，承办了首届婺源国际马拉松赛、第二届金秋红叶古驿道徒步大赛等 30 余项国家级、省级重大赛事，参赛选手超过 5 万人。开发了徒步、骑行、攀岩、漂流等多项户外拓展运动，婺源全域正成为一个天然大运动场。2016 年，全县接待游客 1 750 万人次、门票收入 4.3 亿元、综合收入 105 亿元，同比分别增长 14.5%、19.4%、38.2%。

近年来，婺源以更大的决心传承徽文化。把徽文化作为提升婺源全域旅游内涵和品质的重要支撑，充分发挥徽文化在江西乃至全国独树一帜的优势，进一步加大古建筑、古村落保护力度和非遗传承力度，书写粉墙黛瓦与徽风古韵交相辉映的美丽画卷。婺源进一步探索实践古村落、古建筑保护机制，积极争取市人大对古村落、古建筑保护进行立法；坚持“将徽派进行到底”，迅速启动新一轮“徽改”工程，对新建建筑坚持徽派风格，全力维护最美乡村“徽派建筑大观园”的整体风貌。2013 年，婺源县成立婺源文化研究会，负责对全县文化进行整理，下设朱子文化、茶文化、民俗文化等九个分会，启动了“婺源传统古村落”的文化调查与素材整理工作。成立徽剧传习所，编排节目，徽剧、傩舞、抬阁等一系列民间艺术纷纷亮相，为农民与游客呈上一份份精神食粮。同时，创新古村落古建筑保护方式，涌现出“九思堂、明训堂、西冲院”等古建保护成功案例，对4 000多幢古民居古建筑进行有力保护。著名学者冯骥才对婺源文化保护工作给予充分肯定：“有文化的婺源人深爱着自己的文化，婺源率先在全国扛起乡村文化大旗。”2015年，全县有12个全国民俗文化村，13个省级历史文化名村，其中理坑、汪口、延村、虹关、思溪5个村还被评为“国家历史文化名村”。徽派建筑是婺源的传统与特色，更是婺源“中国最美乡村”荣誉称号的重要元素。婺源县通过改色调、改符号、改风格，做到保徽、建徽、改徽相结合，切实将婺源打造为徽派建筑的大观园。2013年以来，该县财政拿出4 000万元，专门用于徽改工作，农户每改一幢房屋奖补6 000元，全县完成“非改徽”3 000余幢。除了外在的建筑，其他文化的发扬光大，也丰富了旅游内涵，增强了旅游的生命力。扎实推进国家级徽州文化生态保护实验区建设，加强对非物质文化遗产的挖掘、保护和传承，大力推动“三雕”、徽剧、傩舞等国家级非物质文化遗产和抬阁、豆腐架等传统民俗走进景区景点，促进文化与旅游深度融合发展。婺源还发展了以“三雕”、歙砚、甲路纸伞等旅游商品为主的传统文化企业和商铺5 000多家，年销售收入达6亿元。《梦里老家》大型山水实景演出于2016年3月4日复演至11月20日收官休演，共演出319场，接待游客36.8万人次，平均每场1 153人，营业收入3 520万元。此外，婺源加强与名导、名企合作，打造“天然影视城”；加强与作家、名家合作，打造“艺术创作城”，五龙源、篁岭、瑶湾、塘村等文学创作基地风生水起；篁岭“晒秋”民俗申报非物质文化遗产。全国有300多所美术院校和画室在婺源建立写生基地，每年10万写生大军拉动了“写生经济”。“谷雨尝新茶、端午吃粽子、中秋迎草龙、元宵闹花灯……”婺源那延续千年又传承不息的民俗，烙印着世代村民的生命足迹，也是祖祖辈辈精神皈依的一片家园，给予每一个游子以深情的呼唤，让所有人的乡愁找到了寄托。

盛名之下的“中国最美乡村”，新业态迭出，让游客从“走马观花”到“下马住店”，婺源旅游正从观光游向度假游转型，正在全面进入观光、体验、度假为一体的乡村旅游目的地。篁岭作为占地面积达到5平方千米的大景区，历时五年的开发建设，目前已经发展成为婺源旅游的新模板，以休闲体验的定位实现了对江湾、李坑、晓起等传统古村落观光的弯道超车。篁岭有集古村落、古树群、梯田花海、民俗晒秋为一体的最美景致，有“中国最美丽乡村”婺源的知名品牌，但如果就资源和区位来看，篁岭与其他婺源古村落并没有太大区别，而且开发时期较晚，已然落后于其他的古村落。然而篁岭却高瞻远瞩，抛却“吃农家饭、住农家店、享农家乐”的传统休闲观光方式，将眼光投向对艺术有执着追求、对生活有高品质要求、对生命有高度诉求的艺术家、高端商务人士等高端旅游消费市场，主打以“晒秋”为主题的高端度假乡居品牌。篁岭古村因“晒秋”而名扬全国，2014 年在“美丽中国行·共圆中国梦——寻找最美的中国符号”活动中，篁岭以其独特的“晒秋”景观符号成功入选最美的中国符号。另外，篁岭梯田被网友评为“全球十大最美梯田”，2014 年被评为国家 AAAA 级旅游景区。目前，景区朝着打造世界级最美古村样板范例而努力，力争将篁岭打造成为世界游客休闲、度假、体验、分享品质旅游和文化交流的理想目的地。

不断创新旅游发展体制机制，不断优化旅游发展环境。放手民营，放开发展；组建集团，规范发展；整体提升，全面发展。

八、地域文化视角下建设规划不足之处

（1）纯自然生态、纯景观的景区和景点不足。过多纠缠于有居民居住的村落开发。

（2）投资不足。作为一个国家级的乡村旅游度假区，要有档次、有规模，需要吸引海内外多种渠道的投资来共同打造。在规划执行中，尚无已进入实施操作的大型财团的进入。

（3）公共交通不足。自助游是当今旅游发展的趋势。虽说自驾游是自助游的一个重要组成部分，但无车散客来到婺源，要去散落在全县的各旅游景点旅游，在交通上还是很不方便的。

（4）休闲旅游不足。来婺源旅游的仍以观光者为主，逗留时间偏短，休闲旅游者以少量的艺术、摄影、采风类的专业人士为主，大众百姓类的休闲旅游尚未形成气候，这与婺源的乡村休闲度假旅游的目标尚有差距。

第三节　南京主城周边美丽乡村建设

党的十八大后，南京率先提出打造“美丽中国示范城市”和“美丽乡村示范区”并且明确了用 5 年时间全面建成 1 600 平方千米的美丽乡村示范区，打造 200 个以上美丽乡村示范村的目标。截至 2016 年年初，全市基本建成 100 个美丽乡村示范村和 1 000 多平方千米示范区，高淳国际慢城、江宁金花村、六合茉莉花园、浦口珍珠村、溧水新十景等一批特色品牌逐步打响，江宁石塘和周村、溧水傅家边、高淳武家嘴等 4 个“江苏最美乡村”提档升级，江宁区黄龙岘村、六合区大泉村被评为“中国最美休闲乡村”，高淳区慢城油菜花景观和江宁区大塘金村薰衣草景观被评为“中国美丽田园”。美丽乡村已成为南京亮丽的城市风景线、精美的城市名片和彰显城市竞争力的重要品牌。

但是，在对南京美丽乡村建设规划现状的调研中，也发现了不少问题，如对于乡村生态环境资源的保护和利用还不够，对乡村特色文化价值发掘欠佳，乡村景观同质化现象普遍存在、乡村产业发展模式有待改善等。在本节中，将首先对南京主城周边美丽乡村建设规划情况进行阐述，全面理清其现状，做到对其有整体性的把握。其次，选取若干南京主城周边代表性的美丽乡村建设规划案例进行详细研究评述，以点带面地反映出南京美丽乡村建设中存在的亮点和突出问题，以期总结经验教训，提出改进提升策略。

南京的美丽乡村建设根据本地实际情况，基于对美丽乡村概念的理解，于近年来探索形成了若干不同风格的实践模式。因为独特的地域条件和文化积淀，南京的美丽乡村实践并不适于简单笼统地套用某个单一模式来表征，而是综合多种模式特点所形成的美丽乡村建设风格，故而在此以一定的地域范围来区分表示，对南京主城周边美丽乡村建设现状进行阐述。

一、江宁地区

江宁区位于南京市近郊，区域经济社会发展背景在进入21世纪的第二个十年尤其是党的十八大以来发生了深刻的变化，分阶段、分重点地有序推进了三轮美丽乡村建设规划。

第一轮：2011—2012年，以“五朵金花”村庄为试点，开展政府主导、重金投入、物质环境与增长统筹的第一代美丽乡村建设，将乡村物质环境建设与产业发展、村民增收统一起来，其典型代表为“世凹桃源”“石塘人家”“汤山七坊”。

第二轮：2012年年底至2013年，强调区域统筹和差异发展，全面开展融入多主体、激活内生性、统筹次区域、更重有机微易改造，政府重点转向战略、机制、公共服务和触媒功能的第二代美丽乡村建设，实现全区美丽乡村建设的提档升级，其典型代表为“大塘金”“黄龙岘”“汤家家”。

第三轮：2014年至今，关注文化和特色，突出行动导向，开展以城乡统筹与美丽乡村建设长效规划与治理机制构建为目标的第三代美丽乡村建设，其典型代表是“公塘头”“花塘”“下窑湾”。

江宁区通过点面结合与重点推进的方式进行美丽乡村建设。点是以单个村（社区）进行美丽乡村示范和达标村创建。其面上以交建平台和街道（该区撤并乡镇全部改为街道）为主，使用市场化的手段建成约430平方千米的美丽乡村示范区。针对部分单体投资比较大和重大的基础设施建设项目，江宁区积极采用国企主导同街道配合的建设途径；针对一些适合引入社会资本参与的建设项目，鼓励各乡村街道有序引入社会资本；另外针对一些适宜农民自建的项目则引导和扶持农民投身建设。江宁区美丽乡村建设模式的特点主要就是鼓励国企参与美丽乡村建设，通过市场化机制开发乡村生态资源，引入社会资本建设乡村生态休闲旅游软硬件设施，从而形成了观光休闲型为主的美丽乡村建设模式。

（一）文化与体验——江宁石塘人家

1. 建设规划

通过乡村空间整治和优化改造吸引游客，进行农家乐式的开发，是江宁“美丽乡村”建设伊始对建设路径的认识。由于乡村面广量大，政府初期建设能力有限并且政府对于美丽乡村建设模式的不太确定，促使“美丽乡村”初期只能通过选择试点、打造示范的方式。江宁区政府在对村庄各种条件进行了综合分析评估的基础上，首批在全区所有街道中选取了前期开发较好、区位优势明显、自然条件良好、历史文化底蕴丰厚或者有项目基础的五个村庄进行了试点，借鉴成都三圣乡的模式打造了江宁美丽乡村的“五朵金花”。

石塘人家（见图 8-4）位于南京市江宁区横溪街道石塘社区北面，是后石塘村项目改造后的新村名，有“中国最美乡村”之称，获得“中国十大美丽乡村”“中国乡村旅游模范村”“中国魅力新农村十佳乡村”“中国最美村镇典范奖”“全国美丽宜居示范村”“江苏省最美乡村”“江苏省四星级乡村旅游区”等荣誉。石塘人家是南京市江宁区打造的首批“金花村”之一，这个千年古村落青山环抱，翠竹林海连绵起伏，村内建筑群清一色青砖小瓦马头墙，一直享有“江苏小九寨”美誉。

图 8-4　江宁石塘人家

石塘村源于宋代，至今已有 1 000 余年历史。村落面积 5.93 平方千米，四面环山，丘壑连绵，风景瑰丽。村庄充分保留了云台山居生活原貌，是南宋江南村落文化的活化石。

在村庄改造上，前石塘村以“青砖小瓦马头墙、回廊挂落花格窗”式皖南徽派建筑风格改造，北面石塘人家以“灵龙卧脊、木格门窗、朱漆黑瓦”式江南民

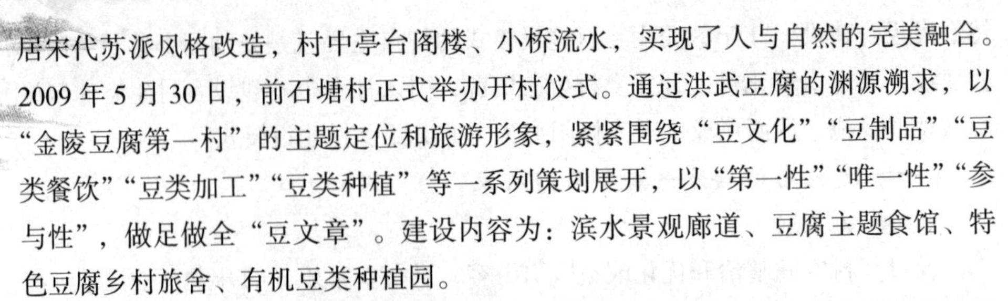

居宋代苏派风格改造，村中亭台阁楼、小桥流水，实现了人与自然的完美融合。2009 年 5 月 30 日，前石塘村正式举办开村仪式。通过洪武豆腐的渊源溯求，以“金陵豆腐第一村”的主题定位和旅游形象，紧紧围绕“豆文化”“豆制品”“豆类餐饮”“豆类加工”“豆类种植”等一系列策划展开，以“第一性”“唯一性”“参与性”，做足做全“豆文章”。建设内容为：滨水景观廊道、豆腐主题食馆、特色豆腐乡村旅舍、有机豆类种植园。

后石塘村早期依托前石塘村已打响的“石塘竹海”和自身“小九寨”的自然风光，在发展模式上首先考虑依托政府和旅游公司的管理机制，结合本村传统徽商文化，进行了旅游农家乐的经营。“石塘人家”是后石塘村项目改造后的新村名，位于横溪街道甘泉湖社区南部，北距南京市中心 35 千米，西距马鞍山市区 25 千米，村内有旅游大道贯穿南北，村外有汤铜公路连接城区，交通十分便捷。村庄占地面积 12.67 公顷，住户 167 户，居民 496 人。在规划上，石塘村积极与区农委、区旅游局进行沟通，坚持以横溪新市镇总体规划为先导，本着“轻拆迁、重整治”的原则，因地制宜，深入挖掘历史遗存和文化底蕴，充分利用优越的自然环境和条件，同时广泛征求村民意愿，最终确定了江南民居风格的改造样式。

规划旨在还原云台山山居生活原貌，再现徽派江南村落文化。融入区域生态网络概念，建筑、景观等设计延续地方特色。高效利用基地环境，用最少的工程量建设成南京近郊“特色鲜明、服务完善、生活富裕、生态宜居”的示范性美丽乡村。

在景观环境的打造上，以村庄自身特色为出发点，将休闲旅游与原有乡村生活相融合，将农民的生产资料同生活资料相互转化，在村庄居住环境得到改善的同时，提高村民收入，提升生活品质，将过去相对闭塞的农业种植村转变为如今有着山居休闲风格的旅游综合服务村，将后石塘村打造成为江宁乡村旅游“五朵金花”里的“醉美乡村”。

在改造上，为保质量、出精品，进一步明确责任，景区专门成立石塘人家农业旅游示范村创建工作领导小组。当五个“金花村”的规划编制完成以后，南京市规划局江宁分局协同各村所属街道推进村庄整治建设工作，并且将之列入相关部门年度首要工作。一方面这是由于江宁区层面的统筹思想需要尽快在空间上予以落实，另一方面也是因为区政府希望通过优势村庄项目的短期见效为后续村庄建设提供有力支撑。故而，江宁区第一代“美丽乡村”建设从刚开始就面临紧张的时间压力，要求在尽可能短的时间内通过强势项目的推进，改建出一个既能让村民们满意又能吸引游客的“美丽”村庄。从 2011 年 12 月原则通过五个金花村规划到 2012 年 4 月“五朵金花”村正式开业，用于建设实施的时间仅仅只有 5 个月。

在后塘石村实际的建设过程中，前期的规划得到了切实的执行，重点落在村庄建筑空间的整治优化，通过统一色彩、统一风格的民宅改造等进行乡村空间的重塑。其中绝大部分改造采取了局部改造的方式，通过外立面粉刷结合局部装饰的标准化手段“批量”进行改造。

2. 建设成果

在项目负责人的精心组织下，在社区和村民的协调配合之下，该项目全面完成，其中约300栋房屋屋面墙面进行了翻新处理，建设了总长约3.6千米的道路，木栈道、水系、游客服务中心、公共厕所等公共配套设施已全部落成，被授予“省四星级乡村旅游示范点称号”。石塘人家提供的相对高品质、多样性的乡村旅游功能和全方位的服务，有别于南京地区早期的乡村农家乐，不仅很快脱颖而出，成为南京市民周末近郊一日游和小长假首选的旅游目的地之一，而且提升了区域影响力。

2011年，中国城市规划年会等各种会议在此处举办，成为南京与周边城市市民回归自然必往之处。2014年，江苏省首家乡村学生阳光体育营地在这里落户。2015年6月中旬，这里成为国家海模队训练基地。2015年8月，中国长三角定向越野巡回赛在这里举办。2015年9月，承办中国青少年斯诺克系列赛之南京公开赛。

石塘人家在规划建设中展现农家风貌，力求让游客能够处处感受到轻松舒适。自然相合的生活氛围，最大限度还原与再现当年萃一公的山居桃源生活。

（1）王氏宗祠。王氏祠堂位于石塘人家村南，是存放家族亡故先辈牌位、举行家族内各种仪式或处理家族事务的地方，保存完整。该祠堂是华夏宗族、宗祠文化的保留与再现。王氏是石塘人家大姓，源于宋代。王氏三槐堂的第53世萃一公，字会源。南宋嘉泰年间为建康教授，卸任后喜玩山水，乐游金陵南乡云台山之美景后，改迁太原以石塘为家，创建王氏宗谱，始建王氏宗祠。王氏宗祠始建于1205年，堂形为三间二厢。在太平天国时期，该祠堂几乎毁于一旦，后由本村王允生的祖父辈们在原祠堂的基础上进行大规模修建。后经多年，其房屋损毁严重。2000年在王氏尊长们的召集下，王氏后人捐款筹资再次重修祠堂，王氏宗祠在每年的清明和农历十月初十祭祖。

（2）王氏古井。位于村南，在一座古亭中。井上古亭实为村庄为保护古井而建。古井的位置，曾是王氏大院大门前，井口石圈为当地麻石所凿，井深约10米。提桶索印、年轮深刻，距今约800年。该井水来自山泉水，充沛甜润，用之沏茶，无比香醇。长江水未通之前，村民都吃着古井的水，也用于洗衣、灌溉等，从未干枯过。

根据石塘古老的历史传说，在乡村改造中力图塑造亲切宜人的乡村街道尺度，在街道两侧布置各种具有石塘特色的小吃店、茶舍、竹制品工艺店等，重现昔日热闹的集市街景，增添历史文化氛围。在村庄广场局部区域设置适量健身器械、娱乐装置和自动售卖机。

石塘村中的石塘相传是很久以前祖辈看到有白光落在王氏宗祠前，一块巨大的黑色圆麻石降下形成了一个小塘。人们看到黑石半露在水面上。自此长年有水从塘埂上溢出。此塘也被称为“星塘满”，寓意“幸福满堂”。

石塘人家有条名为九里的商业街，从上至下，泉水从街心叮咚流过。这里流传着一个关于九里十三缸的传说。围绕传说，横溪街道在村庄改造中，新建了水街。街道除按照古建筑风格恢复一条商业街外，还把六朝时期流传至今的“金陵小吃”汇聚其中，有鲜汁锅贴、多味麻辣烫、飘香烧烤等，手工精细、风味独特。街上店铺，横溪本土“农副产品店”比比皆是，有名扬四方的横溪西瓜，有草莓、葡萄、吊瓜子、野山茶、山芋粉丝、小年糕等，不一而足。街上还有“传统童玩店”，汇集了70、80、90后儿童玩具，包括巧环、鲁班锁、经典魔方等，让人回忆起童年。玩具店对面的“竹门巧匠”竹器店，一件件巧夺天工的竹器，它们身上的纹理，竹的苍劲、竹的直拔和竹的节气，都在昭示它的神奇与魅力。此外，乡村酒吧把城市元素浓缩其间，让你进屋是城市，出山是山野，有内外一重天的感慨。拾级而上，飞跃彩虹旅行社、云端书屋、奇思妙想桌游吧、乡村国际旅行社、石塘人家“村史馆”等，为来者打开的是一个不一样的世界。

前石塘村位于石塘人家之南，是石塘竹海景区农民农家乐个体经营为主的村子。2009 年 5 月 24 日，前石塘村正式举办开村仪式。前石塘村最显著特征是错落有致的青砖小瓦马头墙样式的徽派建筑。徽派建筑是中国古建筑群最重要的流派之一，是中国建筑文化中一朵奇葩，它以“粉墙黛瓦、马头墙、石库门、天井院”等外部特征而区别于其他民居建筑，主要流行在古激州地区（今安漱省黄山市、宣城市绩溪县、江西省婺源县）以及泛徽州地区（浙江淳安、江西浮梁）。在空间结构和利用上，造型丰富，讲究韵律美，以马头墙小青瓦最有特色；在建筑雕刻艺术的综合运用上，融石雕、木雕、砖雕为一体，显得富丽堂皇。改革开放后，在横溪街道党工委、办事处引导扶持下，农民发展起农家乐经营。在这里，游客可吃到农家自己种的无污染蔬菜、最天然的竹笋、小野笋、农家土鸡、土鸭、土鹅、五彩豆腐等最有特色的农家菜；可住上舒心的农家小屋，体验晚间竹海的别样情景；购到正宗的本地特产，如笋干、茶叶、土鸡蛋等；还可参与采茶、摘菜等农事活动。

整体把控，以历史文化环境为核心，力争打造青山绿水、粉墙黛瓦、层次丰富的景观环境。统筹考虑环境卫生，充分利用贯穿村庄内部的多条水系，将植被、建筑、水系、人四大元素融为一体，进一步挖掘石塘优越的环境特色资源。建筑小品风格采用新中式，提高民居建筑的识别度，设置一些具有石塘地域文化特征的景观装点游园。

石塘人家的入口处有座横跨梅溪的"木栈道"，全长 240 米。木栈道据说是再现了宋朝时期木梁桥的文化。宋、辽、金时期，当地村落兴盛，木构建筑蓬勃发展，这座木栈道就是仿照南宋风格在景区建设中新建。梅溪河上的木栈道，是很好的观景台，更是体验乡村乐趣的欢乐台。

"狮背伞"被誉为神树神石，它位于王氏宗祠的前右侧，一块自然形成的巨型狮子石，驮着一棵高大的树，有上天所赐之说。相传，在石狮无土的正背上生长一株血色榉树，根植石头，快速长高，如一把伞，人称"狮背伞"。榉树直径逾 70 厘米，根抱狮背，树冠直径 8 米有余，历经 200 多年风吹雨打，仍茂密非凡。

村庄地域文化特征辨识度低，景观同质化倾向未能显著避免，特色元素的运用以及表达的方式甚至建筑景观等的设计手法存在相互简单仿效趋同的问题。如石塘人家街景所设置的"标准化"休闲条凳，几乎毫无特色可言，从地域文化审美角度而言可说是毫无美感，就连作为工业设计品本身所可能具有的一些美感，也被随处可见的雷同设计所消磨殆尽。游客在此处看到的长凳和在其他旅游景点所看到的长凳何止"所见略同"。另外，统一粉刷一新、局部装饰的"徽派建筑"，同江西婺源保存完好墙面斑驳可见岁月更替的痕迹相比起来，就如"假文物"一般，人工痕迹太明显。

具有地域文化特色的景观设计有欠考虑，显得不古不今或是又古又今，衔接生硬，效果显得似是而非。例如，石塘人家所引以为傲甚至用作门面的"南宋风格"木栈桥，虽说使用更加先进的材料用作桥墩以增加耐用度和承载力无可厚非，但是如此不加修饰地将横截面为方形的水泥桥墩硬生生地和木质桥身"嫁接"在一起的方式，总给人以天然的违和感。水泥柱支撑在柔婉的水面和不失天然的木质桥身之间，难以避免地带给观者突兀之感。或许对于希望表达传统风貌的建筑景观来说，外形的和谐是尤为值得重点把握的。

作为第一批试点的"五朵金花"之一，石塘人家虽有意凸显自身的地域文化特色，可是由于五个月的规划施工期对于一个千年古镇的改造升级来说实在太过于仓促，本应仔细斟酌详细考量的规划建设，显得有些仓促匆忙。虽然石塘人家接待游客的数量和旅游收入逐年攀升，区政府当初快速实现盈利转而投资后续建设的"战略"意图基本达成，但是在这匆忙规划建设的过程中，难免忽视了很多应当下一番真功夫细细雕琢打磨的地方，或是名为创造性地修缮实则创造性地破坏了原有的文物与古迹。

（二）特色农业与观光体验——江宁黄龙岘

（1）建设规划。岘，《辞海》中解释为有山有水的秀美小山包。黄龙岘位于南京中华门外西南约 30 千米的江宁境内，毗邻皖南。这里重峦叠嶂，林木繁茂，空气清新，泉水潺潺，四季不同景色。相传古代有常化身为黄龙的晏公，总是在长江兴风作浪、遗祸百姓。于是妈祖作法降服晏公于此地，并派龟、青龙、白龙和白虎看押晏公，黄龙岘也因此而得名。明清以来，黄龙岘的山水景致吸引着众多达官贵人和文人墨客前来探险涉猎、游玩踏青或是作画吟诗。正是因为达官贵族的涉足，黄龙岘小彤山脚下有一大道被称为“官道”，也是古金陵城与皖南诸县进行商贸往来的必经之路。光阴荏苒，时代变迁，昔日官僚客商络绎不绝的古官道已是荒草萋萋，只剩下一条弯弯曲曲斑驳难辨的羊肠小径。黄龙岘包括黄龙岘村、陶家、张家上村。规划范围内总户数 129 户、397 人，村庄居住用地约 10.70 公顷。黄龙岘气候温润、四季分明，无霜期较长，土地肥沃，雨水充沛。

黄龙岘（见图 8–5）属于江宁区第二代“金花村”都市生态旅游示范村，乡村建设规划基于“茶园”这一特色农业，结合自身的山水生态资源和“黄龙饮水”的上古典故，为黄龙岘村度身定做了以“茶”文化为主题的产业发展方向，以生态景观和清香茶山为特色，以观光旅游和休闲体验为主要开发方式，以“品茗黄龙、岘里得闲”为品牌形象，以茶文化展示为内涵，融合品茶休憩、茶道、茶艺、茶俗、茶浴体验、茶叶展销—研发—生产、茶宴调理、特色茶制品购买为一体的乡村特色茶庄。

图 8–5　江宁黄龙岘

（2）建设成果。黄龙岘特色村的定位是以茶文化展示为内涵，着力打造融品茶休憩、茶道、茶艺、茶俗、茶浴体验、茶叶展销—研发—生产、茶宴调理、特色茶制品购买为一体的乡村特色茶庄，力争成为金陵茶文化休闲旅游“第一村”。

也就是说，“茶味”是黄龙岘特色村的灵魂，“休闲”是黄龙岘特色村的形式。而其围绕特色村所打造的六大功能如下。

食：茶庄、茶楼、茶宴；

住：度假茶院、茶香人家；

行：茶文化长街、茶园小道、山间小道、滨水小道；

游：茶文化长廊、茶艺茶俗展示、茶道馆、茶叶采摘项目；

购：茶叶、茶具、茶点、茶膏、茶汤圆、茶叶蛋；

娱：功夫茶、茶园摄影、茶园游会、漫步垂钓。

村庄环境整治、旅游服务设施完善、茶产业品牌提升、农户经营指导帮助等方面都取得了极大的成效。截至 2014 年年底，黄龙岘景区共接待游客 100 多万人次，接待国家、省市区县领导及外国代表团（韩国、非洲）调研、考察、学习等活动近百次，景区实现综合收入 1 500 多万元，先后荣获“南京最美乡村”“江苏省四星级乡村旅游区”“2014 年中国最美丽休闲乡村”等称号。

以乡村区域统筹为突出特点的第二代“金花村”，在改造之前都是典型的农业村庄，经过改造升级之后，不仅给单个村庄带来了变化，也在“美丽乡村示范区”的打造上取得了显著进展，由包括骑行绿道的乡村绿道系统串联的以大塘金村、黄龙岘村为中心的江宁西部山区，业已成为人们非常喜爱的周末休闲观光的好去处。骑行、品茗、垂钓和爬山等活动越来越受人们追捧。这带来了整体区域的联动效应，周边村庄的特色资源也开始被人们自发地挖掘和认知，而当地的村民也开始积极主动地筹划如何改造建设自己的家园。

特色作物和农产品：黄龙岘有茶干、笋干、萝卜干和鱼干等四宝，还有绿色蔬菜与草鸡等农家特色产物，其中最为出名的是黄龙岘的茶园与绿茶。黄龙岘的土壤呈酸性，非常适宜培植茶树。主要种植绿茶为龙毫、龙针，由当地茶农手工采制，享有“江南第一针”之美誉。黄龙岘茶经南京农业大学茶叶科学研究所所长黎星辉鉴定，认为：“黄龙岘牌茶精采细摘，原料考究，手工制作。龙毫茶白毫显露、龙钟茶外形光润，汤色绿明、香气高长、滋味鲜醇、叶底细嫩，色香味形俱佳”。黄龙岘与南京农业大学茶叶研究所合作，在黄龙岘设立黄龙岘教学实验基地，严格把控茶叶采摘、收购与制作环节的质量，确保茶叶品质。

设立茶叶经销站，包括一个经销点和四个木质小屋，方便游客购买到正宗黄龙岘绿茶，也给黄龙岘茶走出山区走向外界创造机会。

设立茶叶消费站，主要有黄龙大茶馆、茶社（有开明茶社、岘里露天茶社、绪明茶社、溪筠茶社等茶社）、茶浴坊和各类茶餐厅。黄龙大茶馆就建在黄龙潭边，颇有气势。该茶馆建筑面积逾 750 平方米，可容纳 100 多人同时品茗。

设立观光采茶体验区，环境优美清静，景色宜人，游客可在茶垄间漫步采茶，享受悠闲时光。

着力打造茶文化风情长街，在风情街沿线主要设立黄龙岘茶叶博物馆、炒茶坊、茶文化创意坊、茶会所等。通过大茶馆、茶灯笼、茶圣陆羽雕塑、茶书法、茶制作和茶视频等当地特色茶文化元素，让人们感受和体味黄龙岘独特茶文化的魅力。

作为江宁第二代美丽乡村建设示范村，黄龙岘建设、开发的时间不长，很多地方还处于摸索阶段，有值得进一步提高完善之处。倘若用“金陵茶文化第一村”的标准衡量，黄龙岘确实还有不小差距。

高端精品路线不足，大众化消费方式雷同。黄龙岘茶文化属于中低端消费，高端精品供给不足，造成游人对当地茶文化和茶叶品牌认可度不够高，人们最多在前来游玩时尝尝鲜，却很少用于日常礼尚往来的正式场合，导致茶产业相关产品价值不突出、利润率不高、茶叶品质得不到良性提升等不利影响，久而久之容易形成“中高端产品供给不足——消费者不买账——品牌认同度低——茶叶产品质量提升难——消费者认同度更低”的恶性循环，造成乡村自身资源的无谓消耗和浪费。

地域文化特色不够鲜明，黄龙岘对于自身茶文化的定位、内涵和延伸把握不够，不能很好地展现当地茶文化的特点，黄龙岘出产的绿茶和其他产茶地的茶叶在南京甚至全国的市场都缺乏一定的区分度，难以在同类旅游产品的竞争中占得优势。目前，大部分前往黄龙岘观光体验的游客，主要还是受到黄龙岘自然人文风光的吸引而来，对于茶文化的兴趣并不强烈，茶文化的体验还只是自然风光旅游方式的附加品而不是主导旅游产品。这样的情况很难长期留住回头客，难以在游客脱离黄龙岘的现实环境之后依然拴住游客的心，难以让游客很清晰地区分黄龙岘和其他类似旅游目的地的不同特色。

文创产业和文化人才紧缺，黄龙岘对于茶文化的发掘还停留在浅层，与茶文化相关的创意产品，如茶主题吉祥物、反映产茶历史的主题漫画以及同“互联网 +”密切关联的在线文化宣传等未见踪迹。这既反映了当地对茶文化认识的不足，也让人看到当地相关领域创新型人才的短缺。

风物长宜放眼量。当前黄龙岘美丽乡村规划建设的立足点还是局限于南京一隅，没有很好地放眼全国，更没有提出类似于建设全国一流茶文化生态观光休闲乡村长远目标的魄力。眼光不够长远，规划建设高度不够，就不能很好地把握当前“互联网 +”创新发展模式下的美丽乡村建设契机，就不能很好地借助信息高速传播和交通出行越发便利的利好条件及时推广自身的特色茶文化，导致在市场起决定性作用的竞争环境下很可能落后于其他相似的特色农业乡村，不利于长期发展，很难提质增效以满足游客的观光体验需求。

二、高淳地区

高淳区（见图 8–6）位于苏南地区最西部、南京市最南部，交通不便利，区位优势不明显，资源优势同样不明显，受大中城市辐射带动效应较小，是典型的“一产独大”的农业大区，以螃蟹生态养殖为特色农业经济的典型。“十一五”期间，由于多年坚守“青山绿水”，高淳将潜在环境优势变为现实生态优势。“十二五”期间，在以慢生活为核心，“绿色崛起、幸福赶超”战略的推动实施下，高淳成功从南京的“后花园”转变为“南大门”，开启了首个以乡村慢生活为主题的依托特色农产品为支柱的休闲旅游度假集聚区的建设，把特色农业与乡村休闲旅游有机结合起来，推动高淳美丽乡村建设走上了一个新台阶，其典型代表乡村包括大山村、马家宕村。早在“十五”期间，在生态立县的核心战略实施下，高淳利用固城湖得天独厚的资源，大力发展生态养蟹业，拥有全国第一个有机螃蟹证书、第一个国家河蟹生态养殖技术标准、第一个国家级中华绒螯蟹标准化养殖示范区、第一个螃蟹类中国驰名商标。2012 年，高淳实现了螃蟹总产量 1 563 万公斤，销售收入 15 亿元。在特色产业的支撑下，高淳农民的收入增长成效明显。2012 年，全区农民人均纯收入达 15 110 元，近 10 年来人均农民纯收入增幅均超过 13%。

图 8–6　高淳地区

三、六合地区

六合区（见图 8–7）古称棠邑，在距今一万多年前就有人类定居，公元前 571 年置邑，是中国最早建城的城邑之一，素有“京畿之屏障、冀鲁之通道、军事之要地、江北之巨镇”的称号，是“天赐国宝、中华一绝”雨花石的故乡，也是中国享誉世界的民歌《茉莉花》的发源地，是中国民歌之乡。六合地区位于南京北部，地区内生态条件良好，乡村特色资源丰富。六合区根据自身条件，系统确立了“泛示范区——示范区——核心区”的美丽乡村建设规划层次。

图 8–8　六合地区

泛示范区：统筹考虑金牛湖和竹镇两个示范区在规划定位、结构布局、生态环境和旅游交通等方面的内容，针对六合北部文化资源丰富及自然山水环境特色，在示范区以外划定了泛示范区。涉及冶山镇、金牛湖街道、竹镇镇及马鞍街道共约 720 平方千米。

示范区：在泛示范区内确定特色较为集中且能体现六合区美丽乡村特色的部分区域，作为示范区，包括竹镇示范区和金牛湖示范区共约 300 平方千米。

核心区：在示范片区内分别划出约 30 平方千米的区域作为核心区，也是即将启动建设的区域。

四、浦口地区

浦口地处南京市西北部，南临长江，北枕滁河，总面积约 913 平方千米。是国家级新区——江北新区的核心区。区内旅游资源丰富，有“一代草圣、十里温泉、百里老山、千年银杏、万只白鹭、十万亩国家级森林公园”的美誉，已形成沿老山、沿长江、沿滁河三大旅游体系，以“珍珠泉—老山—汤泉旅游度假区”为核心，以滨江都市风光带、沿滁乡村旅游休闲带为“两翼”的大旅游格局。

在“十二五”期间，浦口区推进美丽乡村建设，围绕休闲农业、美丽乡村旅游资源打造“八颗珍珠”乡村文化旅游示范点。推进“一村一花”工程，种植花卉 46 万平方米，红色莲乡、楚韵水庄等珍珠村初具形象。品牌化推进葡萄节、莲藕节等农业休闲活动，盘城落桥社区成功创建全国一村一品示范村。汤泉瓦殿村关口章组、陈庄村陈庄组荣获市“十佳美丽乡村”。

五、溧水地区

溧水位于南京市中南部，是有“中国第一历史文化名河”之称的秦淮河的发源地，具有水乡风韵、田园风光、山地风貌的特点，森林覆盖率达 33.56%，空气质量达国家二级标准，东屏湖、中山湖等水质达国家二类标准，素有“天然氧吧”之称。溧水同时也是国家重要影视基地和农业科技基地，华东地区重要交通枢纽和物流中心，长三角地区制造业基地和现代化产业集聚区，同时也是南京四大副城之一。

截至2016年第三季度，溧水区推进美丽乡村“五大片区”项目建设业已完成项目20个，正在实施项目61个，完成投资13.2亿元。其中，以宁杭高速以南、341省道两侧以及白马南部片区共71平方千米的重点区域的建设，共42个项目，目前已完成1个项目，正在实施30个，10个未开工，完成投资3.17亿元。省级示范村均在建设中，10个市级示范村正在前期准备工作。溧水区促进美丽乡村融合发展，启动实施特色村景观化改造提升8个以上。

第四节　南阳市乡村建设与规划

一、南阳市乡村旅游保护形势

传统村落的独特性、鲜活性、不可再生性使之成为全人类的宝贵财富。

中原文化是中华传统文化的代表，也是中华民族凝聚力的源泉和统一的多民族国家形成的文化基础。而南阳市传统村落作为孕育中原文化特质的本初源点，理应展现出其独特的风貌构架。可是，中原文化多元交融、“集众家之长”的文化模式，伴随无数的历史脉络，记录其发展轨迹的文本证明一旦缺失，再加上迟缓的发展速度，导致了当前南阳市传统村落在保护政策的制定、开发规划的实施、相关保障跟进和相关后续研究等方面都滞后于其他发达地区。

南阳市传统村落的文化保护，必须纳入中原文化谱系的本土语境之下，再现其作为传统农业中国最基层也是根本的承载单位，其地域风貌的演变轨迹，文化的传承脉络，展现其蕴藏着丰富的历史文化信息与生态景观资源，让人们真正认识到，中国传统村落作为农耕文明的精髓的体现，是历史、文化、自然遗产的“活化石”和“博物馆”，是中华传统文化的重要载体，是中华民族永远的精神家园。

传统村落保护的最终目的是中华文明的传承。对相关保护工作来说，最可行、最有效的第一步，就是建立、健全和完善与传统村落保护相关的法律法规。

有“无烟产业”和“永远的朝阳产业”之称的旅游业，目前已是全球三大产业之一。中国作为高速发展的发展中国家，从20世纪90年代开始，随着城镇居民收入的逐年增加、可自由支配时间的增多、消费观念的转变和旅游交通设施的完善，旅游发展迅猛。“十二五”末，旅游业已初步建设成为国民经济的战略性支柱产业。“十三五”期间，旅游业将继续保持高速增长。

随着经济科技不断发展，传统旅游业走入发展瓶颈。智慧旅游是以新一代信息技术为支撑，通过旅游信息高度系统化整合和利用，实现智能化旅游服务、管理和营销的新兴旅游方式。其本质是以人为本，其发展路径能够解决传统旅游业发展面临的困境，是旅游业升级转型的必然趋势。

三、南阳市乡村旅游保护策略研究

智慧旅游系统是指以现代信息技术（包括人工智能、物联网技术、云计算技术等）为支撑，通过对旅游信息和资源的感知、整合以及互动利用，建立在终端旅游者对旅游信息服务需求的基础上，提供多层面、多载体、多形式的旅游信息服务的全新旅游发展业态。

相关资料显示，2000 年的时候我国拥有自然村 363 万个，到 2010 年仅 10 年时间，村庄数量减少至 271 万个，到 2014 年仅 4 年时间又减少至 230 万个。10 年内，90 万个村子消失了，可见村落消亡速度之快。据冯骥才介绍，目前全中国与自然相融合的代表性民居、经典建筑、民俗和非物质文化遗产的古村落，在2005年还有5 000个，到2015年还剩下不到3 000个。按以上统计的数据推算，如果我们任由其发展，过不了多久，那些珍贵的历史文化遗产和民族记忆只会留存脑海中，不复存在。

一方水土养育一方人，一方水土造就一方特色。传统村落作为基本的聚居场所，兼有物质与非物质文化遗产的特性，是人类长期以来为了生存与生产发展而不断实践积累的结晶，是特定地域中人地关系、社群关系的空间反映，具有重要的历史文化价值。

在南阳传统村落智慧旅游系统中，传承和保护传统村落文化资源（河洛文化、宛商文化、圣贤文化、玉文化源远流长；汉字文化、姓氏文化、根亲文化等），利用其丰厚的文化积淀，探索出一条互联网 + 旅游 + 文化的品牌。

（一）低度干预

针对中原传统村落现状，采用“低度干预”的策略，建构人居环境，包括营建方式、合作方式两部分。具体而言，指在修缮和维护现有村域空间格局、保持村落宅群肌理有机秩序的前提下，通过合理规划，引入现代公共服务设施与基础设施等现代功能。

根据营建方式的策略组成，分为村域整合、公共建筑营造、农宅更新三个方面的依据、原则和做法。以“低度干预”的方式，对现有的村域整体格局秩序的保育，对村落典型农宅建筑进行肌理的保护，以及将村落公共建筑、基础设施等功能的嵌入。传统村落现有格局的保育包含保护和培育两方面，以保护为主。保护的内容指向生态环境资源，主要指农田、林地、水体的保护；指向文化资源，主要指传统源文化相关的各种习俗、工艺等。

南阳市传统村落分为农耕型、商贸型、防御型三种类型。农耕型村落是南阳市传统村落的一种最基本类型，也是分布最为广泛的一种村落类型，是农民生活生产、聚居和繁衍的场所。商贸型传统村落是因特殊地理位置而兴起的以商业贸易为主要经济方式的村落。防御型传统村落是指相对于普通的村落而言，人为有意设防的，具有鲜明防御特征的村落。就南阳市而言，防御型村落形成原因可以分为三种：① 安全需求；② 防范水患；③ 社会礼制。

（二）原型调适

传统村落是人地关系平衡的综合体现，不但能与自然和谐对话，还高效承载着百姓的各种类型的活动。传统村落在应对不同的社会环境和自然环境的时候，普遍地会从地域的角度出发，村落作为桥梁，以形成完整和谐的人地关系为终极目标。在中原地区，多元的文化、多样的地理环境塑造出了非常典型的传统村落，村落是生在地域中，长在地域中，传承着历史，传承着文化。

典型的传统村落，最能引起大家注意的是各式各样的传统建筑，传统建筑也是最直接呈现出来的村落的物质形态，主要包括民居、庙宇、祠堂、戏楼等。村落选址是村落与周边环境互动的结果，也是传统村落特色的集中体现之一。营建技艺是汇聚百姓智慧，融汇地域并集中在传统村落中体现的重要方面。

农宅是传统村落中的主要空间单元。对农宅更新采用“原型 + 调适”方式。农宅作为传统村落人居环境的组成部分，呈现出单元形制彼此接近而又多样、建筑形式多样混杂、居住功能现代性滞后的现状。这是进行农宅归纳原型的认知基础。传统村落的农宅原型，要以体现乡土性为主要目标，延续单元形制彼此接近而多样的现状；以综合体现乡土性、现代性、经济性为目标，降低当前农宅建筑形式的混杂感，尽可能恢复建筑形式的多样与统一关系；以兼顾乡土性与现代性为目标，在保证传统村落基本生产需求的基础上，提供一定的现代生活舒适性。

根据传统村落农宅普遍的现状形制，一个院子、一栋住宅、一片菜园，应是农宅原型最本质的表达和延续。主屋是农宅原型的核心部分，大致可从功能、结构、造型、材料与色彩等几个方面对建筑形式进行原则性建议，还要考量地区性、经济性和乡土性的诉求。

（三）和谐共生

传统村落是中华民族五千年的历史长河中永远无法绕开的“根”和农耕文明的积淀。

然而，自清末始，乡村因内外部多重因素而无奈遭受持续破坏。传统村落现状从硬件（人居环境）、软件（经济社会）两个方面进行考查，目前发展形势都不容乐观。

乡村人居环境的严峻现实不仅表现在原生农业型自然村落个体的大量快速减少，更重要的是现有自然村落中延续千百年的原生秩序在市场化、现代化、全球化浪潮中正在被逐渐瓦解，曾经的美丽乡村人居环境正在迅速消逝。不仅如此，乡村的公共服务设施、基础设施、家庭生活设施等配置相比城镇总体仍然十分不足，中西部地区尤甚，导致乡村生活品质不高，难以分享到现代化成果。

四、中原智慧旅游系统中传统村落文化保护践行案例

（一）南阳市内乡县吴垭村

作为河南省唯一入选“中国景观村”的传统村落，吴垭石头村（见图 8-8）位于距河南南阳内乡县城约 10 千米的峠曲乡羽毛山上，包括黄家沟、吴坪、王井、上沟、画眉铺、贾沟等自然村，是著名的石头村，距今已有 300 余年历史。吴垭石头村现有农家 50 余户，入村后，石头铺的板路、板桥、台阶、楼门、院墙、厕所、磨房、石畜圈，以及石制的窑、盆、牲口槽、桌、凳、石臼等随处可见。清一色的石墙青瓦，依势而建，错落有致，从基石到屋顶，找不到一块砖。整个村庄像一座青石城堡，掩映在茂林修竹、古藤老树之中，浑然天成，民俗独特。

图 8-8　吴垭村

南阳市传统村落分为农耕型、商贸型、防御型三种类型。像石头村这种分布最为广泛的农耕型村落是农民生活生产、聚居和繁衍最为普遍的场所之一。

农耕型传统村落根据所处的地形地貌特征，分为平原农耕型、山地农耕型、黄土高原农耕型。

按山地农耕型村落所处地理位置的不同可将其分为两类。① 建在山谷台地上，这类村落有较强的隐蔽性。一般选在山谷中较平缓、背山面水处，村落沿道路或水系通常呈带状或散点状，村落规模较小，十数户为一自然村的较多，也有三五户为一自然村的，各村之间由同一条主要道路连接起来。② 建在背山面水的浅山地带，这类村落一般选址在山体向阳的缓坡或小台地上，民居多依山而建，较平缓肥沃的土地作为耕地，在耕地的边缘种植树木以防止水土流失，更好地保护有限的土地，村落呈现阶梯状农耕景观形态。

1. 布局

内乡县位于南阳市域西郊，县城是市域西郊的综合型次中心城市，宁西铁路、G312 国道和沪陕高速三条交通大动脉贯穿全境，临近焦枝铁路、G207 国道和 G311 国道，周边有郑州、西安等五个航空港，G312 国道和 S248、S249、S332 三条省道提供了周边六县市的便捷联系。

据说，吴垭村在鼎盛时期，占地曾达到 5 万余平方米，居住着 50 多户吴氏宗亲，全村有近 200 人。为了躲避战乱，吴氏一门选择了这处交通闭塞的古老村庄繁衍生息。交通不便，与外界的联系不畅，周边的山脉挡住了恶劣的气候；但是交通不便也保证了形态的完整。大体分为以下三部分：第一部分，村前的空置用地；第二部分，民居周边的建筑空地；第三部分，村后的树林及空置用地。村子坐落的地形布局呈前低后高，后倚高山，前面开敞，符合中国人审美及中国传统的“背山面水、左右得护”的理想布局，以及体现出村民希冀获得庇佑的美好祈愿。

2. 石头建筑独特

吴垭村现有石头院落 30 多处，房屋 200 余间，存留有古巷 4 条，石头房 93 座 200 余间，古墓地 2 处，石碑 13 块，百年古树 10 棵，石器石具数以千计，均保存完好。

村内的院落多呈“一”字式，平面布局形态多呈“凹”字式、“日”字式和“目”字式三种，大多为坐北朝南的三合院，进深有两进和三进之分，常根据使用需要划分为堂屋、卧室、厨房、畜圈、贮藏间等不同功能空间。石头民居、梯田、山林、地质等资源种类多样。四山环抱，植被丰富，古树林立。吴垭村内散落着地壳运动留下的形态各异的地质地貌景观石，彰显着历史的沧桑，有一定的科学和观赏价值。经考证，吴垭聚落所在地域曾受喜马拉雅造山运动影响，沧海变陆地。吴垭村的核心价值，不仅仅是石头民居的价值，更具有典型的中原农耕社会缩影的代表性价值，凝聚着一种艰苦奋斗、和谐发展的吴垭精神。

3. 街巷

村落的主要道路骨架横平竖直，虽然吴垭民居独立、隔绝于山间，但从尊卑有序、前低后高的空间布局上还是能够看出传统文化对于村落布局的影响深远。村内主要以步行为主的道路，多以石砌而成，南北道路宽约1.5米，多为整块石材铺装而成，是村落内部的主要交通骨架。东西向的道路宽约0.6米，以碎石及鹅卵石铺装而成，不同的道路宽度及铺装将村落划分成若干功能区域。例如，私塾、农耕、居住、种植等空间类型构成了较为规整的“田”字式建筑组团，在视觉上达成一致。下雨时，排水系统上层平台的积水会落入下层平台建筑后面的沟道内，不会构成大面积的积水。另外，吴垭街巷人工有意栽植的植物很少见到，这或许和该地气温与湿度有很大关系，在很大程度上也影响着村内的居住小气候。

4. 植栽景观

吴垭石头村的植物主要集中于建筑周围和院落内部。按照现有布局，依据层次美、颜色美、布局美的原则，选择四季花卉进行种植，实现一年四季有花看。利用这些资源开展摄影、绘画、写生等。

春季：蒲包花（冬末春初）、矮牵牛（全年）、金盏花（春秋）、雏菊（4–6月）、二月兰（早春）、郁金香、各种兰花（全年）等。

夏季：牵牛花（夏秋）、牵牛花（夏秋）、紫罗兰（春夏）、向日葵、蜀葵（6–9月）、芍药、百合、玫瑰等。

秋季：矮牵牛（全年）、波斯菊（6–10月）、葱兰（7–10月）、天竺葵（全年）、四季秋海棠（全年）、夹竹桃（6–9月）、何氏凤仙（全年）等。

冬季：矮牵牛（全年）、雏菊（11–2月）、何氏凤仙（全年）、四季报春（全年）、非洲菊（全年）、天竺葵（全年）、四季秋海棠（全年）、仙客来（冬春）、君子兰（冬春）、各种兰花（全年）、茶梅、腊梅、长寿花（春秋冬）等。

整体上虽然树木栽植不多，但在位置和树种选择上却充分透露出一些美好的风水寓意。比如，石头村老坟园里的三叉柏就体现了中国传统的墓葬文化——坟头的柏树长青代表着家族的子孙繁衍旺盛。在石头村祖坟村道旁，临近土地庙附近有两棵树龄百年、四季常青的香樟树。

近年来，吴垭由于保存完好的村落形态，成为河南省内唯一获得“中国景观村落”殊荣的村镇。但是社会的快速发展，过多的人工痕迹掩盖了传统村落的景观肌理，需要我们进行更全面、更系统的审视，过多的人工干预并不是一种科学的做法，因为这往往打破了自然系统本身的平衡，应该充分挖掘石头村本身的环境要素，理解可持续性发展，才能使古村落保护走得更远。

（二）南阳市唐河县马振抚乡前庄村

1. 地理位置

马振抚乡地处豫鄂两省结合部，位于唐河县城东南 23 千米处。本乡辖区 161.8 平方千米，223 个自然村，342 个村民小组。

马振抚乡面积较大，幅员广阔。境内地势东南高，西北低，分山区、丘陵和平原三个部分。山区丘陵地带属桐柏山余脉，最高处海拔 660 米，总面积 80 平方公里，占全乡总面积的 51%，是旅游开发的理想地方。

前庄村（见图 8-9）位于石柱山深处、九龙湖畔，有着绝好的美景。

地处石柱山风景区，旅游资源是前庄村最大的优势，2014 年，前庄村又被命名为国家级传统村落。开发生态土特产，发展农家乐、生态示范采摘园等，推动旅游产业发展。目前，已投入资金 200 余万元进行基础设施建设及村容村貌提升，发展农家乐 10 余家，开发山药材、蜂蜜等土特产 10 余种。利用前庄村丰富的石材资源，新建了石材开发项目，项目建成后，前庄村将成为全乡乃至全县重要的石材产业基地。“现在的前庄村已经由当初的穷山村变成了远近闻名的富裕村，年收入百万元的富户就有 20 多家。”村民自豪地说。

图 8-9　南阳市唐河县马振抚乡前庄村

2. 村落景观环境

我国对于人居环境的研究和建设由来已久，传统村落选址讲求依山傍水的地理位置，并通过上千年的生活实践和不断研究，形成了自己的发展体系，以及受到社会习俗等文化的影响。在传统村落“枕山、环水、面屏”的理想环境中，最大限度地因借了自然山水营造天然怡人的生活空间，试图用人的认识及需要去解释人对于居住空间及周边环境的审美过程。这种生态观念更是让村落和村落景观建设更多地依附并顺从于自然环境，把人对于环境的审美评判看作是文化、历史背景、情感的外在表现。

3. 村落景观文化传承的必要性

传统村落景观作为社会文化领域中重要的组成部分，有着不可替代的地位。村民还保留着传统的农耕民俗，从农业器具到生活用品，从衣着打扮到餐桌饮食，从生活习惯到民俗传统，都是中国传统农耕文明的典型代表。它承载和体现着几千年来农业社会文化的发展历史和精髓，展示着各具特色的乡土生活和乡土文化。

南阳地区的传统村落景观保留了豫西南地区传统农耕生产方式和农业耕作制度（以旱作农业为主的耕作制度），大量生产生活石器具的运用还保留有先民的生活风貌。前庄村村民以独特的黄棕壤土为主，依山就势，就地取材，用勤劳的双手创造了美丽的石头梯田，层叠有秩，景象优美，形成了一种自然美，具有艺术、历史、文化、经济等重要价值，对于豫南地区当代的景观设计有着十分重要的参考意义，也是当代豫南景观文化中重要的历史根源所在。另外，村内随处散落着地壳运动留下的形态各异的地质地貌景观石，彰显着历史的沧桑，有一定的科学和观赏价值。这些随着村落发展自然形成的村路景观是历史留给后人的财富，我们不应该也无权去破坏。

景观质量直接影响到村民的生活品质，我们要做的是“遗产活化”，在保护遗产原真性的基础上，通过技术手段和艺术手段，整合整体生态、历史文化资源，传承文化与创新发展模式，使古村落再现生机，从而保护自然环境、合理利用原有的自然资源，最大限度体现村落的生态效应。

（三）南阳市黄台岗岳庄“画家村”

1.“画家村”地理位置

南阳市宛城区黄台岗镇岳庄（见图 8-10），是远近闻名的“画家村”。冬日暖阳下，一幅画卷徐徐展开：各位画家或席地而坐，或伫立河边，利用手中的不同绘画工具挥墨泼彩。周围农闲的村民、外地的游客、成群的孩子在饶有兴趣地围观。

黄台岗镇项寨村岳庄，是一个始建于清中期的古村落，村内小桥流水、青砖灰瓦，阡陌纵横，尽显田园风光。2015 年，南阳知名画家郑明在一处有着百年历史的青砖灰瓦的老房子建起了第一个以自己名字命名的工作室。此后，南阳各界百余名书画家前来创办自己的工作室。“画家村”之名由此而得并日益响亮。

岳庄村现有住户 94 户，居民 320 人，一条小河“龙湾”穿村而过。因交通不便，村里人多到村外另起新房，把三四十处原建于20世纪的青砖瓦房小院等弃置，并逐渐荒芜，所以尘封了20世纪的历史原貌。2015年，南阳书画界人士闻讯而来，先后租下荒废的农家小院，用作画室及工作室。从此，岳庄开启了一个书画交融的新世界。

图 8-10　南阳市黄台岗岳庄“画家村”

2.“画家村”现状概况

近年来，国家出台了一系列相关的古村落保护法规，对于传统村落的重视程度也日益提高。2003年，国家建设部和文物局联合组织重点对这些村落的历史传统风貌及地方民族特色进行保护，并评选“中国历史文化名村名镇”项目，寻找隐藏在全国各地具有重大历史文化价值并且各方面保存较为完好的村落，。

宛城区委宣传部多次组织专家学者进入“画家村”结合实际进行调研，为“画家村”的定位、发展出谋划策。决定村内采用博物馆设计布展方式，注重人文环境的丰富性、延续性与多元性，恢复“画家村”院落农耕生活氛围和农耕文化内涵。以原有村落为基础，在院落的屋内屋外摆放一些老家具，在院内院外摆放一些生活用具及一些农耕器具，以及画具、画架，村内墙壁涂鸦，成为名副其实的“画家村”。以及打造游客可以参与体验式的农耕博物馆，并和学校联合，设计一些特色鲜明的标识和解说系统，打造成为有故事、可以寄托乡愁的村庄。希望既要改善村民人居环境，留住乡土味道，保留乡村风貌，看得见青山绿水，记得住乡愁，更要彰显文化之韵，铸就精神之魂，打造美丽乡村。

岳庄村落的格局和古代建筑有规划，建筑质量好，村落发育程度相当高，建筑类型多，而且基本上完整地保留了下来。但由于交通不便，从20世纪开始逐渐破败，这些房屋历史的沧桑在不同时期构建的房舍中和聚落的规划中能够明确地显示出来。

古民居多建于清末，建筑风格与传统的建筑有很大区别，现在有些外面白粉

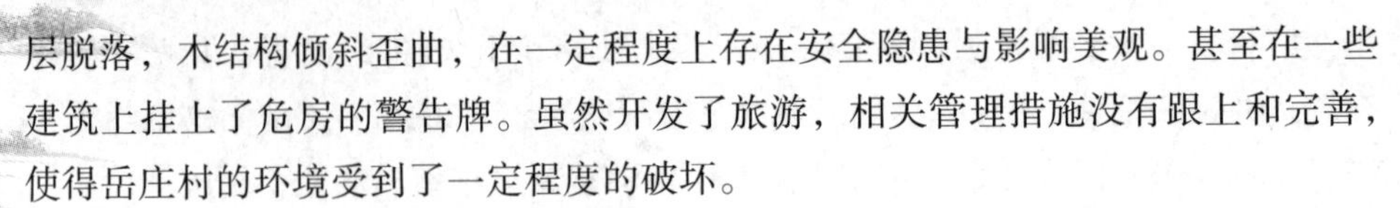

层脱落，木结构倾斜歪曲，在一定程度上存在安全隐患与影响美观。甚至在一些建筑上挂上了危房的警告牌。虽然开发了旅游，相关管理措施没有跟上和完善，使得岳庄村的环境受到了一定程度的破坏。

3. 传统村落文化景观保护中存在的问题

景观作为一种文化载体，景观的人文精神应从精神文化的角度去把握其内涵特征，它具有地域性特征和时空标志。要从自然环境、社会风尚、文化心理、民俗传统、地域性特色等方面去寻找其代表性元素。因为村落景观形成的自发性决定了它带有着浓厚的地域性特征，其中无论是景观、建筑、艺术、文学等要寻求传统与现代的契合点，才能使优美的景观与浓郁的地域文化有机统一、和谐共生。

同时，还要注意村落人文环境构成的丰富性、延续性与多元性，使村落文化景观具有高层次的文化品位与特色。地域性的文化标志，能够折射人类和自然之间和谐共存的内在联系，也是农业文明的结晶和见证，体现了村落社会及族群所拥有的多样的生存智慧。但是，从目前岳庄的现实状况当中发现，在当前传统村落文化景观保护的进程中，还存在着方方面面的许多问题未得到完善解决。

随着新农村建设的进行，为了追求整齐的农村新面貌，进行了一些过度处理，如许多古建筑外墙甚至内部被重新粉刷，使其失去了原本的面貌，变成了千篇一律的风格。另外，对于一些明清时期遗留的木结构古建筑而言，火灾等不可预知的因素成为其最大的威胁。这些因素致使许多古村落的保护工作难以进行。村落文化景观中的非物质因素由于没有物质的载体随着时间的流逝许多已经消失，尤其是其核心价值，不仅仅是民居的价值，更具有典型的中原农耕社会缩影的代表性价值，凝聚着一种艰苦奋斗、和谐发展的精神，而这些非物质文化景观一旦消失就不可复制。

4. 传统村落文化景观保护的策略与建议

传统村落文化景观是人与环境和谐共存的有力例证，也是历史长河中遗留给我们的一颗颗文化遗产明珠，但是与其他类型的文化遗产不同，只有以完善的法制来带动人们的保护意识，采取正确的保护方法，才能发挥出其最大潜能，才能得到真正的保护和传承并科学合理地保护传统村落文化景观。

村落文化景观是人类创造的有形的物质作品，我们在保护时，可通过图片的拍摄与草图的勾画对其基地以及周边进行详细的现场资料与搜集。同时，包括人们的行为意识形态等非物质的内容。在完成调研的基础上，还需要对所搜集的资料进行分析，客观评价搜集条件的优势劣势，这些都是村落文化景观保护与利用的基本原则。在传统村落景观保护工作中，扬长避短，结合功能与空间的相互关系，利用搜集来的数据进行比较与权衡，以便做出更加合理的设计。

5. 景观要素建设

（1）核心规划理念。村落景观形成的自发性决定了它带有着浓厚的地域性特征，通过这些地域景观设计来表达和传播其地域性文化。

核心规划理念是“遗产活化”，在保护遗产原真性的基础上，通过技术手段和艺术手段，整合整体生态、历史文化资源，传承文化，创新发展模式，使村落再现生机。

例如，尽量不改变院落内井台、天井、屋面、砖雕、木雕、古树等景观元素其原有位置，设计规划时严谨私自拆除改建具有历史遗留信息价值的院落。保持“画家村”村落内部街巷原有形态和铺地材料，保持村民原有生活方式不变，维护原有古树名木、水塘、农田、家禽室、广场等景观空间的使用方式，利用多元化的设计理念使村落布局更加合理。

（2）文化广场建设。现代的城市广场是为了满足多种生活需求而建设的，以建筑物、道路围合形成的公共活动空间。而“画家村”在平面布局上没有十分明确的广场空间，只有村口有一部分集散场地，村内房前屋后有一部分空地。村民们在日常生活中选择村落内较为开阔的空地进行一些聚集活动，例如村前水塘边、较大的古树名木下、村口开阔的平地上。但由于现在节假日来“画家村”观光采风者较多，造成了交通不便、停车不便及交通拥堵，所以建设文化广场迫在眉睫。

（3）对传统村落景观意象的继承。“画家村”中的民居院落大多为村民私人所有，在保护中尤其要注意统一的规划，避免个别乱拆乱建的行为破坏了村落的整体风貌。对于保存较为完好的院落，尽量地保存其现有面貌，重点保护村落内典型的标志物或重要的景观节点的完整性。例如，将南阳传统村落中南方民居建筑中楚风汉韵的砖雕、木雕运用于“画家村”的典型建筑物中，将生态性融入景观与村落整体的生态环境中，以点、线、面带动景观设计领域，保护环境生态平衡、生态优化，体现设计中“因地制宜”的设计理念。

（4）经济目标。根据现有资源分布情况和项目功能定位，争取到2020年，“画家村”年均游客接待量达到20万人次，带动就业600人，带动原有村民全面脱贫，全村年人均旅游收入达到6 000元以上。争取到2025年，年均游客接待量达到50万人次，带动就业1 000人，全村年人均旅游收入达到10 000元以上，达到全面富裕。

鼓励村民积极返乡，以技术、能力、房子、产权等方式参与到乡村旅游的开发、经营中来，与村子共荣共生。农户可通过经营农家乐、特色餐饮、旅游商品、特色养殖等项目，获取经营收入；参与各类企业入驻的项目和旅游接待服

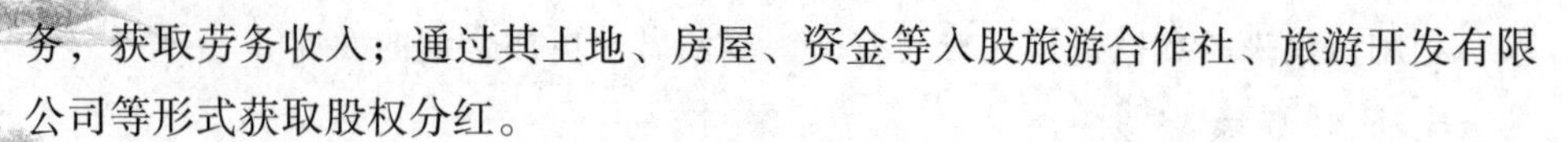

务，获取劳务收入；通过其土地、房屋、资金等入股旅游合作社、旅游开发有限公司等形式获取股权分红。

（四）邓州市杏山村

杏山村位于邓州市杏山旅游管理区西南部，这里山清水秀，民风古朴。这个村的格堤自然村有 32 户人家，有 22 座以石料为主要建筑材料的传统建筑，其中的 2 座宅院保护得比较完整，经文物考古专家认定为宋代古宅群，具有较高的历史文化、建筑、艺术和旅游价值。

一进村落，就看到一栋高大显眼的建筑，呈四合院式布局，门口一座高大的门楼，主房为阁楼式，两间西厢房，两间东厢房，全部利用当地石片堆砌建造，仿佛和环境融为一体。据说当年这户人家有马帮队，生意非常兴隆，才有财力与人力进行如此浩大的工程。

杏山村楚长城遗迹长约 30 千米，形成平面近似圆形的大型山寨三处，分布于朱连山、严山、大山山顶。小型山寨或关堡遗迹约有 30 处，石层遗迹约 120 间，经文物部门考证，是战国时期楚国为防御秦国进攻而修建的大型军事设施。《邓州市志》对“杏山楚长城”记载称：“2000 年 5 月，经中国长城学会会员考察，确认为战国楚长城。”而楚国在此修筑长城是因为“公元前 312 年，秦楚在丹阳大战（长城正西 5 千米处），秦斩楚军 8 万人，楚大败，惧秦，遂在丹阳之东杏山上建长城”。

近年来，杏山村围绕省级地质公园和南水北调源头，以生态建设为重点，在旅游开发上有了迅猛发展。在朱连山上修建了度假村和清泉山庄，供游人休息和居住。实施了送水上山工程，把清澈纯净的一都泉泉水送到了山顶，满足了旅游方面的需求。邀请省内旅游专家对景区进行了长远规划，对景点进行了修复，修通了通往景点的道路，实施了绿色工程，封山育林，退耕还林，使全村的植被覆盖面逐年增大。大力发展以林果业为主的农业观光项目，在已形成的柑橘生态园、桃园的基础上，沿旅游线路两侧，统一规划种植，按照不同品种，科学进行布局，增加了核桃、板栗、杏、柿子等品种，使游人在这里尽情享受杏山生态旅游大餐：观源头景，饮源头水，品源头果。

杏山村采取多种举措，优化人居环境，村部大院建筑风格简洁大方，村容村貌整洁有序，村村通公路四通八达，通到了每个自然村，全村自来水入户率达到了 100%，水质符合国家标准，供电设施完备，全村每户都安装了有线电视，村里有游园一座，其他公共设施齐全。村集体经济不断壮大，成了邓州市乃至全省都有名的富裕村。村固定资产达一千多万元。杏山村曾先后荣获“省文明村”“民主法制示范村”“南阳市文明村”“社会治安先进村”和“民主法制示范村”等称号。

连续10年被邓州市评为“平安建设先进村”和“民主法制示范村”。

杏山村特色鲜明的旅游景点，既有地质遗迹，又有文化遗迹，经过杏山村人民的不懈努力，已经初步打造出集观景、品果、饮水于一体的杏山生态旅游品牌。

五、树立品牌，发展“源”文化创意旅游

国家住房城乡建设部要求各地保持和彰显特色，尊重传统村落现有格局，传承传统文化。根据国家住房城乡建设部通知的精神，传统村落要尊重传统村落现有格局。一要顺应当地的地形地貌。传统村落规划要从村落实际地形地貌出发，融入山水林田湖等自然要素，彰显优美的自然景观和山水格局，严禁破坏生态环境。二要保持传统村落的历史肌理。尊重传统村落的空间格局、交通状况和生产生活方式，避免采取将现有居民整体迁出的开发模式。三要延续传统村落的传统风貌。应延续传统村落老街区的肌理和文脉特征，形成有机的整体。

要传承传统村落传统文化，可以从以下几方面入手：一要保护现有的中原传统村落的历史文化遗产。尽最大可能保持传统村落现有的传统格局、历史风貌，保护历史文物，及时修缮当地典型民居和历史建筑。有一定历史的老房子和一定树龄的珍贵树木，还有一些带有当地历史印记的地方特色物品严禁破坏。二要让当地非物质文化遗产活态化。根据当地非物质文化遗产留存现状，充分挖掘历史文化价值，建设系列配套的生产、保护、传承和展示场所，培养一批手工艺传承人和文化研究人员，同时要避免将当地的非物质文化遗产低俗化、过度商业化。三要体现传统村落的文化内涵。培育文化标识和传统村落“源”文化精神，注重文化自信，增强对本民族文化的认同。

第五节　新农村景观建设总结

农村景观是人与自然在长期相互作用下积累的产物，而农村的生活、生产和生态三者又综合体现了农村景观。飞速的城市化进程使如今的农村景观格局发生了重大的改变，与此同时，农村居民的意识形态也发生了变化。目前的农村景观杂乱无序，农村生态环境日益恶化，针对中国农村景观发展的现状，我们应加强对农村景观的整治力度以及对农村景观的生态恢复，这也是新农村景观建设的主要任务。目前的新农村景观建设除了营造良好的人居环境外还包括发展农村经济、增加农民收入以及保护农村生态环境，这些都要求建设工作的整体性和完整性，以实现生活、生产和生态三位一体的发展目标。

社会发展到一定阶段必然会出现诸多问题，在结合国内外理论研究和实践经验的基础上，中国农村景观的发展必将寻找出一条符合自身国情的理论和方法。如今的村镇规划都有其技术标准体系，但涉及农村景观的内容十分有限。由于农民大多只懂得耕种和劳作，对景观这一观念缺乏正确的认识，对于美学更是无从说起。因此，对新农村景观规划的宣传和教育是必要的，要正确引导农民在改善自身生活环境的同时保护农村生态环境不受损害。另外，地域的差别促使很多农村都有其独特的自然景观和地方文化，这些都是文明的发展和传统的延续。新农村景观规划不仅强调和突出了农村生态景观的特殊性，还充分体现了当地的文化内涵，增强农村景观对人们的吸引力。如此一来，农村从单调的传统农业变为了充满生机和活力的现代型生态农业，这对农村经济的多元化发展是相当有益的。

城镇化发展为农村生态环境和土地利用带来了新的课题，社会主义新农村规划建设中不能忽视生态景观的建设。第一，以景观生态学和现代景观规划理论为指导，进行合理的规划建设；第二，应制定符合当前农村建设需要的新农村景观法规和政策，使之具有可实施性和可操作性；第三，引导农民正确认识农村景观，加强景观价值观的宣传和教育，使其自觉地投入到新农村景观规划建设中去；第四，规划设计以突出地方特色为主，挖掘其市场潜力；第五，加强政府的监督和管理力度，保持新农村景观的良好风貌。

中国新农村景观建设的道路既是曲折的又是光明的。这不仅需要景观工作者的认真研究，也需要政府部门的大力支持。通过这一系列的工作，我国的新农村景观建设才会取得更多收获，得到世界的认同。

参 考 文 献

[1] [英]爱德华·泰勒.原始文化:神话、哲学、宗教、语言、艺术和习俗发展之研究[M].连树生，译.桂林:广西师范大学出版社，2005.

[2] [德]马克思·韦伯.儒士阶层:文化世界与中国（3）[M].康乐，简惠美，译.北京:三联出版社，1987.

[3] 费孝通.乡土中国[M].北京:北京大学出版社，2012.

[4] 冯天瑜，何小明，周积明.中华文化史（上）[M].上海:上海人民出版社,1990.

[5] 吴良墉.人居环境科学导论[M].北京:中国建筑工业出版社，2001.

[6] 庄锡华.多维视野中的文化理论[M].杭州:浙江人民出版社，1987.

[7] 王云才.传统地域文化景观之图式语言及其传承[J].中国园林，2009（2）:73–76.

[8] 童明康.保护世界遗产谋求可持续发展[J].中国文化遗产，2012（5）:12–17.

[9] 陆洲.乡村转型的国际经验及其启示[J].国际城市规划，2010（2）:80–84.

[10] 张改素，丁志伟，胥亚男，等.河南省城镇体系等级层次结构研究——基于河南省新型城镇化的战略分析[J].地域研究与开发，2014.33（1）:46–51.

[11] 刘磊.中原地区传统村落历史演变研究[D].南京:南京林业大学，2016.

[12] 郑东军.中原文化与河南地域建筑研究[D].天津:天津大学，2008.

[13] 张东.中原地区传统村落空间形态研究[D].广州:华南理工大学，2015.

[14] 钱振澜."韶山试验"：乡村人居环境有机更新方法与实践[D].杭州:浙江大学，2016.

[15] 吴昊阳."智慧旅游"时代背景下曲江文旅公司发展战略研究[D].西安:长安大学，2015.

[16] 左大康.现代地理学词典[M].北京:商务印书出版社，1990:697.

[17] 张娅.从《乡土中国》解读中国传统农村社会[J].商丘职业技术学院学报，2005（4）:32–33.

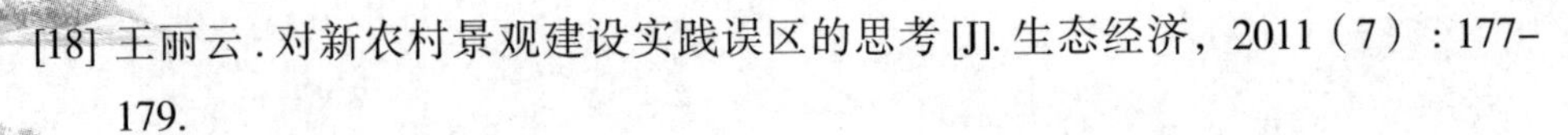

[18] 王丽云 . 对新农村景观建设实践误区的思考 [J]. 生态经济，2011（7）：177-179.

[19] 谷康,李淑娟,王志楠,曹静怡 . 基于生态学、社会性和美学的新农村景观规划 [J]. 规划师，2010（6）:45-50.

[20] 王哂秋，潘国泰 . 新农村建设应加强生态景观保护 [J]. 工程与建设，2007,21（3）:33-36.

[21] 胡丽娟 . 浅谈景观生态问题在新农村建设中的重要性 [J]. 科技资讯，2009（8）:57-60.

[22] 王婷，李松志 . 新农村建设中的景观演变：以江西省为例 [J]. 安徽农业科学，2010（25）:19-22.

[23] 胡希军，刘玉桥，祝自敏，陈存友 . 农村景观文化及其可持续发展 [J]. 经济地理，2007，27（6）:72-75.

[24] 朱文涛 . 新农村生态景观的规划建设 [J]. 科技资讯，2009（18）:101-105.

[25] 靳雄步 . 婺源古村落生态景观分析 [D]. 杭州 : 中国美术学院，2006.

[26] 田密蜜，赵衡宇 . 探索新农村景观建设中的生态观 [J]. 华中建筑，2010（28）4:41-43.

[27] 程唯 . 浅析新农村景观设计中的生态文明 [J]. 建筑设计管理，2009（5）:55-58.

[28] 王晓娜 . 我国当代社会人与自然协调发展的辩证思考 [D]. 大连 : 大连海事大学，2005.

[29] 李鸿渊 . 走向社会主义生态文明新时代 [J]. 上海党史与党建，2013（3）:93-96.

[30] 何荣新 . 桂林—阳朔生态景观带内旅游村镇规划建设研究 [D]. 南宁 : 广西大学，2007.

[31] 苏永生，苏磊 . 论新农村建设中的景观生态问题 [J]. 农场经济管理，2008（2）:11-13.

[32] 朱明，胡希军，熊辉 . 论我国农村文化景观及其建设 [J]. 农业现代化研究，2007，28（2）:23-25.

[33] 徐岚 . 我国当代乡村设计初探: 以陕西灵泉村为例 [D]. 西安 : 西安建筑科技大学，2007.

[34] 靳雄步 . 婺源古村落生态景观成因分析 [J]. 华章，2011（9）:77-79.

[35] 祝小风，王滔，胡烯锐，张坤 . 新农村景观生态建设的几点思考 [J]. 湖南农机，2010，37（9）:23-25.

[36] 婺源县新村办 . 以景观村建设为契机全面提升新农村建设水平：婺源县建设优美村庄情况介绍 [J]. 江西画报，2009（1）:93-96.

[37] 夏鸿玲 . 新农村生态景观规划建设探讨 [J]. 科技信息，2008,（33）:10–12.

[38] 李越群，朱艳莉，周建华 . 新农村建设中地域性景观的营造 [J]. 西南农业大学学报（社会科学版），2009,7（1）:63–65.

[39] 欧阳贵明，陈季清，陈娟，施庚东 . 江西社会主义新农村生态景观建设探讨 [J]. 现代农业科技，2006（19）：26–27.

[40] 张小溪 . 景观设计中生态景观文化危机的消除 [J]. 美术教育研究，2012（11）:71–73.

[41] 孙样敏 . 统筹城乡经济社会发展 : 解决“三农”问题的根本途径 [J]. 山东社会科学，2003（6）：17–19.

[42] 潘冬梅 . 从砖雕装饰看明清时期晋商民居文化 [J]. 中国园林，2010，26（8）:107–109.

[43] 李旭旦 . 人文地理学 [M]. 北京 : 人民教育出版社，1985.

[44] 黄黎明 . 楠溪江传统民居聚落典型中心空间研究 [D]. 杭州 : 浙江大学，2006.

[45] 刘凯红，尚改珍，刘晓媛，黄涛 . 河北新农村民居的有机更新设计实践 [J]. 中国农学通报，2009，25（22）:87–89.

[46] 季乐，魏萍 . 新农村景观设计的探索——上海浦东新区合庆镇新农村建设综合景观规划设计 [J]. 园林，2008（10）:42–43.